中国常见植物识别丛书

草坪草与地被植物

孙国峰　林秦文　肖翠　编　著

中国林业出版社
China Forestry Publishing House

图书在版编目（CIP）数据

草坪草与地被植物 / 孙国峰，林秦文，肖翠编著 .
北京 : 中国林业出版社，2025. 6. -- ISBN 978-7-5219-2838-9
　Ⅰ . S688.4-64
中国国家版本馆 CIP 数据核字第 2024KD6513 号

摄影者（按姓氏拼音排序）：

蔡　明	陈　彬	陈炳华	陈世品	陈　星	褚建民	高贤明	康福全
Kirill Tkachenko	赖阳均	李策宏	李　东	李凤华	李进宇	李晓东
林秦文	刘　冰	刘华杰	刘立安	沐先运	南程慧	孙国峰	孙学刚
孙英宝	汪　远	王军峰	王英伟	肖　翠	徐晔春	徐永福	叶建飞
于晓南	张金政	张　鑫	张志翔	赵良成	周海成

责任编辑：李春艳
版式设计：黄树清
出版发行：中国林业出版社
　　　　　（100009，北京市西城区刘海胡同7号，电话：010-83143579）
电子邮箱：30348863@qq.com
网　　址：https://www.cfph.net
印　　刷：北京博海升彩色印刷有限公司
版　　次：2025 年 6 月第 1 版
印　　次：2025 年 6 月第 1 次
开　　本：710 mm×1000 mm 1/16
印　　张：28
字　　数：600 千字
定　　价：228.00 元

前言

随着城市化步伐的加速，园林景观作为连接自然与人文的重要纽带，其科学价值与实用功能日益凸显。草坪与地被植物作为这一领域不可或缺的基础元素，不仅承担着生态修复、水土保持的关键任务，更以其独特的美学特质为城市空间注入生机与活力，并逐渐从单纯的景观要素演变为现代文明不可或缺的生态基础设施。本书以物种为核心，立足于学科前沿，结合分类学与生物学特性，系统梳理了草坪草与地被植物的分类体系，旨在为园林设计、施工及养护提供坚实的理论支撑与实践指导。

草坪草与地被植物虽同为地表覆盖物，却在生物学特性与功能定位上形成鲜明互补。前者以禾本科草本植物为主体，通过精密的人工建植形成整齐划一的绿色毯层；后者则以低矮灌木、宿根花卉、藤本植物等多元生命形态，构建自然野趣的生态群落。从足球场地的竞技草坪到高速公路的护坡植被，从庭院缀花的观赏地被到湿地修复的耐水植物，二者的协同应用正在重塑人类对绿色空间的认知维度。

本书既可作为高等院校园林、生态专业的教学参考，也可为城市规划、景观设计、环境保护等领域的从业人员提供技术指南。本书共计收录了129科453属813种（含种下等级）植物，每种信息包括中文名、学名、命名人、科名、属名，个别物种还包括中文别名和学名异名。此外，每个物种均提供了多张精美的图片，其中包括植株应用场景和景观、单株、枝叶、花特写或果特写等图片，以多方位图片来反映相关植物的特征。本书力求既具有科学严谨性又兼顾实践指导性，为读者搭建通往绿色科技前沿的知识桥梁。

在生态文明建设上升为国家战略的今天，重新审视草坪草与地被植物的价值内涵，不仅关乎城市空间的品质提升，更是人类构建生命共同体的必然选择。期待本书能为我国绿化事业的高质量发展提供理论支撑，为全球生态治理贡献中国智慧。

本书可供从事观赏园艺学、园林学、植物资源学、植物园管理、环境治理和可持续发展等领域的教学、科研及生产应用人员参考使用。

编著者

2025年3月

编写说明

1. 收录范围：本手册原则上以收录园林园艺上常见而运用广泛的草坪草与地被植物种类为主，名录主要来源于草坪草与地被植物相关的教材和专业资料，最终共计收录了129科453属813种（含种下等级）。

2. 排列方式：以物种为基本条目进行编排，科属信息列于物种名称之后，并按照相关植物园林上的应用方式并结合植物分类以及生物学等相关特性进行分类，首先分为草坪草、观赏草和地被植物三大类。其中，草坪草再分为冷地型、暖地型和麦冬类，同时介绍了一些草坪中易发生的杂草，以指导草坪管理；地被植物则分为一二年生观花、多年生观花、多年生观叶、蔓生草本、水生、蕨类、落叶灌木、常绿灌木、藤本观叶、藤本观花、藤本观果类共11类地被植物。

3. 条目格式：包括标题、正文和快速识别要点三个部分。

标题：包括中文名、学名、科名、属名，个别物种还包括中文别名和学名异名。

正文: 包括原产地及栽培地、习性及繁殖信息。

快速识别要点: 重点展示该物种的关键识别要点。

4. 中文名: 该手册中文名原则上以《中国植物志》为准, 因此有些种类可能与园林上常用俗名不同, 这时后者则列为中文别名。

5. 学名: 该手册学名一般以POWO（http://www.plantsoftheworldonline.org/）为准, 一些种类则以Flora of China为准, 个别种类还参考了最新的分类学处理结果, 因此可能与园林园艺上所用学名不同, 这时一般将后者列为异名。

6. 图片: 本手册的图片包括应用场景和景观、单株、花特写或果特写等部位图片, 以多方位反映相关植物的特征。

如何使用本书

按照本书所涵盖的植物种,挑选出常见常用植物813种进行图文描述。高度概括80字左右最核心的生物学特征,凸显每个物种主要的特征、鉴定要点;另附原产及栽培地、习性、繁殖等,提纲挈领、言简意赅地把握植物的栽培及应用;每种植物均配以生境、叶、花、果等多幅典型图片。

生境图　植物中文名　植物学名　科中文名　科学名　属中文名　原产及栽培地、习性、繁殖等描述

加拿大早熟禾 *Poa compressa* L. 禾本科 Poaceae/Gramineae 早熟禾属

原产及栽培地:原产欧洲与中亚、西亚。中国北京、江苏等地栽培。**习性**:耐阴;耐寒;耐瘠薄与干燥土壤,又耐炎夏,抗旱力较牧场早熟禾强。**繁殖**:播种。

特征要点　多年生草本。疏丛型。秆单生,较粗糙,直立或基部倾斜,株高 20~40cm。叶片扁平,长 1.2~3.5cm,蓝绿色,较短,直立,叶尖船形。圆锥花序狭窄。颖果纺锤形。花期 7 月。

特征要点　　　　叶、花、果、枝、干、种子等典型图片

① **生态习性符号**（光照、气候、土壤条件）

☀ 喜光　　🌤 喜半阴或耐半阴　　⬤ 耐阴　　❄ 耐寒　　◇ 耐旱

◇ 喜润　　◆ 喜潮　　◆ 耐湿　　pH 耐盐碱　　pH 喜酸

② **植株高度比例**

按人高1.7m为例,分为14种。

目　录

1

草坪草

（一）冷地型草坪草

早熟禾 *Poa annua* L. 禾本科 Poaceae/Gramineae 早熟禾属

原产及栽培地：原产亚洲地区。中国北京、福建、甘肃、广东、广西、贵州、江西、四川、台湾、新疆、云南、浙江等地栽培。**习性**：喜光；耐寒；耐旱，不择土壤。**繁殖**：播种。

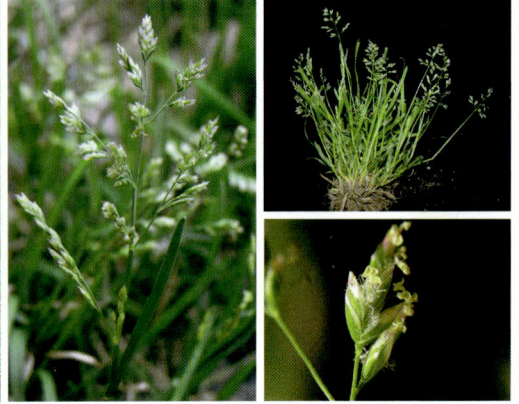

特征要点　一年生或冬性禾草。秆高 6~30cm，全体平滑无毛。叶舌圆头；叶片扁平或对折，宽 1~4mm。圆锥花序宽卵形，长 3~7cm，开展；小穗卵形，绿色；颖质薄，第一颖披针形；外稃卵圆形；花药黄色。花期 4~5 月，果期 6~7 月。

加拿大早熟禾 *Poa compressa* L. 禾本科 Poaceae/Gramineae 早熟禾属

原产及栽培地：原产欧洲与中亚、西亚。中国北京、江苏等地栽培。**习性**：耐阴；耐寒；耐瘠薄与干燥土壤，又耐炎夏，抗旱力较牧场早熟禾强。**繁殖**：播种。

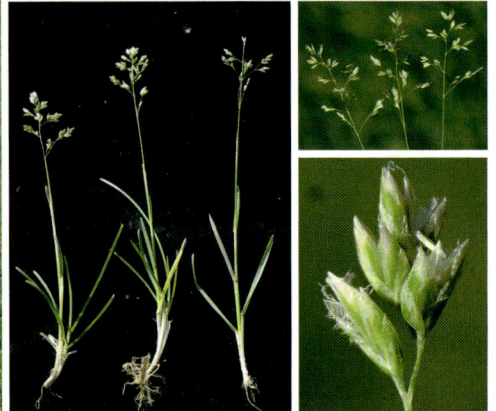

特征要点　多年生草本。疏丛型。秆单生，较粗糙，直立或基部倾斜，株高 20~40cm。叶片扁平，长 1.2~3.5cm，蓝绿色，较短，直立，叶尖船形。圆锥花序狭窄。颖果纺锤形。花期 7 月。

林地早熟禾 *Poa nemoralis* L. 禾本科 Poaceae/Gramineae 早熟禾属

原产及栽培地：原产北美。中国甘肃、贵州、江西、内蒙古、青海、四川、云南等地栽培。**习性**：适应性强，耐寒、耐旱、抗热，但喜湿润气候，不耐荫蔽。**繁殖**：播种。

特征要点 多年生草本。茎丛生，有细长的根状茎。秆直立，高可达 90~130cm。叶舌卵圆形；叶片长 17~32cm，宽 3~7mm。圆锥花序，散穗形，紫红色，疏松开展；小穗无芒，基盘两侧有短毛。花期 6~9 月。

草地早熟禾 *Poa pratensis* L. 禾本科 Poaceae/Gramineae 早熟禾属

原产及栽培地：原产亚洲地区。中国北京、甘肃、广东、贵州、黑龙江、湖北、江苏、江西、内蒙古、青海、山东、上海、四川、台湾、新疆、云南、浙江等地栽培。**习性**：喜光，耐阴，喜温暖湿润，又耐寒，耐旱较差，夏热时生长停滞，春秋生长繁茂。**繁殖**：播种。

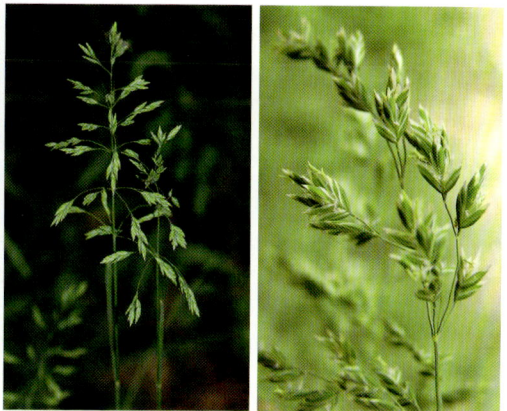

特征要点 多年生草本。秆疏丛型。秆直立，具 2~3 节，光滑，圆形。叶鞘粗糙，长于叶片；叶片扁平，柔软光滑，条形或细长披针形，对折内卷，先端船形。圆锥花序卵圆形或塔形。颖果纺锤形。花期 5~6 月，果期 7~9 月。

普通早熟禾 *Poa trivialis* L. 禾本科 Poaceae/Gramineae 早熟禾属

原产及栽培地: 原产亚洲地区。中国北京、江西、上海、台湾、浙江等地栽培。**习性**: 喜光，耐阴，喜温暖湿润，又耐寒，耐旱较差，夏热时生长停滞，春秋生长繁茂。**繁殖**: 播种。

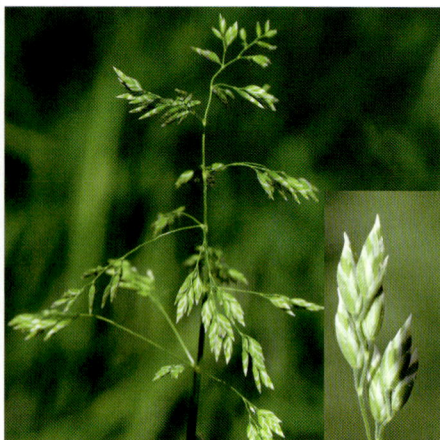

特征要点　多年生草本。秆丛生，具匍匐茎。秆高 50~100cm。叶鞘糙涩；叶舌长圆形；叶片扁平，长 8~15cm，宽 2~4mm。圆锥花序长圆形；小穗含 2~3 小花；外稃具 5 脉，基盘具长绵毛；花药黄色。花果期 5~7 月。

苇状羊茅 *Lolium arundinaceum* (Schreb.) Darbysh.【*Festuca arundinacea* Schreb.】禾本科 Poaceae/Gramineae 黑麦草属 / 羊茅属

原产及栽培地: 原产欧亚大陆温带地区。中国北京、广东、贵州、黑龙江、湖北、江苏、山东、山西、上海、四川、台湾、新疆、云南、浙江等地栽培。**习性**: 喜光；耐寒；耐旱，适应各种土壤。**繁殖**: 播种、分株。

特征要点　多年生草本。基生叶多数，深绿色，狭带状，长 30~50cm。圆锥花序稍开展，直立或上端下垂，长 20~30cm；小穗绿色并带淡栗色，外稃披针形，无芒或具短芒。颖果深灰或褐色。花果期夏秋季。

草甸羊茅 *Lolium pratense* (Huds.) Darbysh. 【*Festuca pratensis* Huds.】
禾本科 Poaceae/Gramineae 黑麦草属 / 羊茅属

原产及栽培地: 原产欧亚大陆,中国新疆也有; 中国北京、河北、贵州、吉林、青海、江苏、四川、台湾、新疆等地栽培。**习性:** 喜光; 耐寒; 耐旱,需排水良好的土壤。**繁殖:** 播种、分株。

特征要点　多年生草本。秆紧密丛生,高 30~60cm。叶扁平,稍粗糙,宽约 5mm。圆锥花序疏松,花期开展; 小穗绿色或微带紫色,无芒。花果期 5~7 月。

蓝羊茅 *Festuca glauca* Vill. 禾本科 Poaceae/Gramineae 羊茅属

原产及栽培地: 原产北半球温带。中国北京、上海、台湾、云南、浙江等地栽培。**习性:** 喜阳光充足,干燥之地; 不择土壤,适应性强,耐寒,耐旱。**繁殖:** 播种、分株。

特征要点　多年生草本。秆密丛生,直立平滑,高 15~35cm,超出叶丛很多。叶片强内卷几乎成针状或毛发状,常呈蓝色,具银白霜。圆锥花序长 5~15cm,常侧向一边; 每小穗有 3~6 花。花期夏季。

羊茅 *Festuca ovina* L. 禾本科 Poaceae/Gramineae 羊茅属

原产及栽培地: 原产北半球温带。中国北京、甘肃、贵州、江西、四川、新疆等地栽培。**习性:** 喜光;耐寒;耐旱,需排水良好的土壤。**繁殖:** 播种、分株。

特征要点 多年生密丛禾草。须根状,秆瘦细。株高15~30cm。叶片内卷或针状,质较软,叶鞘开口几达基部,叶舌短。圆锥花序紧缩,小穗绿色或带紫色,颖片披针形;外稃具5脉。颖果红棕色,先端无毛。花期6~7月。

紫羊茅 *Festuca rubra* L. 禾本科 Poaceae/Gramineae 羊茅属

原产及栽培地: 原产北半球温寒地带。中国台湾、北京、甘肃、广东、贵州、黑龙江、湖北、江西、山东、四川、新疆、云南等地栽培。**习性:** 生长缓慢,适宜树荫下栽植。**繁殖:** 播种、分株。

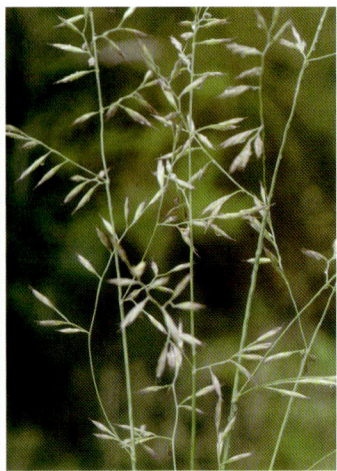

特征要点 多年生草本。秆高45~70cm,基部红色或紫色。叶细长,线形内卷,光滑油绿色;叶鞘基部红棕色,破碎呈纤维状;叶片光滑柔软,对折或内卷。圆锥花序狭窄;小穗先端紫色,含3~6小花。花期6~7月。

多花黑麦草（一年生黑麦草、意大利黑麦草） *Lolium multiflorum* Lam.
禾本科 Poaceae/Gramineae 黑麦草属

原产及栽培地：原产欧洲南部、非洲北部及小亚细亚等地。中国北京、广东、黑龙江、江苏、江西、山东、陕西、上海、四川、台湾、新疆、云南、浙江等地栽培。**习性：**喜光；易受霜害；喜壤土及砂壤土；生长快，分蘖力强，再生性能好。**繁殖：**播种。

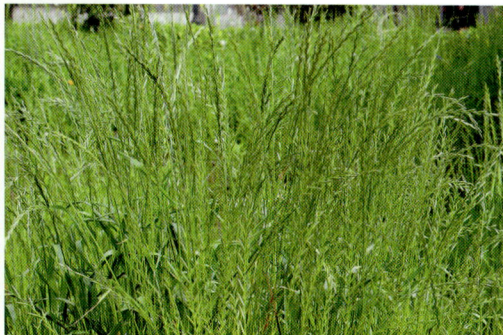

特征要点 多年生草本，常作二年生栽培。茎丛生，生长快，分蘖力强。秆高 50~70cm，叶片宽 3~5mm，叶色浓绿，窄细。扁穗状花序，小穗以背面对向穗轴，含 10~15 小花；第一颖退化，外稃质地较薄，顶端膜质，有长为 5mm 的芒。

黑麦草（宿根黑麦草、多年生黑麦草） *Lolium perenne* L.
禾本科 Poaceae/Gramineae 黑麦草属

原产及栽培地：原产西南欧、北非及亚洲西南地区。中国北京、福建、甘肃、广东、贵州、黑龙江、湖北、江苏、江西、内蒙古、山东、上海、四川、台湾、天津、新疆、云南、浙江等地栽培。**习性：**喜光；喜温暖湿润土壤，耐湿。**繁殖：**播种。

特征要点 多年生草本，具细弱根状茎。秆丛生，高 30~90cm，叶片线形，宽 3~6mm。穗形穗状花序长 10~20cm；颖披针形，为其小穗长的 1/3；外稃长圆形，顶端无芒。颖果长约为宽的 3 倍。花果期 5~7 月。

普通剪股颖 *Agrostis canina* L. 禾本科 Poaceae/Gramineae 剪股颖属

原产及栽培地：原产欧亚大陆。中国北京等地栽培。**习性**：耐阴；耐寒性强，喜湿，不耐干旱及碱性土壤；耐踏性次于结缕草。**繁殖**：播种、栽植匍匐茎、分株。

特征要点 多年生草本。秆丛生，高达 90cm。叶鞘无毛；叶舌干膜质；叶片线形，宽 2~5mm，微粗糙。圆锥花序尖塔形或长圆形，长 15~30cm；两颖近等长，脊上微粗糙；外稃中部以下着生 1 芒。花果期夏秋季。

丝状剪股颖（细弱剪股颖）*Agrostis capillaris* L.
禾本科 Poaceae/Gramineae 剪股颖属

原产及栽培地：原产欧亚大陆。中国北京、四川、浙江等地栽培。**习性**：耐阴；耐寒性强；喜湿，不耐干旱及碱性土壤；耐踏性次于结缕草。**繁殖**：播种、栽植匍匐茎、分株。

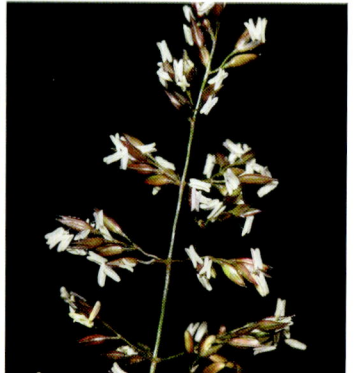

特征要点 多年生草本。秆丛生细弱，高 20~25cm，直径约 1mm。叶鞘长于节间，平滑；叶舌干膜质；叶片窄线形，质厚，宽 1~1.5mm。圆锥花序近椭圆形，开展，细瘦；小穗紫褐色，两颖近等长，椭圆状披针形；花药金黄色。花果期夏秋季。

华北剪股颖 *Agrostis clavata* Trin. 禾本科 Poaceae/Gramineae 剪股颖属

原产及栽培地: 原产欧亚大陆。中国贵州、江西、四川、云南、浙江等地栽培。**习性:** 耐阴; 耐寒性强; 喜湿, 不耐干旱及碱性土壤; 耐踏性次于结缕草。**繁殖:** 播种、栽植匍匐茎、分株。

特征要点　　多年生草本。秆丛生, 高 35~90cm, 直径 1~2mm。叶鞘短于节间; 叶舌膜质; 叶片扁平, 线形。圆锥花序疏松开展, 长 10~24cm; 小穗黄绿色或带紫色, 两颖近等长; 外稃无芒。颖果扁平, 纺锤形。花果期夏秋季。

巨序剪股颖 *Agrostis gigantea* Roth 禾本科 Poaceae/Gramineae 剪股颖属

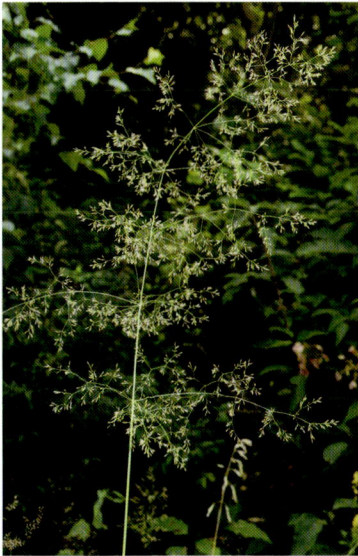

原产及栽培地: 原产亚洲北部地区。中国江苏、江西、新疆等地栽培。**习性:** 耐阴; 耐寒性强; 喜湿, 不耐干旱及碱性土壤; 耐踏性次于结缕草。**繁殖:** 播种、栽植匍匐茎、分株。

特征要点　　多年生草本。根茎疏丛型。秆高 90~150cm。叶鞘短于节间; 叶舌先端齿裂; 叶片扁平, 宽 3~8mm。圆锥花序尖塔形, 疏散展开, 长 14~30cm, 草绿色或带紫色; 小穗二颖近等长, 具 1 脉或脊, 外稃无芒。花果期夏秋季。

西伯利亚剪股颖（匍匐剪股颖）*Agrostis stolonifera* L.

禾本科 Poaceae/Gramineae 剪股颖属

原产及栽培地: 原产亚洲北部温带。中国北京、广东、黑龙江、江西、山东、上海、台湾、新疆、云南等地栽培。**习性**: 耐阴; 耐寒性强; 喜湿, 不耐干旱及碱性土壤; 耐踏性次于结缕草。**繁殖**: 播种、播茎法。

特征要点　多年生草本。株高约45cm, 秆基平卧地面, 具长达8cm匍匐茎, 节上生根。叶鞘无毛, 稍带紫色; 叶长约15cm, 两面有小刺毛, 粗糙。圆锥花序紫铜色, 长11~20cm, 每节生5分枝, 分枝中部以下常无小穗。花果期夏秋季。

獐毛 *Aeluropus sinensis* (Debeaux) Tzvelev　禾本科 Poaceae/Gramineae 獐毛属

原产及栽培地: 原产中国、蒙古。中国甘肃、内蒙古。青海、新疆等地栽培。**习性**: 喜光; 耐寒; 耐旱; 喜盐碱湿地。**繁殖**: 播种、栽植匍匐茎、分株。

特征要点　多年生草本。通常有长匍匐枝, 秆高15~35cm。叶鞘鞘口常有柔毛; 叶舌截平; 叶片无毛, 通常扁平, 长3~6cm, 宽3~6mm。圆锥花序穗形, 长2~5cm; 小穗有4~6小花。花果期5~8月。

冰草 *Agropyron cristatum* (L.) Gaertn. 禾本科 Poaceae/Gramineae 冰草属

原产及栽培地：原产欧亚大陆温带。中国北京、甘肃、河北、吉林、内蒙古、青海、四川、台湾、新疆、云南等地栽培。**习性**：喜光；耐寒；耐旱，耐碱性强，适应砂质壤土或黏质壤土；寿命长。**繁殖**：播种、分株。

特征要点 多年生草本。寿命长达 10~15 年。秆高 30~75cm；叶片宽 2~5mm，边缘内卷。穗状花序长 5~5cm，顶生的小穗不孕或退化为小穗，水平排列呈篦齿状，颖片具脊，被刺毛状；外稃舟形。子房上端有毛。花果期夏秋季。

无芒雀麦 *Bromus inermis* Leyss. 禾本科 Poaceae/Gramineae 雀麦属

原产及栽培地：原产欧亚大陆。中国北京、甘肃、河北、吉林、内蒙古、青海、山西、四川、新疆等地栽培。**习性**：喜光；耐寒；耐旱，喜排水良好的砂质壤土；不耐践踏。**繁殖**：播种、栽植匍匐茎、分株。

特征要点 多年生草本。秆疏丛生，高 40~90cm。叶鞘闭合，常长于节间；叶片淡绿色，长而宽。圆锥花序，每花序约有 30 个小穗，小穗披针形，有花 4~8 朵，外稃无芒或有短芒。种子暗褐色。花果期夏秋季。

雀麦 *Bromus japonicus* Houtt. 禾本科 Poaceae/Gramineae 雀麦属

原产及栽培地: 原产亚洲北部温带。中国甘肃、贵州、湖北、江苏、江西、内蒙古、青海、四川、新疆、浙江等地栽培。**习性:** 喜光；耐寒；耐旱，喜排水良好的砂质壤土；不耐践踏。**繁殖:** 播种。

特征要点 一年生草本。秆丛生，高 40~90cm。叶鞘闭合；叶片被柔毛。圆锥花序疏展，长 20~30cm，向下弯垂；小穗黄绿色；颖近等长；外稃椭圆形，芒自先端下部伸出；小穗轴短棒状。花果期夏秋季。

华雀麦 *Bromus sinensis* Keng f. 禾本科 Poaceae/Gramineae 雀麦属

原产及栽培地: 原产中国。四川等地栽培。**习性:** 喜光；耐寒；耐旱，喜排水良好的砂质壤土；不耐践踏。**繁殖:** 播种。

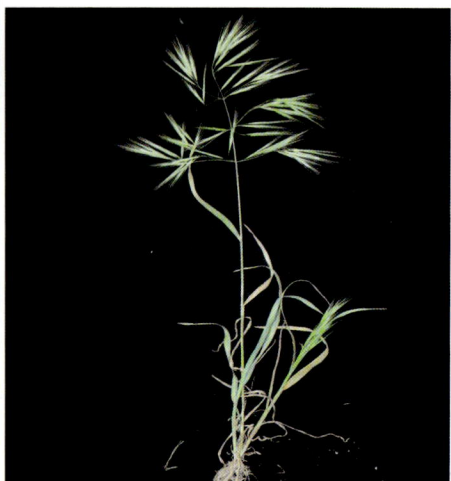

特征要点 多年生草本。秆疏丛生，高 50~70cm。叶鞘生柔毛；叶舌裂齿状；叶片多少生柔毛。圆锥花序开展，长 12~24cm，垂头；小穗柄顶端变粗；小穗花期张开呈扇形；颖先端渐尖或成芒状；外稃披针形，先端延伸成向外反曲之芒。

鬼蜡烛 *Phleum paniculatum* Huds. 禾本科 Poaceae/Gramineae 梯牧草属

原产及栽培地：原产欧亚大陆。中国江西、四川、浙江等地栽培。**习性：**喜光；耐寒；耐旱，喜砂质土壤。**繁殖：**播种。

特征要点 一年生草本。秆高 3~45cm。叶舌膜质；叶片扁平，宽 2~6mm。圆锥花序紧密，呈窄的圆柱状，长 0.8~10cm，成熟后草黄色；小穗楔形或倒卵形；颖具 3 脉，先端具尖头；外稃卵形。花果期 4~8 月。

梯牧草 *Phleum pratense* L. 禾本科 Poaceae/Gramineae 梯牧草属

原产及栽培地：原产亚洲北部温带。中国北京、甘肃、湖北、江西、四川、台湾、云南等地栽培。**习性：**喜光；耐寒；喜湿，喜砂质土壤。**繁殖：**播种。

特征要点 多年生草本。须根稠密。秆高 40~120cm。叶片扁平，宽 3~8mm。圆锥花序圆柱状，灰绿色，长 4~15cm；小穗长圆形；颖膜质，具 3 脉，顶端平截，具尖头；外稃薄膜质，顶端钝圆。花果期 6~8 月。

朝鲜碱茅 *Puccinellia chinampoensis* Ohwi 禾本科 Poaceae/Gramineae 碱茅属

原产及栽培地 原产东亚地区,中国东北、华北、华东和西北地区也有。中国北京、河北、天津、吉林等地栽培。**习性**: 喜光; 耐寒; 耐盐碱,适生于滨海湿地和盐碱地。**繁殖**: 播种、分株。

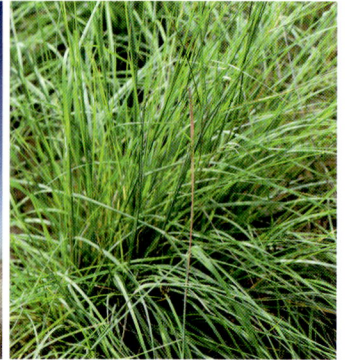

特征要点 多年生草本。须根密集发达。秆丛生,高 60~80cm。叶线形,扁平或内卷,宽 1.5~3mm。圆锥花序疏松,金字塔形; 小穗多而小,含 5~7 小花,黄绿色,无芒。花果期 6~8 月。

白颖薹草 *Carex duriuscula* subsp. *rigescens* (Franch.) S. Yun Liang & Y. C. Tang 莎草科 Cyperaceae 薹草属

原产及栽培地: 原产亚洲北部温带。中国福建等地栽培。**习性**: 喜光; 耐寒; 耐旱,耐碱性强,适应砂质壤土至黏质壤土。**繁殖**: 分株、播种。

特征要点 多年生草本。秆散生,三棱形,高 5~15cm。秆基部黑褐色。叶片短,浓绿色,宽 1~1.5mm,内卷,边缘稍粗糙。穗状花序卵形或矩圆形,小穗 3~6,卵形,密生,雄雌顺序。小坚果近圆形或宽椭圆形,柱头 2。花果期春季。

异穗薹草 *Carex heterostachya* Bunge 莎草科 Cyperaceae 薹草属

原产及栽培地：原产东亚。中国北部有分布。中国等地栽培。**习性**：喜光，亦耐阴；耐寒；耐旱，亦耐湿，适应砂质壤土至黏质壤土。**繁殖**：分株、播种。

特征要点 多年生草本。秆散生，三棱形，高 20~40cm。叶短于秆，宽 2~3mm，平张，质稍硬，边缘粗糙。小穗 3~4 个，间距较短，上端 1~2 个为雄小穗，其余为雌小穗，卵形或长圆形。小坚果三棱形，柱头 3。花果期春夏季。

（二）暖地型草坪草

狗牙根 *Cynodon dactylon* (L.) Pers. 禾本科 Poaceae/Gramineae 狗牙根属

原产及栽培地：原产亚洲各地。中国北京、福建、甘肃、广东、广西、贵州、黑龙江、湖北、江苏、江西、内蒙古、山东、上海、四川、台湾、新疆、云南、浙江等地栽培。**习性**：喜光，不耐阴；不耐霜；耐旱、耐热；耐践踏，生活力强；绿色期为 180 天。**繁殖**：分根或用匍匐茎。

特征要点 多年生草本。茎匍匐地面，多分枝，多节。叶片细长，绿色带白粉，长 5~10cm。穗状花序，长 2~5cm，3~6 枚呈指状生于茎顶；小穗排列于穗轴一侧，灰绿色或绿紫色，无芒。花果期 5~8 月。

15

天堂草 *Cynodon* 'Emerald Dwarf' 禾本科 Poaceae/Gramineae 狗牙根属

原产及栽培地：人工选育，中国北京、上海、杭州等地栽培。**习性**：喜光，不耐阴；不耐霜；耐旱、耐热；耐践踏，生活力强；绿色期为 180 天。**繁殖**：分根或用匍匐茎。

特征要点 与狗牙根类似，区别在于所建植的草坪细密，平整。幼叶折叠形，成熟的叶片呈扁平的线条形，宽 1~2mm，叶端渐尖，边缘有细齿。

结缕草 *Zoysia japonica* Steud. 禾本科 Poaceae/Gramineae 结缕草属

原产及栽培地：原产东亚。中国东北至华东一带有分布；北京、福建、甘肃、广东、江西、辽宁、山东、四川、台湾、云南、浙江等地栽培。**习性**：耐阴；稍耐寒；抗旱性强，枝叶密集，耐践踏。**繁殖**：用块茎或匍匐茎铺植。

特征要点 多年生草本。具横走根茎。叶片扁平或稍内卷，革质，常具柔毛，较粗糙，长 2.5~5cm。总状花序呈穗状，长 2~4cm；小穗柄通常弯曲；小穗卵形，淡黄绿色或带紫褐色。颖果卵形。花果期春夏季。

大穗结缕草 *Zoysia macrostachya* Franch. & Sav.
禾本科 Poaceae/Gramineae 结缕草属

原产及栽培地：原产中国、日本、朝鲜等地。中国江苏、浙江等地栽培。**习性**：耐阴；稍耐寒；抗旱性强，枝叶密集，耐践踏。**繁殖**：用块茎或匍匐茎铺植。

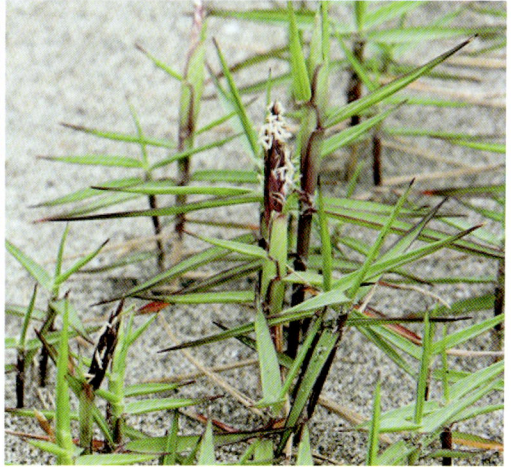

特征要点　多年生草本。具横走根茎；叶片线状披针形，质地较硬，常内卷，长1.5~4cm。总状花序紧缩呈穗状，长3~4cm，宽5~10mm；小穗柄粗短；小穗黄褐色或略带紫褐色。花果期6~9月。

沟叶结缕草（细叶结缕草）　*Zoysia matrella* (L.) Merr.
禾本科 Poaceae/Gramineae 结缕草属

原产及栽培地：原产亚洲。中国福建、广东、广西、海南、湖北、台湾、云南、浙江等地栽培。**习性**：不耐阴；不耐寒，华北不能越冬；耐干旱，耐潮湿，喜黄壤土；植株低矮，耐践踏。**繁殖**：用块茎或匍匐茎铺植。

特征要点　多年生草本。具横走根茎。叶片质硬，内卷，正面具沟，无毛，长可达3cm，宽1~2mm，顶端尖锐。总状花序呈细柱形，长2~3cm；小穗卵状披针形，黄褐色或略带紫褐色。颖果长卵形，棕褐色。花期夏秋季。

中华结缕草 *Zoysia sinica* Hance 禾本科 Poaceae/Gramineae 结缕草属

原产及栽培地: 原产中国、日本、朝鲜等地。中国北京、福建、江西、云南等地栽培。**习性:** 耐阴；稍耐寒；抗旱性强，枝叶密集，耐践踏。**繁殖:** 用块茎或匍匐茎铺植。

特征要点 多年生草本。具横走根茎。叶片淡绿或灰绿色，长可达 10cm，宽 1~3mm，无毛，坚硬，扁平或边缘内卷。总状花序穗状，小穗排列稍疏，长 2~4cm；小穗披针形，黄褐色或略带紫色。颖果棕褐色。花果期 5~10 月。

地毯草 *Axonopus compressus* (Sw.) P. Beauv. 禾本科 Poaceae/Gramineae 地毯草属

原产及栽培地: 原产美洲热带。中国福建、广东、台湾、云南等地栽培。**习性:** 匍匐枝蔓延迅速，适宜砂质土，需保持湿润。**繁殖:** 播种、栽植匍匐茎、分株。

特征要点 多年生草本。具长匍匐枝。秆压扁，节具柔毛。叶鞘压扁，呈脊；叶片扁平，柔薄，长 5~10cm。总状花序 2~5 枚，长 4~8cm，指状排列；小穗排列三角形穗轴的一侧，长圆状披针形，无芒。种子长卵形。花果期夏秋季。

野牛草 *Bouteloua dactyloides* (Nutt.) Columbus 【*Buchloe dactyloides* (Nutt.) Engelm.】 禾本科 Poaceae/Gramineae 垂穗草属 / 野牛草属

原产及栽培地：原产北美。中国北京、辽宁、内蒙古等地栽培。**习性**：喜光；耐寒性强；耐旱；耐盐碱；生长迅速，再生力强；耐践踏，绿色期短。**繁殖**：分根、播种或匍匐茎。

特征要点 多年生草本。具匍匐茎。叶片线形，灰绿色，长 10~20cm，宽 1~2mm。雄穗状花序 1~3 枚排列成总状，雄花序成球形，花药黄色；雌性小穗含 1 小花，常 4~5 枚簇生成头状花序，两个并生，柱头紫色。花期 5~6 月，果期 7~8 月。

铺地狼尾草 *Cenchrus clandestinus* (Hochst. ex Chiov.) Morrone 【*Pennisetum clandestinum* Hochst. ex Chiov.】
禾本科 Poaceae/Gramineae 蒺藜草属 / 狼尾草属

原产及栽培地：原产亚洲南部。中国北京、四川、云南等地栽培。**习性**：喜光；喜高温多湿气候。**繁殖**：分根或用匍匐茎。

特征要点 多年生草本。根茎发达，具有长匍匐茎。叶鞘长于节间，无毛；叶片长 4~5cm。花序由 2~4 个小穗构成，包藏在上部叶鞘中，仅柱头、花药伸出鞘外；刚毛短于小穗；小穗线状披针形，长达 15mm。花果期夏秋季。

19

钝叶草 *Stenotaphrum helferi* Munro ex Hook. f.

禾本科 Poaceae/Gramineae 钝叶草属

原产及栽培地：原产亚洲。中国福建、广东、广西、云南等地栽培。**习性**：喜光；喜高温多湿气候。**繁殖**：分根或用匍匐茎。

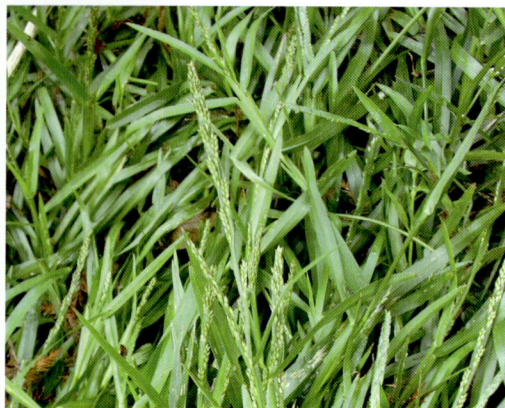

特征要点 多年生草本。秆下部匍匐，节处生根，花枝高 10~40cm。叶鞘压扁，具脊，平滑无毛；叶片带状，长 5~17cm，宽 5~11mm。花序主轴扁平呈叶状，具翼；穗状花序嵌生于主轴的凹穴内；小穗互生，卵状披针形。花果期秋季。

侧钝叶草 *Stenotaphrum secundatum* (Walter) Kuntze

禾本科 Poaceae/Gramineae 钝叶草属

原产及栽培地：原产亚洲热带。中国北京、福建、广东、海南、台湾等地栽培。**习性**：喜光；喜高温多湿气候。**繁殖**：分根或用匍匐茎。

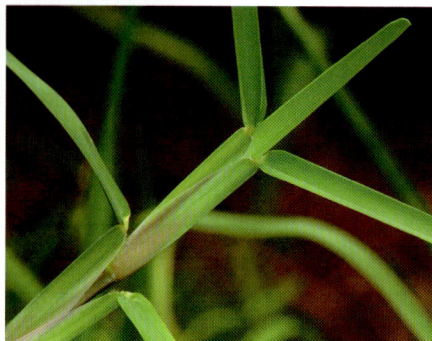

特征要点 多年生草本。花枝高 6~40cm。叶鞘强烈压扁，具脊，平滑无毛；叶片带状，宽达 12mm。花序主轴粗壮，膨大，一侧扁平，长 4~15cm；穗状花序单生主轴一侧；小穗无柄，无芒，尖，淡绿色。花果期秋季。

竹节草 *Chrysopogon aciculatus* (Retz.) Trin.

禾本科 Poaceae/Gramineae 金须茅属

原产及栽培地: 原产亚洲。中国福建、广东、广西、台湾、云南等地栽培。**习性:** 喜光; 喜高温多湿气候。**繁殖:** 分根或用匍匐茎。

特征要点 多年生草本。植株具根茎和匍匐茎。叶片披针形, 长 3~5cm。圆锥花序直立, 长圆形, 紫褐色, 长 5~9cm; 分枝细弱, 常呈轮生状; 芒长 4~7mm。颖果常可黏附于衣物毛发上。花果期 6~10 月。

假俭草 *Eremochloa ophiuroides* (Munro) Hack.

禾本科 Poaceae/Gramineae 蜈蚣草属

原产及栽培地: 原产亚洲东南部。中国福建、江西、湖北、湖南、广东、广西四川、云南等地栽培。**习性:** 喜光; 喜高温多湿气候。**繁殖:** 分根或用匍匐茎。

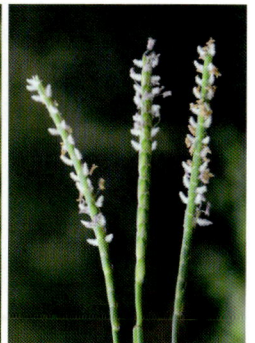

特征要点 多年生草本。匍匐茎发达。叶片线形, 草质, 先端略钝, 长 2~5cm, 宽 1.5~3mm。花序总状, 长 4~6cm, 生于茎顶, 小穗绿色, 微带紫色。花果期 6~10 月。

百喜草（巴哈雀稗） *Paspalum notatum* Flüggé

禾本科 Poaceae/Gramineae 雀稗属

原产及栽培地: 原产亚洲地区。中国北京、福建、广东、海南、黑龙江、湖北、江西、山东、台湾、浙江等地栽培。**习性**: 喜光；喜温润湿润气候。**繁殖**: 分根或用匍匐茎。

特征要点 多年生草本。基生叶多，平展或折叠，边缘具短柔毛，叶长 20~30cm。总状花序穗状，有 2~3 个分枝，小穗 2 行，排列穗轴一侧，每小穗具 1 朵小花。种子卵圆形，黄绿色，有光泽。花果期 8~9 月。

双穗雀稗 *Paspalum distichum* L. 禾本科 Poaceae/Gramineae 雀稗属

原产及栽培地: 原产全球热带、亚热带地区。中国福建、广东等地栽培。**习性**: 喜光；喜高温多湿气候。**繁殖**: 分根或用匍匐茎。

特征要点 多年生草本。匍匐茎横走，长达 1m，秆高 20~40cm，节生柔毛。叶片披针形，长 5~15cm，宽 3~7mm。总状花序 2 枚对连，长 2~6cm；穗轴硬直；小穗倒卵状长圆形。花果期 5~9 月。

海雀稗 *Paspalum vaginatum* Sw. 禾本科 Poaceae/Gramineae 雀稗属

原产及栽培地：原产中国台湾、海南及云南。中国北京、广东、上海、台湾等地栽培。**习性**：喜光；适应海岸气候。**繁殖**：分根或用匍匐茎。

特征要点 多年生草本。具根状茎与长匍匐茎，秆高 10~50cm。叶鞘鞘口具长柔毛；叶片长 5~10cm，宽 2~5mm，线形，顶端渐尖，内卷。总状花序大多 2 枚对生，长 2~5cm；小穗卵状披针形。花果期 6~9 月。

弓果黍 *Cyrtococcum patens* (L.) A. Camus 禾本科 Poaceae/Gramineae 弓果黍属

原产及栽培地：原产亚洲。中国福建、广东、云南等地栽培。**习性**：耐阴；喜高温多湿气候。**繁殖**：分根或用匍匐茎。

特征要点 一年生草本。秆较纤细，花枝高 15~30cm。叶片线状披针形或披针形，长 3~8cm，宽 3~10mm，近基部边缘具疣毛。圆锥花序长 5~15cm；小穗两侧压扁，有 2 小花，仅 1 朵发育，成熟后整个小穗脱落。花果期 9 月至翌年 2 月。

金丝草 *Pogonatherum crinitum* (Thunb.) Kunth

禾本科 Poaceae/Gramineae 金发草属

原产及栽培地：原产亚洲。中国福建、广东、广西、贵州、江西、台湾、云南、浙江等地栽培。**习性**：喜光；喜高温多湿气候。**繁殖**：播种。

特征要点　多年生草本。秆密丛生，纤细，高10~30cm。叶片线形，扁平，稀内卷或对折，长1.5~5cm，宽1~4mm。穗形总状花序单生于秆顶，金黄色；小穗孪生，一有柄，一无柄；芒细长而稍曲折，长18~24mm。花果期5~9月。

（三）麦冬类草坪草

山麦冬（土麦冬） *Liriope spicata* Lour.

天门冬科 / 百合科 Asparagaceae/Liliaceae 山麦冬属

原产及栽培地：原产东亚及东南亚。中国北京、福建、广东、广西、贵州、海南、黑龙江、湖北、江西、辽宁、陕西、上海、四川、台湾、云南、浙江等地栽培。**习性**：常绿；极耐阴；耐寒；耐旱；对土壤要求不严。**繁殖**：分株。

特征要点　多年生常绿草本。根稍粗，近末端处常膨大成肉质小块根。叶长25~60cm，宽4~8mm。花葶长25~65cm；花3~5朵簇生；关节位于中部以上或近顶端；花被片长4~5mm，淡紫色或淡蓝色。花期5~7月，果期8~10月。

禾叶山麦冬（禾叶土麦冬）*Liriope graminifolia* (L.) Baker

天门冬科 / 百合科 Asparagaceae/Liliaceae 山麦冬属

原产及栽培地：原产中国。北京、广东、江西、四川、云南、浙江等地栽培。**习性**：常绿；极耐阴；耐寒；耐旱；对土壤要求不严。**繁殖**：分株、播种。

特征要点 多年生常绿草本。根细，偶有纺锤块根。叶长 20~60cm，宽 2~4mm。花莛长 20~48cm；花 3~5 朵簇生；花梗关节位于近顶端；花小，花被片长 3.5~4mm，白色或淡紫色。种子卵球形，熟时蓝黑色。花期 6~8 月，果期 9~11 月。

矮小山麦冬（矮小土麦冬）*Liriope minor* (Maxim.) Makino

天门冬科 / 百合科 Asparagaceae/Liliaceae 山麦冬属

原产及栽培地：原产中国、日本、朝鲜等地。中国北京、福建、广东、湖北、陕西、浙江等地栽培。**习性**：喜阴湿；性较耐寒，在长江流域可露地越冬；对土壤要求不严。**繁殖**：分株。

特征要点 多年生常绿草本。根茎细，有地下葡萄茎。叶片线形，稍弯曲，长 10~20cm，宽 2~3mm。花莛高 10~15cm，扁平有钝棱，直立；花淡紫色。种子熟时蓝色。花期夏季。

短葶山麦冬 *Liriope muscari* (Decne.) L. H. Bailey
天门冬科 / 百合科 Asparagaceae/Liliaceae 山麦冬属

原产及栽培地: 原产中国。北京、上海等地栽培。**习性:** 耐阴;耐寒;耐旱,对土壤要求不严。**繁殖:** 分株。

特征要点　多年生常绿草本。无地下茎;根细长,偶有纺锤形小块根。叶长 25~65cm, 宽 1~3.5cm。花葶长 45~100cm;花 4~8 朵簇生;花梗关节位于中部或中部偏上;花较大,紫红色。种子球形,熟时黑紫色。花期 7~8 月, 果期 9~11 月。

金边短葶山麦冬 *Liriope muscari* 'Gold Banded'
天门冬科 / 百合科 Asparagaceae/Liliaceae 山麦冬属

原产及栽培地: 最早培育于中国。中国北京、上海等地栽培。**习性:** 耐阴;耐寒;耐旱,对土壤要求不严。**繁殖:** 分株。

特征要点　叶片边缘为金黄色,边缘内侧为银白色与翠绿色相间的竖向条纹。其他同阔叶山麦冬。

阔叶山麦冬 *Liriope platyphylla* Wang & Tang
天门冬科 / 百合科 Asparagaceae/Liliaceae 山麦冬属

原产及栽培地：原产中国东部和南部地区。中国北京、福建、广东、广西、贵州、海南、湖北、江西、陕西、上海、四川、台湾、云南、浙江等地栽培。**习性**：常绿；耐阴；耐旱；对土壤要求不严。**繁殖**：播种、分株。

特征要点　多年生常绿草本，无地下走茎。根细长，有时有块根。叶长 20~40cm，宽 10~20mm。花莛长 40~100cm；花 4~8 朵簇生；关节位于中部以上或近顶端；花被片长 3~4mm，淡紫色或淡蓝色。花期 7~8 月，果期 9~11 月。

麦冬 *Ophiopogon japonicus* (L. f.) Ker Gawl.
天门冬科 / 百合科 Asparagaceae/Liliaceae 沿阶草属

原产及栽培地：原产亚洲东部。中国安徽、北京、福建、广东、广西、贵州、海南、江苏、江西、陕西、上海、四川、台湾、云南、浙江等地栽培。**习性**：喜温暖湿润气候，半阴及通风良好环境，要求排水良好，疏松肥沃土壤。**繁殖**：分株。

特征要点　多年生常绿草本。须根常膨大纺锤状。叶丛生于基部，狭线形，叶缘粗糙，长 10~30cm。花茎常低于叶丛，稍弯垂，小花淡紫色，偏向一侧，排成短小的总状花序。果蓝色。花期春夏季。

沿阶草 *Ophiopogon bodinieri* H. Lév.

天门冬科 / 百合科 Asparagaceae/Liliaceae 沿阶草属

原产及栽培地: 原产亚洲南部。中国北京、贵州、湖北、江苏、江西、四川、云南等地栽培。**习性**: 耐阴；喜高温潮湿气候。**繁殖**: 分株。

特征要点 多年生常绿草本。叶基生成丛，禾叶状，长 20~40cm，宽 2~4mm。花葶较叶稍短或几乎等长；花偏向一侧，白色或稍带紫色；花药绿黄色。种子近球形或椭圆形。花期 6~8 月，果期 8~10 月。

间型沿阶草 *Ophiopogon intermedius* D. Don

天门冬科 / 百合科 Asparagaceae/Liliaceae 沿阶草属

原产及栽培地: 原产喜马拉雅地区。中国云南、浙江等地栽培。**习性**: 耐阴；喜高温潮湿气候。**繁殖**: 分株。

特征要点 多年生常绿草本。叶基生成丛，禾叶状，长 15~70cm，宽 2~8mm，具 5~9 条脉，背面中脉明显隆起。花葶长 20~50cm，通常短于叶；总状花序花 15~20 朵；花白色或淡紫色。种子椭圆形。花期 5~8 月，果期 8~10 月。

长叶沿阶草 *Ophiopogon longifolius* Decne.

天门冬科／百合科 Asparagaceae/Liliaceae 沿阶草属

原产及栽培地：原产印度、缅甸、泰国、柬埔寨、老挝和越南。中国福建、广东、广西、海南、台湾、云南等地栽培。**习性**：常绿；耐阴；对土壤要求不严。**繁殖**：分株、播种。

特征要点 多年生常绿草本，根茎短。根细长，常有块根。叶长 20~60cm，宽 3~10mm。花莛长 3~26cm；花 1~5 朵簇生；关节位于中部或中部以下；花下垂，花被片长 3~6mm，白色。花期 8~9 月。

白纹长叶沿阶草 *Ophiopogon longifolius* 'Albostriatus'【*Ophiopogon longifolius* Decne f. *albostriatus* N. Tanaka】

天门冬科／百合科 Asparagaceae/Liliaceae 沿阶草属

原产及栽培地：栽培起源。中国福建、广东、广西、海南、台湾、云南等地栽培。**习性**：常绿；耐阴；对土壤要求不严。**繁殖**：分株。

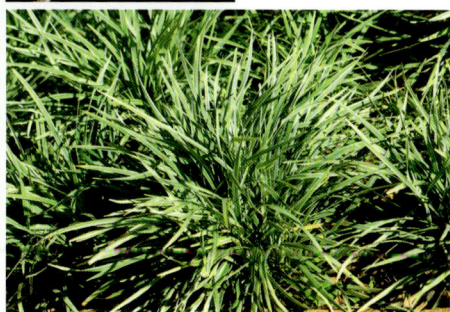

特征要点 叶具白色条纹。其他同长叶沿阶草。

剑叶沿阶草 *Ophiopogon jaburan* (Siebold) Lodd.
天门冬科 / 百合科 Asparagaceae/Liliaceae 沿阶草属

原产及栽培地: 原产亚洲东南部。中国云南、浙江等地栽培。
习性: 耐阴; 喜高温潮湿气候。
繁殖: 分株。

特征要点 多年生常绿草本。地下有根状茎, 有时具葡匐茎。须根可膨大成块根。叶基生成丛, 禾叶状, 长 30~50cm, 宽约 1cm。花莛比叶短, 总状花序, 花白色、紫色、淡紫色或淡绿白色。果紫黑色。花期夏季。

花边剑叶沿阶草 *Ophiopogon jaburan* 'Variegata'
天门冬科 / 百合科 Asparagaceae/Liliaceae 沿阶草属

原产及栽培地: 最早培育于亚洲东南部。中国云南、浙江等地栽培。
习性: 耐阴; 喜高温潮湿气候。
繁殖: 分株。

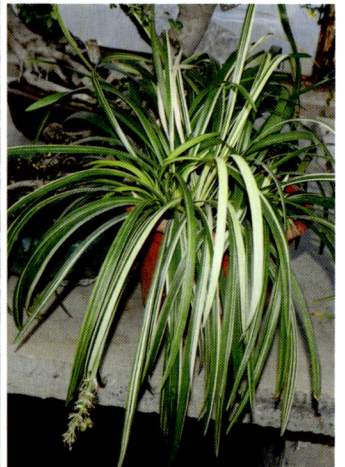

特征要点 叶边缘或中间有白色纵纹, 叶缘斑条纹较宽。其他同剑叶沿阶草。

黑叶扁莛沿阶草（黑麦冬）*Ophiopogon planiscapus* 'Nigrescens Kokuryu'

天门冬科 / 百合科 Asparagaceae/Liliaceae 沿阶草属

原产及栽培地：最早培育于日本。中国福建、台湾、云南、浙江等地栽培。**习性**：耐阴；喜高温潮湿气候。**繁殖**：分株。

特征要点 叶黑紫色。其他同麦冬。

吉祥草 *Reineckea carnea* (Andrews) Kunth

天门冬科 / 百合科 Asparagaceae/Liliaceae 吉祥草属

原产及栽培地：原产中国、日本。中国北京、福建、广东、广西、贵州、湖北、江苏、江西、陕西、上海、四川、台湾、云南、浙江等地栽培。**习性**：喜温暖湿润气候；较耐寒；要求富含腐殖质、排水良好的湿润砂质壤土。**繁殖**：分株、播种。

特征要点 多年生常绿草本。地上匍匐根状茎节处生根与叶。叶 3~8 枚，簇生于根状茎顶端，长 10~38cm。花莛高约 15cm，通常短于叶；穗状花序长约 6cm，花无柄，粉红色，芳香。浆果球形，鲜红色。花期秋季。

31

白穗花 *Speirantha gardenii* (Hook.) Baill.
天门冬科／百合科 Asparagaceae/Liliaceae 白穗花属

原产及栽培地：原产中国。广东、江西、上海、浙江等地栽培。
习性：喜温暖湿润气候，半阴及通风良好环境，要求排水良好，疏松肥沃土壤。**繁殖**：分株。

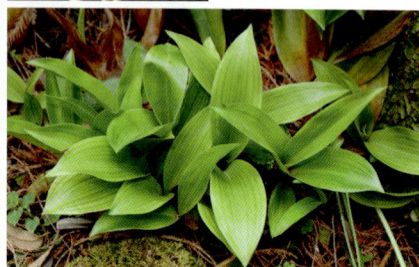

特征要点　多年生常绿草本。根状茎圆柱形。叶基生，4~8 枚，倒披针形至长椭圆形，长 10~20cm，宽 3~5cm，下部渐狭成柄。花葶侧生，短于叶，总状花序有花 12~18 朵；花白色。浆果近球形。花期 5~6 月，果期 7 月。

（四）草坪杂草

空心莲子草 *Alternanthera philoxeroides* (Mart.) Griseb.
苋科 Amaranthaceae 莲子草属

原产及分布地：原产美洲。中国北京、福建、广东、广西、贵州、湖北、江西、四川、台湾、云南、浙江等地常见。

特征要点　多年生草本。茎葡匐，管状，中空，长可达 100cm 以上。叶对生，矩圆形，全缘，无毛。花小，腋生，密集，球形。花期 5~10 月。

凹头苋 *Amaranthus blitum* Moq. 苋科 Amaranthaceae 苋属

原产及分布地: 原产美洲。中国北京、福建、贵州、湖北、江西、台湾、云南、浙江等地常见。

特征要点 一年生草本，高 10~30cm。茎肉质，具棱，常带紫红色。叶互生，有柄，卵形或菱状卵形，顶端凹缺，基部宽楔形，全缘或稍呈波状。花成腋生花簇，淡绿色。胞果扁卵形，黑色。花期 7~8 月，果期 8~9 月。

绿穗苋 *Amaranthus hybridus* K. Krause 苋科 Amaranthaceae 苋属

原产及分布地: 原产美洲。中国北京、福建、湖北、内蒙古、四川等地常见。

特征要点 一年生草本，高 30~50cm。茎直立，有开展柔毛。叶片卵形或菱状卵形，顶端急尖或微凹。圆锥花序顶生，细长，有分枝；苞片披针形，绿色，具尖芒。胞果卵形。种子近球形，黑色。花期 7~8 月，果期 9~10 月。

反枝苋 *Amaranthus retroflexus* L. 苋科 Amaranthaceae 苋属

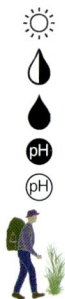

原产及分布地：原产北美。中国北京、贵州、湖北、江西、上海、新疆、云南、浙江等地常见。

特征要点 一年生草本，高 20~80cm。茎粗壮，密生短柔毛。叶片卵形，基部楔形。圆锥花序直立，直径 2~4cm；苞片钻形，白色，具尖芒。胞果扁卵形。种子近球形，棕色或黑色。花期 7~8 月，果期 8~9 月。

皱果苋 *Amaranthus viridis* All. 苋科 Amaranthaceae 苋属

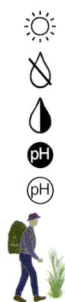

原产及分布地：原产美洲。中国安徽、北京、福建、广东、广西、贵州、海南、湖北、江西、台湾、云南、浙江等地常见。

特征要点 一年生草本，高 40~80cm，全体无毛。茎直立，有棱角。叶片卵形，顶端凹缺。圆锥花序顶生，长 6~12cm；苞片长不及 1mm。胞果扁球形，绿色，极皱缩。种子近球形，黑色。花期 6~8 月，果期 8~10 月。

藜 *Chenopodium album* L. 苋科 / 藜科 Amaranthaceae/Chenopodiaceae 藜属

原产及分布地：原产全球温带及热带。中国安徽、北京、福建、广东、广西、贵州、湖北、江西、内蒙古、陕西、四川、台湾、新疆、云南、浙江等地常见。

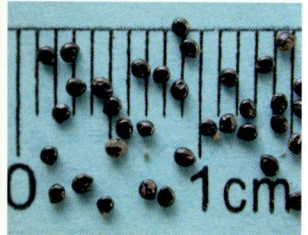

特征要点 一年生草本，高 30~150cm。茎具条棱。叶互生，有柄，菱状卵形至宽披针形，背面具白粉霜，边缘具不整齐锯齿。穗状圆锥状或圆锥状花序，绿色；花小，花被裂片 5。种子双凸镜状，黑色，有光泽。花果期 5~10 月。

土荆芥 *Dysphania ambrosioides* (L.) Mosyakin & Clemants【*Chenopodium ambrosioides* L.】苋科 / 藜科 Amaranthaceae/Chenopodiaceae 腺毛藜属 / 藜属

原产及分布地：原产美洲。中国福建、广东、广西、贵州、湖北、江苏、江西、陕西、四川、台湾、云南、浙江等地常见。

特征要点 一年生或多年生草本，高 50~80cm，有强烈气味。茎具条棱。叶互生，矩圆状披针形或披针形，具锯齿。花序大，顶生；花小，绿色，花被裂片 5；雄蕊 5；花柱不明显。胞果扁球形。种子黑色或暗红色。花果期长。

艾（艾蒿） *Artemisia argyi* H. Lév. & Vaniot 菊科 Asteraceae/Compositae 蒿属

原产及分布地：原产亚洲北部地区。中国北京、福建、广东、贵州、黑龙江、湖北、江苏、江西、四川、云南、浙江等地常见。

特征要点　多年生草本，高80~150cm，有浓烈香气。茎有棱，被灰白色短柔毛。茎下部叶近圆形或宽卵形，羽状深裂，正面绿色，背面灰白色。头状花序小，椭圆形，花冠紫色。花果期7~10月。

荠 *Capsella bursa-pastoris* (L.) Medik. 十字花科 Brassicaceae/Cruciferae 荠属

原产及分布地：原产欧亚大陆。中国安徽、北京、福建、广东、广西、贵州、湖北、湖南、吉林、江苏、江西、陕西、上海、四川、台湾、新疆、云南、浙江等地常见。

特征要点　一、二年生草本，高10~50cm。基生叶丛生呈莲座状，大头羽状分裂。茎生叶披针形，抱茎，边缘有锯齿。总状花序顶生；花瓣4，白色。短角果倒三角形或倒心状三角形，扁平，顶端微凹。花果期4~6月。

球序卷耳 *Cerastium glomeratum* Thuill. 石竹科 Caryophyllaceae 卷耳属

原产及分布地: 世界广布; 中国北京南部各地常见分布。

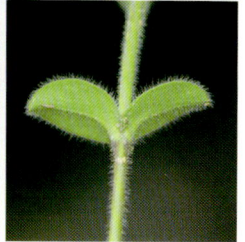

特征要点 一年生密丛草本, 高 10~20cm。茎叶密被长柔毛。叶对生, 倒卵状椭圆形, 中脉明显。聚伞花序簇生; 萼片 5, 披针形; 花瓣 5, 白色, 顶端 2 浅裂; 雄蕊短于萼; 花柱 5。花期 3~4 月, 果期 5~6 月。

田旋花 *Convolvulus arvensis* L. 旋花科 Convolvulaceae 旋花属

原产及分布地: 原产欧亚大陆。中国北京、四川、新疆等地常见。

特征要点 多年生草本。茎平卧或缠绕, 长可达 100cm 以上。叶互生, 卵状长圆形至披针形, 基部戟形至心形。花序腋生, 常具 1 花; 苞片 2, 线形; 花冠宽漏斗形, 白色或粉红色, 或具条纹。蒴果卵状球形。种子 4。花期 5~6 月, 果期 6~7 月。

猪殃殃 *Galium spurium* L. 茜草科 Rubiaceae 拉拉藤属

原产及分布地：原产欧亚大陆。中国北京、福建、贵州、湖北、江西、四川、浙江等地常见。

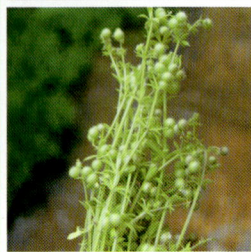

特征要点 多枝蔓生草本，高 30~90cm。茎四棱，具细倒刺毛。叶 6~8 片轮生，倒披针形，具刺状毛。聚伞花序腋生或顶生；花小，花冠黄绿色或白色，辐状。果小，肿胀，密被钩毛。花期 3~7 月，果期 4~11 月。

酢浆草 *Oxalis corniculata* L. 酢浆草科 Oxalidaceae 酢浆草属

原产及分布地：原产亚洲。中国北京、福建、广东、广西、贵州、海南、湖北、江西、陕西、四川、台湾、新疆、云南、浙江等地常见。

特征要点 一年生草本，高 10~35cm，全株被柔毛。茎匍匐，节处生根。叶基生或茎上互生；小叶 3，倒心形，先端凹入。花单生或数朵集为伞形花序状；花 5 数，黄色。蒴果长圆柱形，具 5 棱。种子长卵形，具网纹。花果期 2~9 月。

车前 *Plantago asiatica* Turcz. 车前科 Plantaginaceae 车前属

原产及分布地: 原产亚洲北部地区。中国北京、福建、甘肃、广东、贵州、湖北、江苏、江西、四川、台湾、新疆、云南、浙江等地常见。

特征要点 二年生或多年生草本。须根多数。叶基生，莲座状，宽卵形至宽椭圆形，基出脉 5~7 条。穗状花序细圆柱状；花小，未开时绿色，花冠白色。蒴果卵形，开裂。花期 4~8 月，果期 6~9 月。

萹蓄 *Polygonum aviculare* L. 蓼科 Polygonaceae 萹蓄属 / 蓼属

原产及分布地: 原产亚洲地区。中国北京、福建、广东、广西、贵州、湖北、江苏、江西、内蒙古、陕西、四川、新疆、云南、浙江等地常见。

特征要点 一年生草本，高 10~40cm。茎纤细，常平卧。叶互生，椭圆形或披针形，侧脉明显；托叶鞘膜质。花簇生叶腋；花小，花被 5 深裂，绿色，边缘白色或淡红色；雄蕊 8；花柱 3。瘦果卵形，具 3 棱，黑褐色。花期 5~7 月，果期 6~8 月。

酸模叶蓼（马蓼） *Persicaria lapathifolia* (L.) Delarbre 【*Polygonum lapathifolium* L.】 蓼科 Polygonaceae 蓼属

原产及分布地： 原产亚洲各地。中国北京、福建、广东、湖北、江西、四川、台湾、云南、浙江等地常见。

特征要点　一年生草本，高40~90cm。茎节部膨大。叶披针形，常有一个大的黑褐色新月形斑点；托叶鞘筒状，膜质。总状花序呈穗状；花被淡红色或白色，4(5)深裂；雄蕊常6。瘦果宽卵形，双凹，黑褐色，有光泽。花期6~8月，果期7~9月。

马齿苋 *Portulaca oleracea* L. 马齿苋科 Portulacaceae 马齿苋属

原产及分布地： 原产亚洲。中国安徽、北京、福建、广东、广西、贵州、海南、黑龙江、湖北、江苏、江西、陕西、四川、台湾、新疆、云南、浙江等地常见。

特征要点　一年生肉质草本，全株无毛。茎铺散，常暗红色。叶互生，扁平，肥厚，倒卵形，顶端圆钝或平截。花簇生枝端，午时盛开；花瓣5，黄色；雄蕊常8，花药黄色。蒴果卵球形，盖裂；种子细小，黑色。花期5~8月，果期6~9月。

朝天委陵菜 *Potentilla supina* L. 蔷薇科 Rosaceae 委陵菜属

原产及分布地: 原产欧亚温带。中国北京、内蒙古等地常见。

一、二年生草本。茎平展,叉状分枝,长 20~50cm。羽状复叶,小叶 2~5 对,小叶无柄,长圆形,有锯齿,两面绿色。花腋生,在枝条顶端密集近伞房状聚伞花序。花直径 0.6~0.8cm,黄色。花果期 3~10 月。

繁缕 *Stellaria media* (L.) Vill. 石竹科 Caryophyllaceae 繁缕属

原产及分布地: 原产亚洲。中国北京、福建、广东、广西、贵州、湖北、江西、四川、云南、浙江等地常见。

一、二年生草本,高 10~30cm。茎纤细,被毛。叶对生,有短柄,宽卵形或卵形,基部渐狭或近心形,全缘。疏聚伞花序顶生;萼片 5;花瓣 5,白色,比萼片短,深 2 裂达基部;雄蕊 3~5;花柱 3,线形。蒴果卵形。花期 6~7 月,果期 7~8 月。

马鞭草 *Verbena officinalis* L. 马鞭草科 Verbenaceae 马鞭草属

原产及分布地: 原产美洲热带地区。中国北京、福建、广东、广西、贵州、湖北、江苏、江西、陕西、四川、云南、浙江等地常见。

特征要点 多年生草本,高 30~120cm。茎四棱形。叶对生,卵圆形至披针形,边缘常有粗锯齿,常 3 深裂,被硬毛。穗状花序顶生;花小,无柄;花冠淡紫至蓝色,裂片 5;雄蕊 4。果长圆形,熟时 4 瓣裂。花期 6~8 月,果期 7~10 月。

婆婆纳 *Veronica polita* Fr.
车前科 / 玄参科 Plantaginaceae/Scrophulariaceae 婆婆纳属

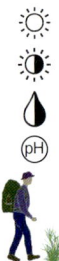

原产及分布地: 原产地中海。中国北京、福建、贵州、湖北、江苏、江西、四川、云南、浙江等地常见。

特征要点 铺散多分枝草本,被长柔毛,高 10~25cm。叶对生,具短柄,叶片心形或卵形,具钝齿。总状花序;苞片叶状;花冠淡紫色或白色,直径 4~5mm。蒴果近肾形,密被腺毛。花期 3~10 月。

观赏草

五节芒 *Miscanthus floridulus* (Labill.) Warb. ex K. Schum. & Lauterb.

禾本科 Poaceae/Gramineae 芒属

原产及栽培地: 原产亚洲。中国华东、华南地区也有分布。北京、福建、贵州、湖北、江苏、江西、四川、台湾、云南、浙江等地栽培。**习性**: 喜光; 耐寒; 耐旱, 耐湿, 对土壤要求不严。**繁殖**: 分株、播种。

特征要点　多年生草本。秆高大似竹, 具白粉, 高 2~4m。叶片披针状线形, 长 25~60cm, 扁平, 中脉白色。多数总状花序排成大型圆锥花序; 小穗卵状披针形; 基盘具丝状柔毛; 芒长 7~10mm。颖果长圆形。花果期 5~10 月。

芒 *Miscanthus sinensis* Andersson　禾本科 Poaceae/Gramineae 芒属

原产及栽培地: 原产中国、朝鲜、日本。中国北京、上海、杭州等地栽培。**习性**: 喜光; 耐寒; 耐旱, 耐湿, 对土壤要求不严。**繁殖**: 分株、播种。

特征要点　多年生草本。秆高 1~2m。叶鞘长于节间; 叶片线形, 长 20~50cm, 中脉白色, 边缘粗糙。多数总状花序排成大型圆锥花序, 长 15~40cm; 小穗披针形; 基盘具丝状毛; 芒长 9~10mm, 膝曲。颖果长圆形, 暗紫色。花果期 7~12 月。

细叶芒 *Miscanthus sinensis* 'Gracillimus' 禾本科 Poaceae/Gramineae 芒属

原产及栽培地: 最早培育于中国、朝鲜、日本。中国北京、上海、杭州等地栽培。**习性**: 喜光; 耐寒; 耐旱, 耐湿, 对土壤要求不严。**繁殖**: 分株。

特征要点 叶片狭窄细长, 宽 5mm 左右。植株密集紧凑。其余特征同芒。

克莱因芒 *Miscanthus sinensis* 'Kleine Silberspinne'
禾本科 Poaceae/Gramineae 芒属

原产及栽培地: 栽培起源。中国北京、上海、杭州等地栽培。**习性**: 喜光; 耐寒; 耐旱, 耐湿, 对土壤要求不严。**繁殖**: 分株。

特征要点 植株生长整齐, 繁茂健旺, 叶片大小适中。其余特征同芒。

花叶芒 *Miscanthus sinensis* 'Variegatus' 禾本科 Poaceae/Gramineae 芒属

原产及栽培地： 栽培起源。中国北京、上海、杭州等地栽培。**习性：** 喜光；耐寒；耐旱，耐湿，对土壤要求不严。**繁殖：** 分株。

特征要点 叶片宽 1cm 左右，浅绿色，有奶白色纵向条纹，条纹与叶片等长。其余特征同芒。

斑叶芒 *Miscanthus sinensis* 'Zebrinus' 禾本科 Poaceae/Gramineae 芒属

原产及栽培地： 栽培起源。中国北京、上海、杭州等地栽培。**习性：** 喜光；耐寒；耐旱，耐湿，对土壤要求不严。**繁殖：** 分株。

特征要点 叶片宽 1cm 左右，并有不规则的黄色斑马横纹。其余特征同芒。

花叶燕麦草 *Arrhenatherum elatius* 'Variegatum'
禾本科 Poaceae/Gramineae 燕麦草属

原产及栽培地: 最早培育于亚洲、非洲、大洋洲热带地区。中国北京等地栽培。**习性:** 喜光;耐寒;喜疏松肥沃的壤土。**繁殖:** 分株。

特征要点 多年生草本。植株丛生。须根发达,秆簇生,叶片长 10~30cm,宽 1cm 左右,具白色条纹。顶生圆锥花序狭窄;小穗含 2 小花;颖较宽,质薄;芒膝曲扭转,其芒长出小穗,第二外稃近顶端具 1 细直短芒。

芦竹 *Arundo donax* L. 禾本科 Poaceae/Gramineae 芦竹属

原产及栽培地: 原产亚洲、非洲、大洋洲热带地区。中国各地栽培。**习性:** 喜光;耐寒;喜湿,喜深厚肥沃的壤土。**繁殖:** 分株、播种。

特征要点 多年生草本。秆粗大直立,似竹。叶鞘长于节间;叶片扁平,绿色,长 30~50cm,宽 3~5cm。圆锥花序大型,长 30~60cm;小穗含 2~4 小花,具短芒。颖果细小,黑色。花果期 9~12 月。

变叶芦竹（花叶芦竹）*Arundo donax* 'Versicolor'
禾本科 Poaceae/Gramineae 芦竹属

原产及栽培地：栽培起源。中国各地栽培。**习性**：喜光；耐寒；喜湿，喜深厚肥沃的壤土。**繁殖**：分株。

特征要点　叶片幼时常具白色条纹，老时渐变为绿色。其他特征同芦竹。

菵草 *Beckmannia syzigachne* (Steud.) Fernald　禾本科 Poaceae/Gramineae 菵草属

原产及栽培地：原产全球各地。中国各地栽培。**习性**：喜光；耐寒；喜潮湿的沼泽地或水边环境。**繁殖**：播种。

特征要点　一年生草本。秆丛生，高 15~90cm。叶片扁平，长 5~20cm，宽 3~10mm。圆锥花序长 10~30cm，分枝稀疏；小穗扁平，圆形，灰绿色，常含 1 小花；外稃披针形，具 5 脉，常具伸出颖外之短尖头。花果期 4~10 月。

垂穗草 *Bouteloua curtipendula* (Michx.) Torr.
禾本科 Poaceae/Gramineae 垂穗草属 / 格兰马草属

原产及栽培地: 原产北美。中国北京、台湾等地栽培。**习性:** 喜光;适应北方温带气候。**繁殖:** 播种。

特征要点　多年生直立草本。根茎短。秆丛生,高 30~100cm。叶片扁平或稍卷折,长 20~30cm,宽 1~5mm,粗糙,边缘具疣毛。穗状花序 10~50 枚,长 8~18mm,带紫色,常下垂而偏生于主轴的一侧。花果期夏秋季。

大凌风草 *Briza maxima* L. 禾本科 Poaceae/Gramineae 凌风草属

原产及栽培地: 原产欧洲。中国北京、福建、江西、台湾、云南等地栽培。**习性:** 喜光;稍耐寒;喜潮湿的沼泽地或水边环境。**繁殖:** 播种。

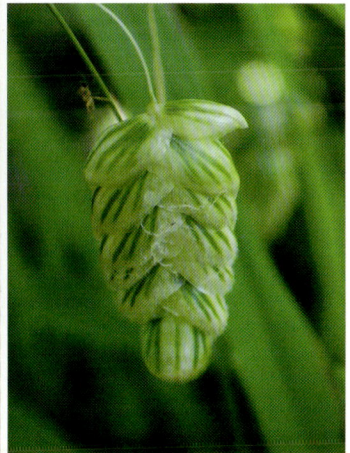

特征要点　一年生草本。圆锥花序下垂,具少数小穗;小穗大,长约 12mm,宽约 10mm,含 10~12 小花。花果期 7~9 月。

凌风草 *Briza media* L. 禾本科 Poaceae/Gramineae 凌风草属

原产及栽培地：原产喜马拉雅地区。中国福建、湖北、四川、云南、浙江等地栽培。**习性**：喜光；稍耐寒；喜潮湿的沼泽地或水边环境。**繁殖**：播种。

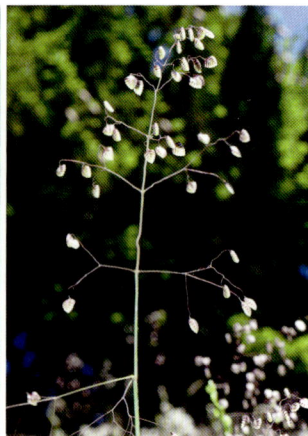

特征要点　多年生草本。秆疏丛生，高 40~60cm。叶片扁平，边缘微粗糙，长达 10cm，宽约 5mm，顶生者短小。圆锥花序直立，具多数小穗；小穗小，宽卵形，长 4~6mm，宽 4~7mm，含 3~8 花，带紫色。花果期 7~9 月。

银鳞茅 *Briza minor* L. 禾本科 Poaceae/Gramineae 凌风草属

原产及栽培地：原产欧洲。中国福建、湖北、四川、云南、浙江等地栽培。**习性**：喜光；稍耐寒；喜潮湿的沼泽地或水边环境。**繁殖**：播种。

特征要点　一年生草本。上部叶舌长约 5mm。圆锥花序直立，具多数小穗；小穗长 3~4mm，宽 4~7mm，含 3~8 花。花果期夏季。

宽叶林燕麦（小盼草） *Chasmanthium latifolium* (Michx.) Yates

禾本科 Poaceae/Gramineae 林燕麦属

原产及栽培地: 原产美国和墨西哥。中国福建、广东、湖北、陕西、上海、台湾、云南等地栽培。**习性:** 喜半阴环境，但也耐全日照和遮阴条件；喜温暖湿润气候；喜湿润肥沃的土壤。**繁殖:** 播种、分株。

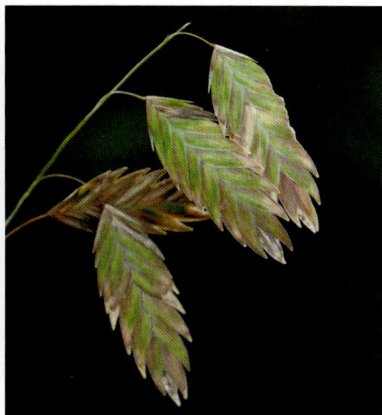

特征要点 多年生丛生草本。秆纤细，高可达 1.2m。叶片披针形，亮绿色，长 10~20cm，宽 1~2cm。圆锥花序顶生，松散，长 20~40cm；小穗柄纤细；小穗下垂，扁平，长圆形，长 2~4cm。花果期 8~10 月。

薏苡 *Coix lacryma-jobi* L. 禾本科 Poaceae/Gramineae 薏苡属

原产及栽培地: 原产非洲。中国安徽、北京、福建、广东、广西、贵州、海南、河北、黑龙江、湖北、湖南、吉林、江苏、江西、辽宁、内蒙古、山东、山西、上海、四川、台湾、新疆、云南、浙江等地栽培。**习性:** 喜光；适应性广，对生长条件要求不严。**繁殖:** 播种。

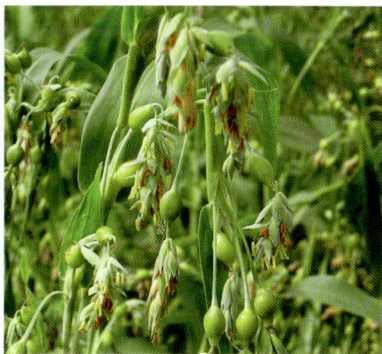

特征要点 一年生粗壮草本。秆丛生，高 1~2m，分枝。叶片扁平宽大，长 10~40cm，宽 1.5~3cm。总状花序腋生成束，花单性；雌小穗位于下部，外面包以骨质念珠状之总苞，总苞珐琅质，坚硬，有光泽。花果期 6~12 月。

蒲苇 *Cortaderia selloana* (Schult.) Asch. & Graebn.
禾本科 Poaceae/Gramineae 蒲苇属

原产及栽培地: 原产阿根廷、巴西。中国北京、上海、云南、江苏、浙江等地栽培。**习性**: 喜光; 喜温暖湿润土壤, 要求肥沃深厚土壤。**繁殖**: 分株。

特征要点 多年生高大草本。秆丛生, 粗壮, 高 2~3m。叶片质硬, 狭窄, 簇生于秆基, 长达 1~3m。圆锥花序大型稠密, 长 50~100cm, 银白色或粉红色; 小穗含 2~3 小花, 雌雄异序, 雌小穗具丝状柔毛, 雄小穗无毛。花期 9~10 月。

矮蒲苇 *Cortaderia selloana* 'Pumila' 禾本科 Poaceae/Gramineae 蒲苇属

原产及栽培地: 最早培育于阿根廷、巴西。中国北京、上海、云南、江苏、浙江等地栽培。**习性**: 喜光; 喜温暖湿润土壤, 要求肥沃深厚土壤。**繁殖**: 分株。

特征要点 株高 120cm 或更矮。其余特征同蒲苇。

鸭茅 *Dactylis glomerata* L. 禾本科 Poaceae/Gramineae 鸭茅属

原产及栽培地：原产亚洲地区。中国北京、江苏、江西、四川、云南、浙江等地栽培。**习性**：喜冷凉气候及排水良好的砂质土壤。**繁殖**：播种。

特征要点 多年生草本。秆疏丛型，高 0.7~1.5m。叶鞘压扁成龙骨状；叶片蓝绿色，幼叶成折叠状，长 30~50cm。圆锥花序长 8~15cm；小穗着生在穗轴一侧密集成球状，形似鸡足，每小穗有花 3~5 朵，外稃有短芒。花果期 5~6 月。

野青茅 *Calamagrostis arundinacea* (L.) Roth【*Deyeuxia pyramidalis* (Host) Veldkamp】禾本科 Poaceae/Gramineae 拂子茅属 / 野青茅属

原产及栽培地：原产亚洲北部。中国北京、河北等地栽培。**习性**：喜冷凉气候及排水良好的砂质土壤。**繁殖**：分株、播种。

特征要点 多年生草本。秆丛生，高 50~60cm，平滑。叶多数基生，扁平，宽 2~7mm，两面粗糙。圆锥花序长 6~10cm，宽 1~2cm；小穗草黄色或带紫色；通常含 1 小花，脱节于颖之上；芒长 7~8mm。花果期 6~9 月。

弯叶画眉草 *Eragrostis curvula* (Schrad.) Nees
禾本科 Poaceae/Gramineae 画眉草属

原产及栽培地: 原产非洲。中国北京、广东、湖北、台湾、云南、浙江等地栽培。**习性**: 喜光; 喜排水良好的砂质土壤。**繁殖**: 播种。

特征要点 多年生草本。秆密丛生, 高 90~120cm。叶鞘粗糙并疏生刺毛; 叶片细长丝状, 向外弯曲, 宽 1~2.5mm。圆锥花序开展; 小穗长 6~11mm, 有 5~12 小花, 浅绿色。花果期 4~9 月。

蔗茅 *Saccharum rufipilum* Steud. 禾本科 Poaceae/Gramineae 甘蔗属

原产及栽培地 原产亚洲。中国贵州、云南等地栽培。**习性**: 喜光; 喜温暖潮湿气候。**繁殖**: 分株、播种。

特征要点 多年生草本。秆高 1~2.5m。秆的花序以下部分有白色丝状毛。叶片条形, 宽 5~12mm。圆锥花序狭, 淡褐色, 长 20~30cm; 小穗成对, 一有柄, 一无柄, 均含 2 小花; 芒自第二外稃顶端伸出, 劲直。花果期 6~10 月。

白茅 *Imperata cylindrica* (L.) Raeusch. 禾本科 Poaceae/Gramineae 白茅属

原产及栽培地: 原产欧亚大陆。中国北京、上海等地栽培。**习性:** 喜光;适应性广,对生长条件要求不严,砂质土壤生长较好。**繁殖:** 分株、播种。

特征要点 多年生草本。根状茎长,白色。叶片宽大扁平,带形或线状披针形,长达1m。圆锥花序呈密穗状,圆柱形,长达50cm;小穗披针形,基盘密生长约12mm的丝状柔毛。花果期6~10月。

血草 *Imperata cylindrica* 'Rubra' 禾本科 Poaceae/Gramineae 白茅属

原产及栽培地: 国外选育品种。中国北京、山东、上海、浙江等地栽培。**习性:** 喜光;适应性广,对生长条件要求不严,砂质土壤生长较好。**繁殖:** 分株。

特征要点 叶丛生,剑形,常保持深血红色。其余特征同白茅。

55

淡竹叶 *Lophatherum gracile* Brongn. 禾本科 Poaceae/Gramineae 淡竹叶属

原产及栽培地: 原产亚洲。中国福建、广东、广西、贵州、海南、湖北、江西、四川、台湾、云南、浙江等地栽培。**习性:** 耐阴;不耐寒,喜温暖湿润气候。**繁殖:** 播种。

特征要点 多年生草本。须根中部膨大呈纺锤形小块根。秆疏丛生,高 40~80cm。叶片披针形,宽 1.5~2.5cm,具横脉。圆锥花序长 12~25cm;小穗线状披针形;短芒长约 1.5mm。颖果长椭圆形。花果期 6~10 月。

红毛草 *Melinis repens* (Willd.) Zizka 禾本科 Poaceae/Gramineae 糖蜜草属

原产及栽培地: 原产南非。中国福建、广东等地栽培。**习性:** 喜光;喜温暖湿润的热带亚热带气候。**繁殖:** 播种。

特征要点 多年生粗壮草本。秆直立,高可达 1m,节间常具疣毛。叶鞘大都短于节间;叶片线形,宽 2~5mm。圆锥花序开展,长 10~15cm;小穗柄疏生长柔毛;小穗两侧压扁,被粉红色长丝状毛,含 2 小花,仅第二小花结实。花果期 6~11 月。

求米草 *Oplismenus undulatifolius* (Ard.) Roem. & Schult.
禾本科 Poaceae/Gramineae 求米草属

原产及栽培地: 原产亚洲。中国北京、湖北、江西、四川、云南、浙江等地栽培。**习性**: 耐阴;耐寒;对土壤要求不严。**繁殖**: 播种。

特征要点 多年生草本。秆纤细,基部平卧地面,节处生根,上升部分高 20~50cm。叶片扁平,披针形至卵状披针形,长 2~8cm,宽 5~18mm,具细毛。圆锥花序长 2~10cm,分枝短缩;小穗卵圆形,被硬刺毛。花果期 7~11 月。

柳枝稷 *Panicum virgatum* L. 禾本科 Poaceae/Gramineae 黍属

原产及栽培地: 原产美洲。中国北京、河北、内蒙古、江苏、上海、陕西等地栽培。**习性**: 喜光;对气候适应性强,耐寒,耐旱;对土壤适应性强,耐干旱,耐瘠薄。**繁殖**: 分株、播种。

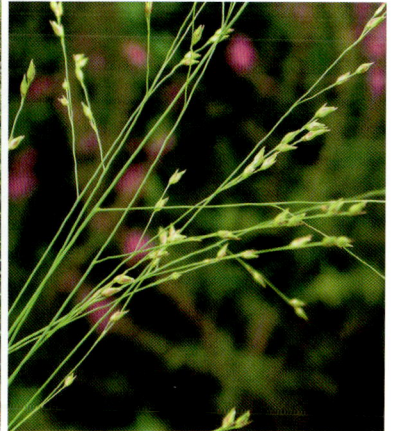

特征要点 多年生丛生草本。秆直立,高 0.8~1.5m,纤细。叶片线形,蓝绿色。圆锥花序大型,极开展,分枝极纤细;小穗小,长圆形,含 2 小花,仅 1 花结实。花果期 8~10 月。

紫色狼尾草 *Cenchrus × cupreus* 'Rubrum'【*Pennisetum × advena* 'Rubrum'】禾本科 Poaceae/Gramineae 蒺藜草属 / 狼尾草属

原产及栽培地: 栽培起源。中国北京、河北、广东、福建、江苏、山东、山西、陕西、上海、台湾、云南、浙江等地栽培。**习性**: 喜光; 喜温暖湿润气候; 对土壤要求不严。**繁殖**: 分株。

特征要点 植株整体形态类似狼尾草。叶片常为紫红色或深紫色。圆锥花序较为细长; 刚毛也常为紫色。花果期夏秋季。

狼尾草 *Cenchrus alopecuroides* (L.) Thunb. 【*Pennisetum alopecuroides* (L.) Spreng.】禾本科 Poaceae/Gramineae 蒺藜草属 / 狼尾草属

原产及栽培地: 原产欧亚大陆。中国北京、上海、杭州等地栽培。**习性**: 喜光; 耐寒; 耐旱, 耐湿, 对土壤要求不严。**繁殖**: 分株、播种。

特征要点 多年生草本。秆丛生, 高 30~120cm。叶多数基生, 叶片线形, 长 10~80cm, 宽 3~8mm。圆锥花序紧缩呈穗状圆柱形; 主轴密生柔毛; 刚毛粗糙, 淡绿色或紫色, 长 1.5~3cm; 小穗线状披针形。颖果长圆形。花果期夏秋季。

紫御谷 *Cenchrus americanus* 'Purple Majesty'　【*Pennisetum glaucum* 'Purple Majesty'】禾本科 Poaceae/Gramineae 蒺藜草属 / 狼尾草属

原产及栽培地：栽培起源，北京、上海等地栽培。**习性**：喜光；耐寒；耐旱，耐湿，要求肥沃湿润土壤。**繁殖**：播种。

特征要点　一年生粗壮草本。秆单生，高可达 3m。叶片宽条形，基部几乎呈心形，暗绿色并带紫色。圆锥花序紧密呈柱状；主轴硬直，密被绒毛；刚毛短于小穗，粗糙或基部生柔毛；小穗双生成束，倒卵形。颖果倒卵形。花果期 9~10 月。

象草 *Cenchrus purpureus* (Schumach.) Morrone 【*Pennisetum purpureum* Schumach.】禾本科 Poaceae/Gramineae 蒺藜草属 / 狼尾草属

原产及栽培地：原产非洲。中国福建、广东、广西、海南、湖北、四川、台湾、云南等地栽培。**习性**：喜光；喜温暖湿润气候；对土壤要求不严。**繁殖**：播种。

特征要点　多年生草本。秆高可达 2~4m。茎圆形，被白色蜡粉。叶片多而坚韧，绿色或紫红色，长 40~100cm，中脉粗壮，边缘粗糙呈细密锯齿。圆锥花序圆柱状，黄至黄棕色，长 15~30cm，花序以下密生柔毛；小穗着花 3 朵。花果期 8~10 月。

虉草 *Phalaris arundinacea* L. 禾本科 Poaceae/Gramineae 虉草属

原产及栽培地: 原产欧亚大陆。中国等地栽培。**习性:** 喜光,耐阴;耐寒;喜湿润肥沃土壤或水边沼泽地。**繁殖:** 分株、播种。

特征要点 多年生草本。根茎横走。秆散生成片,高 60~140cm。叶片扁平,宽 1~1.8cm。圆锥花序长 8~15cm;小穗两侧压扁,长 4~5mm,黄白色。颖果紧包于稃内。花果期 6~8月。

花叶虉草(玉带草) *Phalaris arundinacea* 'Picta'
禾本科 Poaceae/Gramineae 虉草属

原产及栽培地: 人工选育,北京等地栽培。**习性:** 喜光,耐阴;耐寒;喜湿润肥沃土壤或水边沼泽地。**繁殖:** 分株。

特征要点 叶片扁平,绿色而有白色条纹间于其中,柔软而似丝带。其余特征同虉草。

斑茅 *Saccharum arundinaceum* Retz. 禾本科 Poaceae/Gramineae 甘蔗属

原产及栽培地：原产亚洲。中国福建、广东、湖北、江苏、江西、四川、云南、浙江等地栽培。**习性**：喜光；喜温暖通风气候。**繁殖**：分株、播种。

特征要点 多年生草本。秆高可达 2~4m。叶鞘长于节间；叶片线状披针形，长 60~150cm，边缘小刺状粗糙。圆锥花序顶生，大型，长 30~60cm，主轴无毛，穗轴具长纤毛；无柄小穗披针形，基盘具短毛。颖果离生。花果期 5~10 月。

甜根子草 *Saccharum spontaneum* L. 禾本科 Poaceae/Gramineae 甘蔗属

原产及栽培地：原产亚洲。中国四川、云南等地栽培。**习性**：喜光；喜温暖潮湿气候。**繁殖**：分株、播种。

特征要点 多年生草本。横走根状茎发达。秆高 1~2m，中空，具白色柔毛。叶片线形，长 30~70cm，宽 4~8mm。圆锥花序长 20~40cm，主轴密生丝状柔毛；分枝细弱；鳞被顶端尖。花果期 7~8 月。

棕叶狗尾草 *Setaria palmifolia* (J. Koenig) Stapf
禾本科 Poaceae/Gramineae 狗尾草属

原产及栽培地: 原产亚洲。中国北京、福建、广东、广西、湖北、上海、四川、台湾、云南、浙江等地栽培。**习性**: 耐阴; 喜温暖湿润气候; 对土壤要求不严。**繁殖**: 播种。

特征要点 多年生草本。秆疏丛生, 高 0.75~2m, 具支柱根。叶鞘具疣毛; 叶片纺锤状宽披针形, 宽 2~7cm, 具纵深皱褶。圆锥花序大型, 呈塔形, 分枝排列疏松; 小穗卵状披针形。颖果卵状披针形。花果期 8~12 月。

皱叶狗尾草 *Setaria plicata* (Lam.) T. Cooke 禾本科 Poaceae/Gramineae 狗尾草属

原产及栽培地: 原产亚洲。中国福建、贵州、湖北、上海、四川、云南、浙江等地栽培。**习性**: 耐阴; 喜温暖湿润气候; 对土壤要求不严。**繁殖**: 播种。

特征要点 多年生草本。秆丛生, 瘦弱, 高 45~130cm。叶鞘边缘常密生纤毛; 叶片质薄, 披针形, 宽 0.5~3cm, 具浅纵向皱褶。圆锥花序狭长圆形或线形, 分枝斜向上升; 小穗着生小枝一侧, 卵状披针状, 绿色或微紫色。花果期 6~10 月。

大油芒 *Spodiopogon sibiricus* Trin. 禾本科 Poaceae/Gramineae 大油芒属

原产及栽培地：原产亚洲。中国北京、甘肃、江西、四川、浙江等地栽培。**习性**：喜光；耐寒；耐旱，喜排水良好的砂质壤土。
繁殖：分株、播种。

特征要点 多年生草本。秆高 0.7~1.5m。叶片线状披针形，长 15~30cm，中脉白色，隆起，被柔毛。圆锥花序长 10~20cm；分枝近轮生；小穗宽披针形，基盘具短毛；芒长 8~15mm，中部膝曲。颖果棕黑色。花果期 7~10 月。

长芒草 *Stipa bungeana* Trin. 禾本科 Poaceae/Gramineae 针茅属

原产及栽培地：原产亚洲。中国北京、四川等地栽培。**习性**：喜光；耐寒；耐旱，喜排水良好的砂质壤土。**繁殖**：分株、播种。

特征要点 多年生草本。秆丛生，高 20~60cm。叶片纵卷似针状，长可达 17cm。圆锥花序为顶生叶鞘所包，成熟后渐抽出，长约 20cm；小穗灰绿色或紫色；芒两回膝曲扭转，芒针长 3~5cm。花果期 6~8 月。

细茎针茅 *Nassella tenuissima* (Trin.) Barkworth 【*Stipa tenuissima* Trin.】

禾本科 Poaceae/Gramineae 侧针茅属 / 针茅属

原产及栽培地: 原产墨西哥。中国北京、陕西、云南等地栽培。**习性**: 喜光; 耐寒; 耐旱, 喜排水良好的砂质壤土。**繁殖**: 分株、播种。

特征要点　多年生草本。须根坚韧。秆丛生, 高 30~60cm。叶片细, 基生叶为秆高 1/2 或 2/3。圆锥花序狭窄, 长 10~15cm; 小穗草黄色; 芒两回膝曲扭转, 芒针弯曲, 长 8~15cm, 具长 2~3mm 的羽状毛。花果期 5~7 月。

棕叶芦 *Thysanolaena latifolia* (Roxb. ex Hornem.) Honda

禾本科 Poaceae/Gramineae 棕叶芦属

原产及栽培地: 原产亚洲。中国福建、广东、江西、云南等地栽培。**习性**: 耐阴; 喜高温多湿气候。**繁殖**: 分株、播种。

特征要点　多年生草本。秆丛生, 粗壮, 高 2~3m, 髓白色。叶片披针形, 宽 3~8cm, 具横脉, 基部心形。圆锥花序大型, 柔软, 长达 50cm; 小穗微小, 含 2 小花, 仅 1 花结实; 花药褐色。颖果长圆形。花果期春夏或秋季。

香根草 *Chrysopogon zizanioides* (L.) Roberty【*Vetiveria zizanioides* (L.) Nash】禾本科 Poaceae/Gramineae 金须茅属 / 香根草属

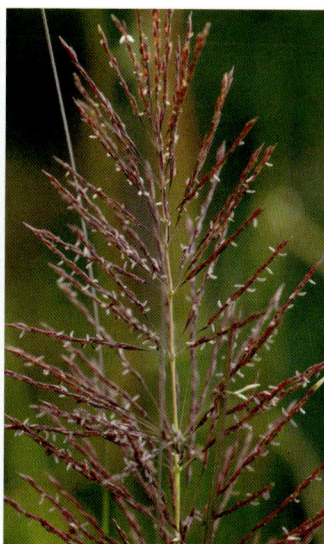

原产及栽培地 原产亚洲南部地区。中国福建、广东、广西、湖北、江苏、江西、陕西、上海、台湾、云南、浙江等地栽培。习性: 喜光; 喜温暖湿润土壤, 耐湿。繁殖: 分株。

特征要点 多年生粗壮草本。须根具香气。秆丛生, 中空, 高 1~3m。叶鞘具背脊; 叶片线形, 直伸, 扁平, 下部对折, 长 30~70cm。圆锥花序大型顶生, 长 20~30cm; 无柄小穗线状披针形, 有柄小穗背部扁平。花果期 8~10 月。

菰 *Zizania latifolia* (Griseb.) Hance ex F. Muell. 禾本科 Poaceae/Gramineae 菰属

原产及栽培地: 原产亚洲。中国安徽、北京、福建、广东、广西、贵州、黑龙江、湖北、湖南、江苏、江西、山东、上海、四川、台湾、云南、浙江、重庆等地栽培。习性: 喜光; 耐寒; 喜沼泽或湿地环境。繁殖: 分株。

特征要点 多年生挺水草本。株高 1~2m。叶片扁平, 带状披针形, 长 30~100cm, 宽 1cm 左右, 粗糙。圆锥花序大, 小穗线形。颖果圆柱形。茎常因黑粉菌寄生而膨大, 肉质, 可食, 不再开花。花果期秋冬季。

花蔺 *Butomus umbellatus* L. 花蔺科 Butomaceae 花蔺属

原产及栽培地：原产北半球温带。中国北京、黑龙江、湖北、江苏等地栽培。**习性**：喜沼泽、湿地；喜温暖、湿润、通风良好的环境。**繁殖**：播种。

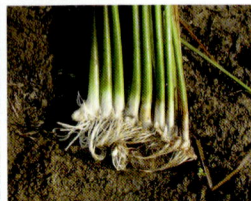

特征要点 多年生水生草本。根茎粗壮横生。叶基生，线形，三棱状，基部成鞘状。花茎圆柱形，直立，有纵纹；花两性，成顶生伞形花序；外轮花被 3，带紫色，宿存；内轮花被 3，淡红色。花期 5~7 月，果期 6~9 月。

扁秆荆三棱（扁秆藨草） *Bolboschoenus planiculmis* (F. Schmidt) T. V. Egorova【*Scirpus planiculmis* F.Schmidt】莎草科 Cyperaceae 三棱草属 / 藨草属

原产及栽培地：原产中国、日本、朝鲜等地。中国北京、湖北、台湾等地栽培。**习性**：喜光；耐寒；喜潮湿的沼泽地或水边环境。**繁殖**：播种、分株。

特征要点 多年生草本。具匍匐根状茎和块茎。秆散生，圆形，高 60~100cm。叶扁平，宽 2~5mm。花序顶生，叶状苞片 1~3 枚，辐射枝不等长，小穗卵形，锈褐色。小坚果宽倒卵形，扁。花期 5~6 月，果期 7~9 月。

青绿薹草 *Carex breviculmis* R. Br. 莎草科 Cyperaceae 薹草属

原产及栽培地: 原产亚洲东部地区。中国北京、福建、湖北、江西等地栽培。**习性**: 耐阴; 喜欢湿润环境, 也非常耐水渍; 既耐高温, 也耐干旱。**繁殖**: 分根、播种。

特征要点 多年生草本。秆丛生, 高 20~40cm。叶短于秆, 质硬。顶生小穗雄性, 长圆形; 紧靠近其下面的为雌小穗, 长圆形或长圆状卵形。小坚果紧包于果囊中, 卵形, 栗色。花果期春夏季。

签草 *Carex doniana* Spreng. 莎草科 Cyperaceae 薹草属

原产及栽培地: 原产亚洲。中国江西、浙江等地栽培。**习性**: 喜沼泽或湿地环境。**繁殖**: 分根、播种。

特征要点 多年生草本。秆丛生, 高 30~60cm, 较粗壮, 扁锐三棱形。叶宽 5~12mm, 平张。小穗 3~6 个, 长 3~7cm, 下面的 1~2 个小穗间距稍长, 顶生小穗为雄小穗; 侧生小穗为雌小穗; 果囊长圆状卵形。花果期 4~10 月。

溪水薹草 *Carex forficula* Franch. & Sav. 莎草科 Cyperaceae 薹草属

原产及栽培地：原产欧亚大陆温带。中国北京等地栽培。**习性**：喜沼泽或湿地环境，湿润的壤土上栽培也可以。**繁殖**：分根、播种。

特征要点 多年生草本。秆紧密丛生，高 40~90cm，三棱形。叶宽 2.5~4mm。小穗 3~5 个，顶生 1 个雄性，线形，具柄；侧生小穗雌性，狭圆柱形，长 1.5~5cm，仅最下部的具短柄。雌花鳞片暗锈色；果囊压扁双凸状。花果期 6~7 月。

涝峪薹草 *Carex giraldiana* Kük. 莎草科 Cyperaceae 薹草属

原产及栽培地：原产中国。北京等地栽培。**习性**：耐阴；耐寒；较耐旱，对土壤要求不严。**繁殖**：分根、播种。

特征要点 多年生草本。具匍匐茎。秆高 16~30cm，扁三棱形。叶宽 2~5mm，边缘粗糙，反卷。小穗 3~5 个，彼此远离，顶生 1 个雄性；侧生小穗雌性，卵形，具 3~5 朵花；果囊斜展，倒卵形。花果期 3~5 月。

异鳞薹草 *Carex heterolepis* Bunge 莎草科 Cyperaceae 薹草属

原产及栽培地: 原产亚洲北部地区,中国北京等地栽培。**习性**: 喜沼泽或湿地环境,湿润的壤土上栽培也可以。**繁殖**: 分根、播种。

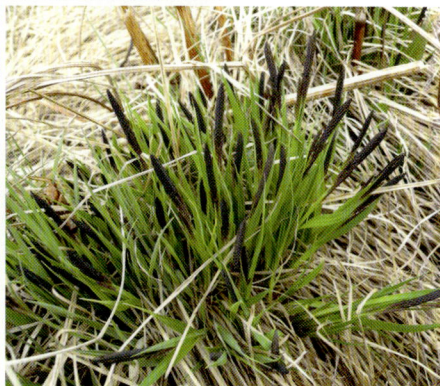

特征要点　多年生草本。具长匍匐茎。秆高 40~70cm,三棱形。叶宽 3~6mm。小穗 3~6 个,顶生 1 个雄性;侧生小穗雌性,圆柱形,无柄;雌花鳞片狭披针形,淡褐色;果囊倒卵形或椭圆形,扁双凸状。花果期 4~7 月。

金叶薹草 *Carex oshimensis* 'Evergold' 莎草科 Cyperaceae 薹草属

原产及栽培地: 最早培育于日本。中国福建、台湾、浙江等地栽培。**习性**: 耐阴;喜温暖湿润的温带气候。**繁殖**: 分根、播种。

特征要点　多年生草本。秆丛生,高 20cm 左右。叶草质,轮生条形,宽约 1cm,长约 35cm,叶梢自然下垂,叶片中间为黄色。穗状花序,花单性。花期 4~5 月。

宽叶薹草 *Carex siderosticta* Hance 莎草科 Cyperaceae 薹草属

原产及栽培地：原产亚洲北部地区。中国北京、湖北、江西、上海、浙江等地栽培。
习性：较耐阴；耐寒；喜湿润、肥沃土壤。
繁殖：分根、播种。

特征要点　多年生草本。具细长匍匐根状茎，秆高 10~30cm，侧生，细软，基部叶鞘褐色。叶广披针形，背面疏被短柔毛。小穗 5~8 枚，短圆柱形；总苞苞片佛焰苞状，绿色。果囊椭圆形，淡绿色，顶端有短喙。花果期 5~7 月。

风车草(伞草) *Cyperus alternifolius* subsp. *flabelliformis* Kük.
【*Cyperus involucratus* Rottb.】 莎草科 Cyperaceae 莎草属

原产及栽培地：原产马达加斯加。中国安徽、北京、福建、广东、湖北、江苏、陕西、上海、四川、台湾、云南、浙江等地栽培。**习性：**喜沼泽或湿地环境，在湿润的壤土上栽培也可以。**繁殖：**分株、播种。

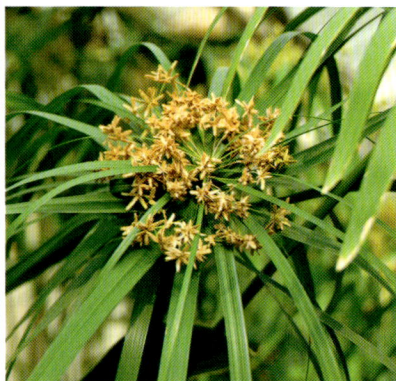

特征要点　多年生挺水草本。茎秆粗壮，近圆柱形。叶状苞片顶生，螺旋状排列，扩散呈伞状。聚伞花序，辐射枝多数；小穗多个，椭圆形。小坚果椭圆状近三棱形。花果期 8~10 月。

头状穗莎草 *Cyperus glomeratus* L. 莎草科 Cyperaceae 莎草属

原产及栽培地: 原产欧亚大陆温带。中国北京、浙江等地栽培。**习性:** 生长于沼泽或湿地环境,在湿润的壤土上栽培也可以。**繁殖:** 播种。

特征要点 一年生草本。秆粗壮,高 50~95cm,钝三棱形,平滑。叶短于秆,宽 4~8mm。叶状苞片 3~4 枚;辐射枝 3~8 个,长短不等;穗状花序近圆形;小穗多列,排列极密,棕红色。小坚果长圆形,三棱状。花果期 6~10 月。

畦畔莎草 *Cyperus haspan* L. 莎草科 Cyperaceae 莎草属

原产及栽培地: 原产非洲。中国北京、福建、湖北、江西、四川、云南、浙江等地栽培。**习性:** 具有一定耐阴性,也可适应全日照;喜温暖气候环境,生长适宜温度为 22~28℃。**繁殖:** 以根茎繁殖或分株繁殖为主。

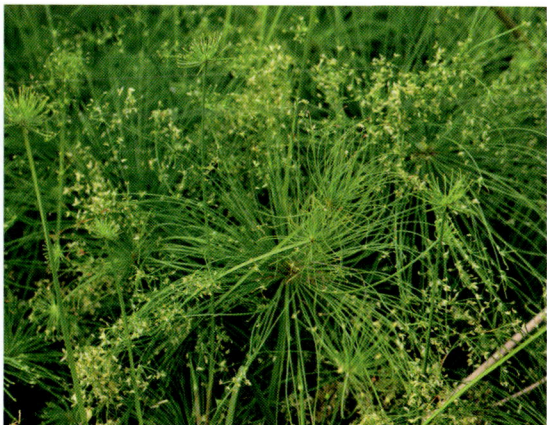

特征要点 多年生草本。秆高 20~100cm,扁三棱形。叶短于秆,宽 2~3mm。叶状苞片 2 枚;辐射枝多数,细长松散;小穗通常 3~6 个呈指状排列,线形或线状披针形,绿色,两侧紫红色或苍白色。花果期很长,随地区而改变。

纸莎草（大伞莎草）*Cyperus papyrus* L. 莎草科 Cyperaceae 莎草属

原产及栽培地：原产非洲。中国北京、福建、广东、湖北、台湾、云南、浙江等地栽培。**习性**：具有一定耐阴性，也可适应全日照；喜温暖气候环境，生长适宜温度为 22~28℃。**繁殖**：分株。

特征要点 多年生常绿草本。秆丛生，粗壮，高 1~3m，三棱形。叶退化成鞘状，棕色，包裹茎秆基部。总苞叶状，多而长，细丝状，长 20~30cm。花小，淡紫色。瘦果三棱形。花期 6~7 月。

水莎草 *Cyperus serotinus* Rottb.【*Juncellus serotinus* (Rottb.) C.B.Clarke】
莎草科 Cyperaceae 莎草属 / 水莎草属

原产及栽培地：原产亚洲。中国贵州、湖北、江西、云南、浙江等地栽培。**习性**：喜光；耐寒；喜湿地或沼泽环境。**繁殖**：播种。

特征要点 多年生草本。秆散生，高 35~100cm，粗壮，扁三棱形，平滑。叶片少，宽 3~10mm。叶状苞片常 3 枚；辐射枝 4~7 个，长短不等；小穗排列疏松，披针形，鳞片红褐色。花果期 7~10 月。

银边长果山菅（银边山菅） *Dianella tasmanica* 'Variegata'

天门冬科 / 阿福花科 / 百合科 Asparagaceae/Asphodelaceae/Liliaceae 山菅兰属

原产及栽培地: 最早培育于美国和墨西哥。中国福建、广东、湖北、陕西、上海、台湾、云南等地栽培。**习性**: 喜半阴环境，但也耐全日照和遮阴条件；喜温暖湿润气候；喜湿润肥沃的土壤。**繁殖**: 播种、分株。

特征要点　多年生丛生草本。秆纤细，高可达 1.2m。叶片披针形，亮绿色，长 10~20cm，宽 1~2cm。圆锥花序顶生，松散，长 20~40cm；小穗柄纤细；小穗下垂，扁平，长圆形，长 2~4cm。花果期 8~10 月。

畦畔飘拂草 *Fimbristylis squarrosa* Vahl　莎草科 Cyperaceae 飘拂草属

原产及栽培地: 原产非洲。中国贵州、云南等地栽培。**习性**: 喜沼泽或湿地环境，在湿润的壤土上栽培也可以。**繁殖**: 播种。

特征要点　一年生草本。秆密丛生，纤细，矮小，高 6~20cm。叶极细，宽不及 1mm。苞片 3~5 枚，丝状；辐射枝少数至多数；小穗卵形或披针形，黄绿色。花期 9 月。

毛芙兰草 *Fuirena ciliaris* (L.) Roxb. 莎草科 Cyperaceae 芙兰草属

原产及栽培地: 原产亚洲、非洲和澳洲。中国福建等地栽培。
习性: 喜沼泽或湿地环境,在湿润的壤土上栽培也可以。**繁殖:** 分株、播种。

特征要点 多年生湿生草本。秆丛生,三棱形,具槽,被疏柔毛,高7~40cm。叶平张,宽3~7mm。圆锥花序顶生和侧生;小穗卵形或长圆形,3~15个聚成圆簇;鳞片下部黄褐色,上部灰黑色。小坚果三棱状倒卵形,褐色。花果期7~12月。

星花灯芯草 *Juncus diastrophanthus* Buchenau 灯芯草科 Juncaceae 灯芯草属

原产及栽培地: 原产亚洲东部地区。中国北京、湖北、浙江等地栽培。**习性:** 喜沼泽或湿地环境。**繁殖:** 分株、播种。

特征要点 多年生草本。秆丛生,高15~35cm。叶多型;叶片扁平,线形,具不明显的横隔。头状花序排列成顶生复聚伞状,花序梗长短不等;花小,绿色;蒴果三棱状长圆柱形,黄绿色至黄褐色。花期5~6月,果期6~7月。

灯芯草 *Juncus effusus* L. 灯芯草科 Juncaceae 灯芯草属

原产及栽培地：原产亚洲。中国北京、福建、广东、贵州、海南、黑龙江、湖北、江西、上海、四川、台湾、云南、浙江等地栽培。**习性**：喜沼泽或湿地环境。**繁殖**：分株、播种。

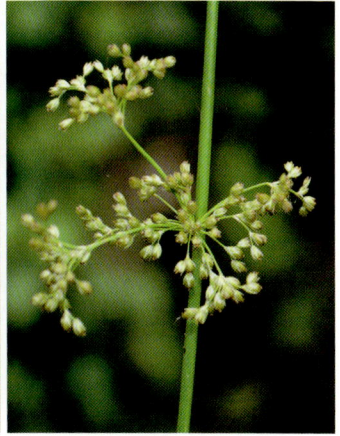

特征要点 多年生草本。秆丛生，高27~91cm。茎圆柱形，具白色髓心。叶全部为低出叶，呈鞘状或鳞片状，叶片退化为刺芒状。聚伞花序假侧生；总苞片顶生，似茎的延伸；花小，淡绿色。蒴果卵圆形，黄褐色。花期4~7月，果期6~9月。

笄石菖 *Juncus prismatocarpus* R. Br. 灯芯草科 Juncaceae 灯芯草属

原产及栽培地：原产亚洲。中国福建、广东、湖北、江西、台湾、云南、浙江等地栽培。**习性**：喜沼泽或湿地环境。**繁殖**：分株、播种。

特征要点 多年生草本。植株高17~65cm，节上有时生不定根。叶基生和茎生，叶片线形，扁平，宽2~4mm。头状花序多数，花序梗长短不一；花小，绿色。蒴果三棱状圆锥形，黄褐色。花期3~6月，果期7~8月。

多花地杨梅 *Luzula multiflora* (Ehrh.) Lej. 灯芯草科 Juncaceae 地杨梅属

原产及栽培地: 原产世界各地; 尚无栽培。**习性:** 喜生长于亚高山草甸或湿地。**繁殖:** 播种。

特征要点 多年生草本。秆高 16~35cm。叶片线状披针形, 长 4~11cm, 宽 1.5~3.5mm, 扁平, 边缘具白色长毛。花序排列成伞形聚伞花序; 小头状花序半球形; 花小, 花被片披针形, 长 2.5~3mm, 淡紫红色。蒴果三棱状倒卵形, 红褐色。花期 5~7 月, 果期 7~8 月。

小花地杨梅 *Luzula parviflora* (Ehrh.) Desv. 灯芯草科 Juncaceae 地杨梅属

原产及栽培地: 原产欧亚大陆。中国四川等地栽培。**习性:** 喜生长于高山草地或湿地。**繁殖:** 播种。

特征要点 多年生草本。秆高 16~60cm。叶片披针形, 长 4~12cm, 宽 5~10mm, 扁平。花序排列成伞形; 花在分枝上单生, 花序分枝及花梗纤细; 花小, 黄褐色或淡紫红色。蒴果三棱状卵形或长圆形, 黑褐色。花期 6~7 月, 果期 8~9 月。

水葱 *Schoenoplectus tabernaemontani* (C. C. Gmel.) Palla 【*Scirpus tabernaemontani* C.C.Gmel.】莎草科 Cyperaceae 水葱属 / 藨草属

原产及栽培地: 原产欧亚大陆。中国各地栽培。**习性**: 喜生长于沼泽或湿地环境,适应性极广。**繁殖**: 分株、播种。

特征要点 多年生挺水草本。秆高 1~2m。秆圆柱状,中空,绿色,似葱。圆锥状花序假侧生,花序似顶生;苞片由秆顶延伸而成;小穗椭圆形或卵形,棕褐色。小坚果倒卵形,双凸状。花果期 6~9 月。

花叶水葱 *Schoenoplectus tabernaemontani* 'Zebrinus'【*Scirpus tabernaemontani* 'Zebrinus'】莎草科 Cyperaceae 水葱属 / 藨草属

原产及栽培地: 栽培起源。北京等地栽培。**习性**: 喜生长于沼泽或湿地环境,适应性极广。**繁殖**: 分株。

特征要点 茎秆直立,圆柱形,有白色环状带。其余特征同水葱。

东方藨草 *Scirpus orientalis* Ohwi 莎草科 Cyperaceae 藨草属

原产及栽培地：原产亚洲。中国等地栽培。**习性**：喜生长于沼泽或湿地环境。**繁殖**：分株、播种。

特征要点　多年生草本。具匍匐根状茎。秆散生，粗壮，高 80~120cm，上部三棱形。叶宽 5~15mm。叶状苞片 2~4 枚；辐射枝多数；小穗单生或 2~5 个聚合在一起，卵状披针形或卵形，黄绿色。小坚果扁三棱形，淡黄色。花期 6~7 月，果期 8 月。

太行山针蔺（太行山藨草）　*Trichophorum schansiense* Hand. -Mazz.
【*Scirpus schansiensis* (Hand. –Mazz.) Tang & F. T. Wang】
莎草科 Cyperaceae 蔺藨草属 / 藨草属

原产及栽培地：原产中国，尚无栽培。**习性**：耐阴；耐寒；喜湿润的岩壁环境。**繁殖**：分株、播种。

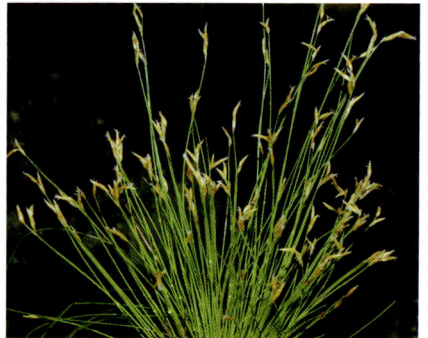

特征要点　多年生草本。叶退化。秆丛生，纤细，高 5~40cm。小穗单一顶生，基部具鳞片状苞片；小穗倒卵形或长圆形，麦秆黄色或红棕色。小坚果倒卵三棱形，具光泽。花果期 5 月。

草本地被植物

（一）一、二年生观花地被植物

熊耳草（藿香蓟） *Ageratum houstonianum* Mill.
菊科 Asteraceae/Compositae 藿香蓟属

原产及栽培地：原产美洲热带。中国北京、上海、杭州等地栽培。**习性**：喜光；不耐寒；对土壤要求不严。**繁殖**：播种。

特征要点 一年生草本。株高 0.3~0.7m。丛生状，全株被白色柔毛，有臭味。叶对生，卵形至圆形，边缘有钝圆锯齿。头状花序，聚伞状着生于枝顶，小花筒状，淡紫色、浅蓝色或白色等。瘦果具冠毛。花期 7~10 月。

紫背金盘 *Ajuga nipponensis* Makino 唇形科 Lamiaceae/Labiatae 筋骨草属

原产及栽培地：原产亚洲东部。中国福建、贵州、湖北、江西、浙江等地栽培。**习性**：喜温暖湿润气候及排水良好的砂质土壤。**繁殖**：播种。

特征要点 一、二年生草本。株高 10~20cm 或以上。茎被长柔毛或疏柔毛，四棱形。叶对生，叶片阔椭圆形或卵状椭圆形，边缘具不整齐波状圆齿，背面常紫色。轮伞花序多花密集成顶生穗状花序；苞叶有时呈紫绿色；花冠淡蓝色或蓝紫色。花期 4~6 月。

苋（雁来红）*Amaranthus tricolor* L. 苋科 Amaranthaceae 苋属

原产及栽培地: 原产南美洲。中国大部分地区均有栽培。**习性:** 喜阳光、湿润及通风良好的环境，对土壤要求不严，耐旱，耐碱。**繁殖:** 播种。

特征要点 一年生草本。株高 1~1.5m，基部粗壮，少分枝。叶卵状椭圆至披针形，顶叶变色，绿、黄、红或紫色。花密集成圆球形花簇，腋生或顶生成穗状花序。花期夏末初秋。

点地梅 *Androsace umbellata* (Lour.) Merr. 报春花科 Primulaceae 点地梅属

原产及栽培地: 原产亚洲。中国北京、福建、贵州、湖北、江苏、江西、浙江等地栽培。**习性:** 喜湿润、温暖、向阳环境，肥沃排水好的土壤。也耐瘠薄。常生长于山野草地或路旁。**繁殖:** 播种。

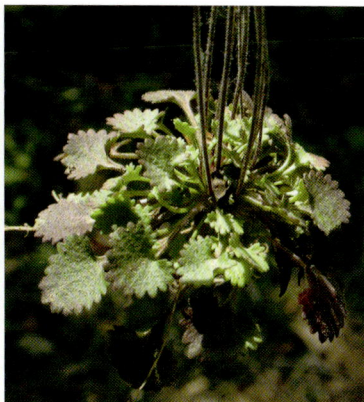

特征要点 二年生无茎小草本。全株被节状细柔毛。小叶通常 10~30 片丛生，有 1~2cm 长柄，叶近圆形，径 5~15mm。伞形花序有 4~15 朵花，花白色，径 4~6mm。蒴果球形，种子细小，多数，棕色。花期 4~5 月。

金鱼草 *Antirrhinum majus* L.
车前科 / 玄参科 Plantaginaceae/Scrophulariaceae 金鱼草属

原产及栽培地: 原产地中海沿岸及北非。中国北京、福建、广东、广西、海南、黑龙江、湖北、江苏、江西、陕西、上海、四川、台湾、新疆、云南、浙江等地栽培。**习性:** 耐寒,喜光,不耐酷暑,稍耐半阴,喜肥沃、疏松及排水良好的砂壤土。**繁殖:** 播种。

特征要点 多年生草本,作一、二年生花卉栽培。株高 20~90cm。叶片长圆状披针形,全缘。总状花序顶生,长可达 25cm;花冠筒状唇形,外被绒毛,基部膨大成囊状,花色极多,有紫色、蓝色、白色、粉色、黄色、红色及复色。蒴果,种子细小。花期自春至秋。

牛蒡 *Arctium lappa* L. 菊科 Asteraceae/Compositae 牛蒡属

原产及栽培地: 原产亚洲。中国北京、福建、甘肃、广东、广西、贵州、黑龙江、湖北、江苏、江西、辽宁、内蒙古、宁夏、青海、山东、陕西、上海、四川、台湾、天津、新疆、云南、浙江等地栽培。**习性:** 喜半阴环境;耐寒;喜深厚肥沃的森林壤土,稍耐湿,不耐干旱。**繁殖:** 播种。

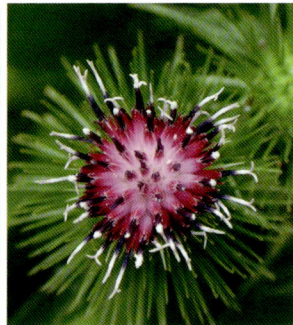

特征要点 二年生草本。株高达 2m。肉质直根粗大。茎单生,粗壮,上部分枝。叶大,具长柄,叶片宽卵形,宽达 20cm,背面被灰白色绒毛。头状花序排成伞房花序;总苞卵球形,总苞片具软骨质钩刺;小花紫红色。瘦果长卵形。花果期 6~9 月。

高山紫菀 *Aster alpinus* L. 菊科 Asteraceae/Compositae 紫菀属

原产及栽培地：原产欧亚大陆。中国北京、江苏、台湾、云南等地栽培。**习性**：生长于冷凉的亚高山草甸。**繁殖**：分株、播种。

特征要点 多年生丛生草本，可作一、二年生花卉栽培。株高 15~30cm。叶匙状或线状长圆形，全缘。头状花序在茎端单生，径 3~5cm；总苞半球形，总苞片 2~3 层，草质；舌状花紫色、蓝色或浅红色；管状花黄色；冠毛白色。瘦果。花期 6~8 月，果期 7~9 月。

丽格秋海棠 *Begonia* × *hiemalis* Fotsch 秋海棠科 Begoniaceae 秋海棠属

原产及栽培地：人工选育，中国各地均有栽培。**习性**：喜温暖、湿润、半阴环境，适宜生长温度为 15~22℃，适宜于深厚腐殖质土生长。**繁殖**：扦插。

特征要点 多年生草本植物，具球根，常作一、二年生花卉栽培。株高 20~30cm。叶卵圆形、翠绿色。花朵亮丽，花色丰富，品种甚多，常见栽培的有大红色、粉红色、黄色、白色等。花期几乎全年。

四季秋海棠 *Begonia cucullata* Willd. 【*Begonia semperflorens* Link & Otto】 秋海棠科 Begoniaceae 秋海棠属

原产及栽培地: 原产巴西。中国各地栽培。**习性**: 喜温暖湿润气候, 要求微荫蔽, 不耐暴晒; 忌高温及渍涝; 不耐寒; 喜长日照。**繁殖**: 播种、扦插或分株。

特征要点 多年生肉质草本, 常作一、二年生花卉栽培。株高 15~30cm。茎光滑, 多由基部分枝。叶卵形或卵圆形, 基部微斜, 缘有齿及睫毛, 有绿色、紫红色或绿色带紫晕等变化。聚伞花序, 雌雄同株异花, 花红色、粉红色及白色, 花瓣或重或单。蒴果绿黄色, 翅带微红。花期长, 可四季开放。

雏菊 *Bellis perennis* L. 菊科 Asteraceae/Compositae 雏菊属

原产及栽培地: 原产西欧。中国北京、福建、广东、广西、黑龙江、湖北、江苏、江西、辽宁、陕西、上海、四川、台湾、云南、浙江等地栽培。**习性**: 喜冷凉、湿润, 较耐寒; 要求富含腐殖质的疏松肥沃土壤; 忌炎热。**繁殖**: 播种。

特征要点 多年生草本, 常作二年生花卉栽培。高 10~15cm。叶基部簇生, 匙形或倒卵形。头状花序自叶丛间抽出, 单生, 高出叶面, 舌状花白色、淡粉色、深红色或朱红色、洒金色、紫色。花期 3~5 月。

甘蓝 *Brassica oleracea* var. *capitata* L. 十字花科 Brassicaceae/Cruciferae 芸薹属

原产及栽培地: 原产欧亚大陆。中国大部分地区均有栽培。**习性:** 喜冷凉、湿润,较耐寒;要求富含腐殖质的疏松肥沃土壤;忌炎热。**繁殖:** 播种。

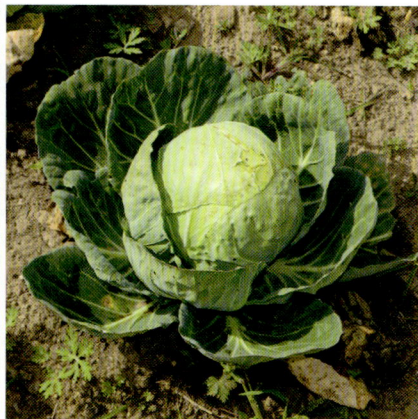

特征要点 二年生草本,被粉霜。株高 20~40cm,花果期更高。基生叶多数,质厚,层层包裹成球状体,扁球形,直径 10~30cm 或更大,乳白色或淡绿色。总状花序顶生及腋生;花淡黄色。长角果圆柱形。花期 4 月,果期 5 月。

羽衣甘蓝 *Brassica oleracea* var. *acephala* 'Tricolor'
十字花科 Brassicaceae/Cruciferae 芸薹属

原产及栽培地: 最早培育于欧亚大陆。中国大部分地区均有栽培。**习性:** 喜冷凉、湿润,较耐寒;要求富含腐殖质的疏松肥沃土壤;忌炎热。**繁殖:** 播种。

特征要点 叶皱缩,呈白黄色、黄绿色、粉红色或红紫色等,有长叶柄。其余特征同甘蓝。

蒲包花（荷包花） *Calceolaria* Herbeohybrida Group
荷包花科 / 玄参科 Calceolariaceae/Scrophulariaceae 荷包花属

原产及栽培地：原产南美洲。中国北京、吉林、陕西、四川、云南、浙江等地栽培。**习性**：喜冷凉、湿润，较耐寒；要求富含腐殖质的疏松肥沃土壤；忌炎热。**繁殖**：播种。

特征要点　园艺杂交种。一年生草本。株高30cm。叶片卵形或卵状椭圆形，叶缘具齿，两面有绒毛。不规则伞形花序顶生，萼片4，花冠二唇形，上唇小，下唇荷包状，径约4cm，有乳白色、淡黄色、粉色、红色、紫色等花色及红色、褐色等斑点。花期长，春季最盛。

风铃草 *Campanula medium* L. 桔梗科 Campanulaceae 风铃草属

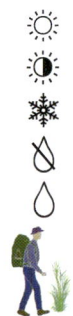

原产及栽培地：原产欧洲。中国北京、福建、黑龙江、江苏、辽宁、台湾、云南、浙江等地栽培。**习性**：喜冷凉、干燥的气候和疏松肥沃、排水良好的砂质壤土；忌高温、水涝。**繁殖**：播种、分株。

特征要点　二年生草本。株高达1.2m，全株具粗毛。莲座叶卵形至倒卵形，叶缘圆齿状波形，粗糙，叶柄具翅；茎生叶小而无柄。总状花序，小花1~2朵茎生；花冠钟状，有5浅裂，基部膨大，径2~3cm，长约5cm。花期春夏季。

金盏花（金盏菊） *Calendula officinalis* L.
菊科 Asteraceae/Compositae 金盏花属

原产及栽培地： 原产地中海至伊朗。中国北京、福建、广东、贵州、海南、河北、黑龙江、湖北、江苏、陕西、上海、四川、台湾、新疆、云南、浙江等地栽培。**习性：** 喜凉爽湿润，较耐寒，适应性强；对土壤要求不严。**繁殖：** 播种。

特征要点　一、二年生草本。株高可达60cm，微有毛。叶长圆倒卵形，基部抱茎。头状花序径约10cm，单生，总梗粗壮。舌状花乳黄或橘红色，栽培中有单瓣、重瓣和矮生，乳白色、淡黄色、金黄色、橙红色等变化。花期3~6月。

翠菊 *Callistephus chinensis* (L.) Nees　菊科 Asteraceae/Compositae 翠菊属

原产及栽培地： 原产中国、朝鲜、日本。中国北京、福建、广西、河南、黑龙江、吉林、江苏、江西、陕西、上海、四川、台湾、新疆、云南、浙江等地栽培。**习性：** 喜温暖向阳，要求地势高燥和疏松肥沃、排水良好的土壤；忌酷暑多湿与连作。**繁殖：** 播种。

特征要点　一年生草本。株高20~90cm，分枝多，被白色粗糙毛。头状花序径3~15cm，舌状花多轮，株高花型变化极大，有蓝、紫、红、淡红、粉、白等色。花期5~10月。

长春花 *Catharanthus roseus* (L.) G. Don 夹竹桃科 Apocynaceae 长春花属

原产及栽培地： 原产马达加斯加。中国各地栽培。
习性： 喜温暖气候及阳光充足环境，要求肥沃及排水良好的酸性壤土。**繁殖：** 播种、扦插。

特征要点 常绿直立亚灌木，常作一、二年生花卉栽培。植株矮小，高 30~50cm。叶对生，膜质，倒卵状长圆形，全缘。花冠高脚碟状，具 5 裂片，平展，花径 3~4cm，粉红色或紫红色，裂片基部色深。蓇葖果。花期 4~10 月。

白长春花 *Catharanthus roseus* 'Alba' 夹竹桃科 Apocynaceae 长春花属

原产及栽培地： 最早培育于马达加斯加。中国各地栽培。**习性：** 喜温暖气候及阳光充足环境，要求肥沃及排水良好的酸性壤土。**繁殖：** 播种、扦插。

特征要点 花冠白色。其余特征同长春花。

玫红长春花 *Catharanthus roseus* 'Nirvana rose'
夹竹桃科 Apocynaceae 长春花属

原产及栽培地：最早培育于马达加斯加。中国各地栽培。**习性**：喜温暖气候及阳光充足环境，要求肥沃及排水良好的酸性壤土。**繁殖**：播种、扦插。

特征要点 花心玫瑰红色。其余特征同长春花。

青葙 *Celosia argentea* L. 苋科 Amaranthaceae 青葙属

原产及栽培地：原产亚洲热带。中国北京、福建、广东、广西、贵州、海南、湖北、江苏、江西、陕西、上海、四川、台湾、云南、浙江等地栽培。**习性**：喜干热、阳光充足的气候，疏松、肥沃、排水良好的土壤，不耐瘠薄；忌霜冻。**繁殖**：播种。

特征要点 一年生草本。茎直立粗壮，高50~90cm，常带紫红色。叶卵形至卵状披针形。花序扁平，顶生或腋生鸡冠状。花色有红色、紫红色、棕红色、橙红色、淡红色、火红色、金黄色、淡黄色及白色等，丰富多彩。花期夏秋季。

黄晶菊 *Coleostephus multicaulis* (Desf.) Durieu
菊科 Asteraceae/Compositae 鞘冠菊属

原产及栽培地: 原产阿尔及利亚。中国北京、福建、台湾等地栽培。**习性**: 喜冷凉、湿润, 较耐寒; 要求富含腐殖质的疏松肥沃土壤; 忌炎热。**繁殖**: 播种。

特征要点 　二年生草本。株高 20~30cm, 茎具半葡匐性。叶互生, 肉质, 长条匙状, 羽状裂或者深裂。头状花序顶生, 盘状, 花色金黄, 边缘为扁平舌状花, 中央为筒状花。花期春夏季。

金鸡菊 *Coreopsis basalis* (A. Dietr.) S. F. Blake
菊科 Asteraceae/Compositae 金鸡菊属

原产及栽培地: 原产北美。中国黑龙江等地栽培。**习性**: 耐寒、耐瘠薄土壤, 喜光, 适应性强, 有自播繁衍力, 生长势健壮。**繁殖**: 播种、分株。

特征要点 　一年生草本。株高 30~100cm。茎直立, 上部有分枝。叶对生, 二回羽状全裂, 裂片线形或线状披针形。头状花序多数, 有细长花序梗, 径 2~4cm; 总苞半球形; 舌状花黄色, 基部具红褐斑; 管状花红褐色。花期 5~9 月, 果期 8~10 月。

两色金鸡菊（蛇目菊）*Coreopsis tinctoria* Nutt.

菊科 Asteraceae/Compositae 金鸡菊属

原产及栽培地：原产北美。中国黑龙江等地栽培。**习性：**耐寒、耐瘠薄土壤，喜光，适应性强，有自播繁衍力，生长势健壮。**繁殖：**播种、分株。

特征要点 一年生草本。株高30~100cm。茎直立，上部有分枝。叶对生，二回羽状全裂，裂片线形或线状披针形。头状花序多数，有细长花序梗，径2~4cm；总苞半球形；舌状花黄色，基部具红褐斑；管状花红褐色。花期5~9月，果期8~10月。

黄秋英（硫黄菊）*Cosmos sulphureus* Cav. 菊科 Asteraceae/Compositae 秋英属

原产及栽培地：原产墨西哥。中国北京、河北、辽宁、山东、山西、上海、云南等地栽培。**习性：**喜光；要求富含腐殖质的疏松肥沃土壤。**繁殖：**播种。

特征要点 一年生草本。株高25~65cm，可分高、中、矮三种。茎细长分枝。叶对生，二回羽状。头状花序顶生或腋生，具细长花梗；花型可分单瓣、半重瓣、重瓣等，颜色则从黄色、橙色、橘色到橘红色不等。瘦果褐色，有微小刺状茸毛。花期夏秋季。

飞燕草 *Delphinium ajacis* L.【*Consolida ajacis* (L.) Schur】

毛茛科 Ranunculaceae 翠雀属 / 飞燕草属

原产及栽培地: 原产南欧。中国北京、福建、广东、广西、黑龙江、江苏、陕西、四川、台湾、新疆、云南、浙江等地栽培。**习性:** 喜凉爽、高燥,忌湿涝,需日光充足、土层较深厚的肥沃砂质壤土。**繁殖:** 播种。

特征要点 一、二年生草本。株高 30~50cm,被疏反曲微柔毛。叶互生,叶片卵形,3 全裂,裂片 3~4 回细裂,小裂片线状条形。总状花序长 7~15cm 以上;萼片 5,堇蓝紫色或粉色,上萼片有长距;花瓣 2,合生,与萼片同色。花期 5~8 月。

须苞石竹 *Dianthus barbatus* L. 石竹科 Caryophyllaceae 石竹属

原产及栽培地: 原产亚洲。中国北京、福建、广西、贵州、黑龙江、江苏、江西、辽宁、陕西、四川、台湾、新疆、云南、浙江等地栽培。**习性:** 喜温暖干燥的气候;不耐寒;对土壤要求不严。**繁殖:** 播种。

特征要点 多年生草本,常作二年生栽培。株高 20~60cm。节间长于石竹,且粗壮,少分枝。叶对生,条形。头状聚伞花序,花小而多;苞片先端须状;花冠墨紫色、绯红色、粉红色或白色等,花瓣上有环纹斑点、镶边等复色。花期春夏季。

石竹 *Dianthus chinensis* L. 石竹科 Caryophyllaceae 石竹属

原产及栽培地：原产中国、蒙古、俄罗斯等地。中国北京、福建、江苏、上海、四川、台湾、云南、浙江等地栽培。**习性**：喜光；喜冷凉干燥气候；喜疏松肥沃的砂质壤土；耐旱不耐涝。**繁殖**：播种。

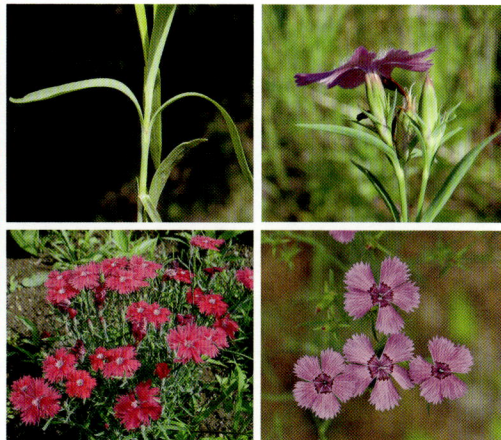

特征要点　多年生草本，常作二年生花卉栽培。株高 20~40cm。叶对生，线状披针形，先端渐尖，基部抱茎。花单生或数朵簇生，5 数，柱头 2，花色丰富，有红色、粉色、白色、紫红色等，有香气。花期 4~5 月，果期 6 月。

锦团石竹 *Dianthus chinensis* Heddewigii Group【*Dianthus chinensis* var. *heddewigii* Regel】石竹科 Caryophyllaceae 石竹属

原产及栽培地：原产欧洲。中国新疆等地栽培。**习性**：喜光；喜冷凉干燥气候；喜疏松肥沃的砂质壤土；耐旱不耐涝。**繁殖**：播种。

特征要点　植株较低矮紧凑。花序大，花多，簇生；花颜色艳丽。其余特征同石竹。

矮石竹 *Dianthus chinensis* Nana Group 【*Dianthus chinensis* 'Nana'】
石竹科 Caryophyllaceae 石竹属

原产及栽培地: 栽培起源, 中国各地偶见栽培。**习性**: 喜光; 喜冷凉干燥气候; 喜疏松肥沃的砂质壤土; 耐旱不耐涝。**繁殖**: 播种。

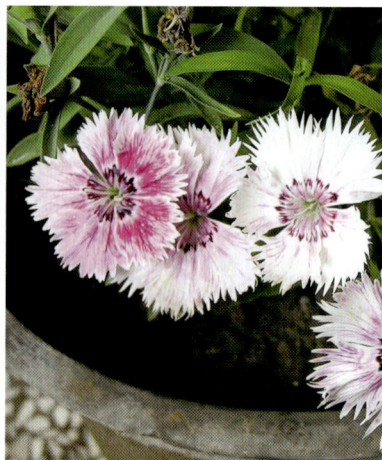

特征要点 株高 10~20cm。其余特征同石竹。

大花毛地黄 *Digitalis grandiflora* Mill.
车前科 / 玄参科 Plantaginaceae/Scrophulariaceae 毛地黄属

原产及栽培地: 原产南欧和西亚。中国北京、江苏、上海、云南等地栽培。**习性**: 耐寒、耐半阴, 喜略旱, 要求肥沃、疏松及排水良好的砂质土壤。**繁殖**: 播种。

特征要点 二年生或多年生草本, 常作一、二年生花卉栽培。株高 70~120cm, 被腺毛。基生叶呈莲座状, 叶片长椭圆形。总状花序顶生; 花冠大, 钟状, 长 3~4cm, 淡黄色, 内面具斑点。花期 6~7 月。

毛地黄 *Digitalis purpurea* L.
车前科 / 玄参科 Plantaginaceae/Scrophulariaceae 毛地黄属

原产及栽培地: 原产欧洲。中国北京、福建、广东、贵州、黑龙江、湖北、江苏、江西、辽宁、上海、四川、台湾、云南、浙江等地栽培。**习性**: 耐寒、耐半阴，喜略旱，要求肥沃、疏松及排水良好的砂质土壤。**繁殖**: 播种。

特征要点　二年生或多年生草本，常作一、二年生花卉栽培。株高90~120cm，被灰白色短柔毛和腺毛。基生叶呈莲座状，叶片长椭圆形，缘具齿。总状花序顶生，长可达90cm，花冠大，钟状，长5~7cm，于花序一侧下垂，紫红色，内面具斑点。蒴果卵形。花期5~6月。

花菱草 *Eschscholzia californica* Cham. 罂粟科 Papaveraceae 花菱草属

原产及栽培地: 原产美国。中国北京、福建、广东、广西、贵州、黑龙江、湖北、江苏、江西、辽宁、四川、台湾、新疆、云南、浙汀等地栽培。**习性**: 喜冷凉、干燥的气候和疏松肥沃、排水良好的砂质壤土；忌高温、水涝。**繁殖**: 播种。

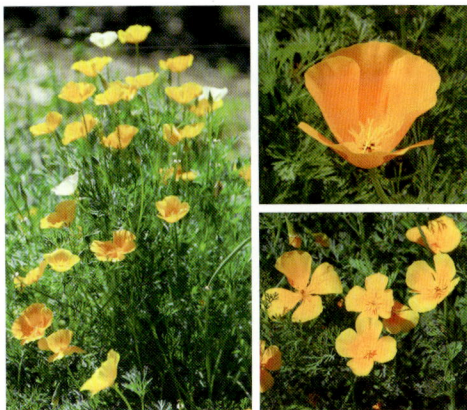

特征要点　多年生草本，常作一、二年生花卉栽培。株高30~60cm，被白粉，全株呈灰绿色。叶互生，多回三出羽状深裂至全裂。花顶生长梗端，直径5~7cm，花瓣4，易脱落，亮鲜黄色。花朵在充足的阳光下开放，阴天及夜晚闭合。花期5~6月，果期7月。

勋章菊 *Gazania rigens* (L.) Gaertn. 菊科 Asteraceae/Compositae 勋章菊属

原产及栽培地: 原产南非、莫桑比克。中国北京、福建、四川、台湾、云南、浙江等地栽培。**习性:** 喜冷凉、湿润,较耐寒;要求富含腐殖质的疏松肥沃土壤;忌炎热。**繁殖:** 播种。

特征要点 多年生草本,常作一、二年生花卉栽培。株高15~40cm。叶簇生基部,披针形或线形,深绿色,全缘或有浅羽裂,叶背密被白绵毛。花莛自叶丛中抽出,无叶;头状花序单生,大,直径7~8cm,花色有红色、橙色、黄色、粉色、白色等,舌状花常具深条纹。花期4~5月,一些品种能四季开花。

非洲菊(扶郎花) *Gerbera jamesonii* Adlam
菊科 Asteraceae/Compositae 非洲菊属

原产及栽培地: 原产南非。中国北京、福建、广东、广西、湖北、江苏、江西、上海、四川、台湾、新疆、云南、浙江等地栽培。**习性:** 喜冬暖夏凉、阳光充足、空气流通环境,要求疏松肥沃、富含腐殖质的微酸性砂质壤土。**繁殖:** 播种。

特征要点 多年生草本,常作一、二年生花卉栽培。株高20~40cm,全株被细毛。基生叶多数,长椭圆状披针形,羽状浅裂或深裂。头状花序单生,高出叶面,径8~12cm;总苞盘状钟形,总苞片线状披针形;舌状花橘红色、黄红色、深红色、淡红色或白色,变化多。花期春夏季。

千日红 *Gomphrena globosa* L. 苋科 Amaranthaceae 千日红属

原产及栽培地：原产美洲热带地区。中国北京、福建、广东、广西、贵州、海南、黑龙江、湖北、吉林、江苏、江西、陕西、上海、四川、台湾、新疆、云南、浙江、重庆等地栽培。**习性**：喜阳光、温暖、干燥；性健壮；不耐寒，适宜疏松肥沃土壤。**繁殖**：播种。

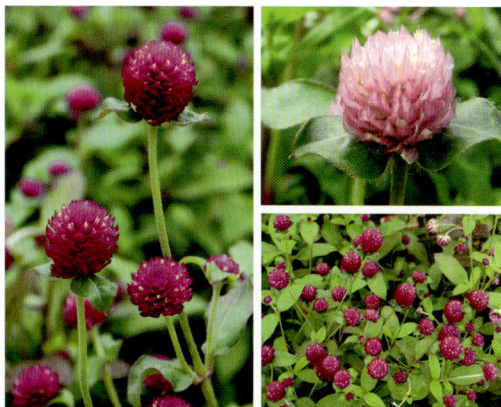

特征要点　一年生草本。全株有毛，株高可达 60cm，有矮品种高仅 15cm。叶对生，长椭圆形或长圆状倒卵形。头状花序球形，单生或 2~3 个集生枝端，径约 2.5~3cm；小花着生于两个苞片内，苞片干膜质，干后不落。花期 6~10 月。

凤仙花 *Impatiens balsamina* L. 凤仙花科 Balsaminaceae 凤仙花属

原产及栽培地：原产中国、印度、缅甸。中国各地栽培。**习性**：喜阳光充足、空气流通环境，要求疏松肥沃、富含腐殖质的壤土。**繁殖**：播种。

特征要点　一年生草本。株高 20~80cm，茎多汁，近光滑，有浅绿色、紫红色或黑褐色。叶互生，似桃叶，边缘具锐齿。花腋生，下垂；花大，花瓣 5，左右对称，后瓣有膨大中空向内弯曲的距。蒴果成熟时 5 瓣裂，可将种子弹出。花果期夏秋季。

矮凤仙花 *Impatiens balsamina* 'Nana' 凤仙花科 Balsaminaceae 凤仙花属

原产及栽培地： 最早培育于中国、印度、缅甸。中国各地栽培。**习性：** 喜阳光充足、空气流通环境，要求疏松肥沃、富含腐殖质的壤土。**繁殖：** 播种。

特征要点 株高 20~30cm。其余特征同凤仙花。

新几内亚凤仙花 *Impatiens hawkeri* W. Bull 凤仙花科 Balsaminaceae 凤仙花属

原产及栽培地： 原产新几内亚。中国北京、福建、广东、海南、河北、台湾、云南、浙江等地栽培。**习性：** 以肥沃富含有机质之砂质壤土最佳，排水需良好，否则肥厚多水的茎枝易腐烂。**繁殖：** 扦插。

特征要点 多年生草本，常作一、二年生花卉栽培。株高 15~50cm，茎肉质，光滑，暗红色。叶互生，披针形，叶面着生各种鲜艳色彩。花腋生，两侧对称，有距，花色丰富，有白色、粉色、桃红色、朱红色、玫红色、橘红色、深红色、古铜色等。花期几乎全年。

苏丹凤仙花（玻璃翠）*Impatiens walleriana* Hook. f.
凤仙花科 Balsaminaceae 凤仙花属

原产及栽培地：原产非洲桑给巴尔。中国北京、福建、广东、海南、黑龙江、湖北、江苏、四川、台湾、云南、浙江等地栽培。**习性：**以肥沃富含有机质之砂质壤土最佳，排水需良好，否则肥厚多水的茎枝易腐烂。**繁殖：**扦插。

特征要点 半灌木，常作一、二年生花卉栽培。株高 30~60cm，全株无毛。茎粗壮，绿色。叶互生或轮生，卵状披针形，具钝锯齿。花腋生，有距，径约 4cm，原为深红色，也有白色及淡红色。花期几乎全年。

银叶菊（白绒毛矢车菊）*Jacobaea maritima* (L.) Pelser & Meijden
【*Senecio cineraria* DC.】菊科 Asteraceae/Compositae 疆千里光属 / 千里光属

原产及栽培地：原产新西兰。中国北京、福建、广东、海南、黑龙江、四川、台湾、云南等地栽培。**习性：**喜光；喜肥沃、富含腐殖质的深厚壤土。**繁殖：**扦插。

特征要点 多年生草本，多作一年生栽培。株高 40~80cm，全株具白色绵毛。叶互生，长椭圆形，羽状深裂。头状花序集成伞房状，单花径约 1cm，黄色或乳白色。以观叶为主。花期夏秋季。

尖裂假还阳参（抱茎小苦荬）*Crepidiastrum sonchifolium* (Bunge) Pak & Kawano 【*Ixeridium sonchifolium* (Maxim.) C. Shih】

菊科 Asteraceae/Compositae 假还阳参属 / 小苦荬属

原产及栽培地: 原产中国、朝鲜、日本。中国北京等地栽培。**习性:** 喜光；喜排水良好的砂质土壤。**繁殖:** 播种。

特征要点　越年生草本，常作一、二年生花卉栽培。株高 20~60cm，具白色乳汁。基生叶莲座状，具锯齿；茎生叶羽状分裂，基部心形或耳状抱茎。头状花序排成伞房状；舌状小花黄色；无管状花。瘦果黑色，纺锤形，冠毛白色。花果期 3~5 月。

扫帚菜 *Bassia scoparia* 'Trichophylla'【*Kochia scoparia* f. *trichophylla* (Hort.) Schinz & Thell.】 苋科 / 藜科 Amaranthaceae/Chenopodiaceae 沙冰藜属 / 地肤属

原产及栽培地: 最早培育于中国。北京、福建、广东、广西、贵州、海南、黑龙江、湖北、江西、内蒙古、山西、陕西、四川、台湾、新疆、云南、浙江等地栽培。**习性:** 喜向阳温暖环境；喜排水良好的砂质或盐碱性土壤。**繁殖:** 播种。

特征要点　一年生草本。株高 50~100cm。茎直立，多分枝，整体呈卵球形。叶披针形，嫩黄绿色，长 2~5cm，宽 3~7mm，具 3 条主脉。花常 1~3 个簇生于叶腋，构成穗状圆锥花序；花小，淡绿色。胞果扁球形；种子黑色，具光泽。花果期秋季。

鸡眼草 *Kummerowia striata* (Thunb.) Schindl.

豆科 / 蝶形花科 Fabaceae/Leguminosae/Papilionaceae 鸡眼草属

原产及栽培地: 原产亚洲。中国北京、福建、广东、广西、贵州、湖北、江苏、江西、云南、浙江等地栽培。**习性:** 喜温暖,能生长在荫蔽条件下;耐干旱瘠薄地;对土壤要求不严。**繁殖:** 播种。

特征要点 一年生小草本。茎平卧纤细,多分枝,长 5~30cm。三小叶互生,托叶宿存,主脉和叶缘疏生白色毛。花 1~3 朵腋生;小苞片 4 枚;花萼钟状,深紫色;花冠蝶形,旗瓣大,淡红色。荚果卵状矩圆形。花果期夏秋季。

岩茴香 *Rupiphila tachiroei* (Franch. & Sav.) Pimenov & Lavrova
【*Ligusticum tachiroei* (Franch. & Sav.) Hiroë & Constance】

伞形科 Apiaceae/Umbelliferae 岩茴香属 / 藁本属

原产及栽培地: 原产亚洲北部。中国浙江等地栽培。**习性:** 喜冷凉湿润的亚高山草甸气候及排水良好的砂质土壤。**繁殖:** 播种。

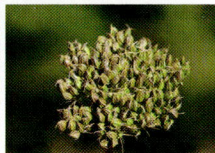

特征要点 多年生草本,可作一、二年生花卉栽培。株高 15~30cm。茎常呈"之"字形弯曲,上部分枝。基生叶具长柄,卵形,三回羽状全裂,末回裂片线形。复伞形花序;花瓣白色或紫色。分生果卵状长圆形,主棱突出。花期 7~8 月,果期 8~9 月。

柳穿鱼 *Linaria vulgaris* subsp. *chinensis* (Debeaux) D. Y. Hong

车前科 / 玄参科 Plantaginaceae/Scrophulariaceae 柳穿鱼属

原产及栽培地：原产中国。北京、上海等地栽培。**习性**：喜冷凉湿润的亚高山草甸气候及排水良好的砂质土壤。**繁殖**：播种。

特征要点 多年生草本，作一、二年生花卉栽培。株高 30~60cm。茎直立，上部常分枝。叶多互生，有时轮生，条形，常单脉。总状花序顶生，花萼裂片披针形，花冠筒基部成长距，花冠淡黄色，口喉部附属物为黄色。蒴果卵球状。花期 6~9 月。

小龙口花 *Linaria bipartita* 'Voilet Prince'

车前科 / 玄参科 Plantaginaceae/Scrophulariaceae 柳穿鱼属

原产及栽培地：人工选育，中国北京等地栽培。**习性**：喜冷凉湿润气候及排水良好的砂质土壤。**繁殖**：播种。

特征要点 一年生草本。株高 20~30cm。茎常丛生，无毛。叶条形。花冠紫色。花期 5 月。

香雪球 *Lobularia maritima* (L.) Desv. 十字花科 Brassicaceae/Cruciferae 香雪球属

原产及栽培地：原产欧洲、西亚。中国北京、福建、江苏、上海、台湾、新疆、云南、浙江等地栽培。**习性：**稍耐寒，喜冷凉、干燥气候，喜向阳、湿润、疏松肥沃的土壤；忌酷暑、湿涝。**繁殖：**播种。

特征要点 多年生草本，作一、二年生花卉栽培。植株矮小，高仅 8~16cm，株幅可达 20~25cm。叶互生，线形或倒披针形。总状花序疏松，果时伸长，花白色或紫色，有微香。花期春夏季。

多叶羽扇豆 *Lupinus polyphyllus* Lindl.
豆科 / 蝶形花科 Fabaceae/Leguminosae/Papilionaceae 羽扇豆属

原产及栽培地：原产欧洲。中国北京、江苏、四川、台湾、云南、浙江等地栽培。**习性：**喜光；喜冷凉、干燥气候，需湿润、疏松肥沃的土壤。**繁殖：**播种。

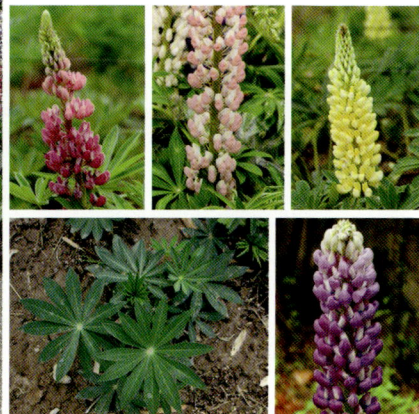

特征要点 多年生草本，常作一、二年生花卉栽培。株高可达 1~1.5m。掌状复叶互生，小叶 10~17 枚。总状花序顶生，长可达 60cm；萼片 2 枚，齿裂；花冠蝶形，蓝色或红色，旗瓣阔，直立，边缘背卷；龙骨瓣弯曲。荚果扁，长 3~4cm；种子扁圆，黑褐色。花期 5~6 月。

剪春罗 *Silene sinensis* (Lour.) H. Ohashi & H. Nakai 【*Lychnis coronata* Thunb.】 石竹科 Caryophyllaceae 蝇子草属 / 剪秋罗属

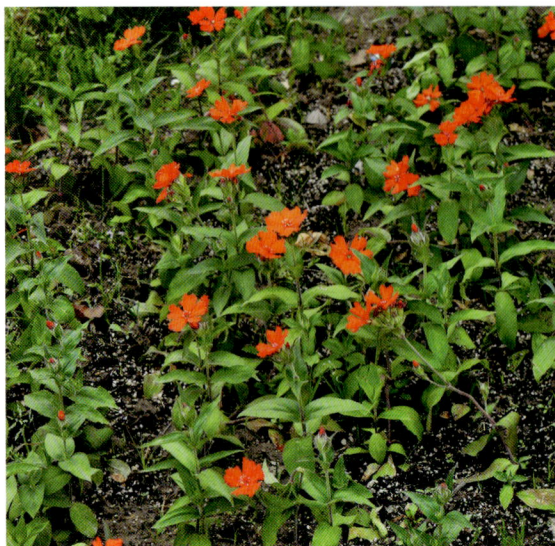

原产及栽培地: 原产中国。中国北京、上海等地栽培。**习性**: 喜光; 喜冷凉、干燥气候, 需湿润、疏松肥沃的土壤。**繁殖**: 播种。

特征要点 多年生草本, 常作一、二年生花卉栽培。株高 50~90cm。茎单生。叶对生, 倒披针形, 宽 2~5cm。二歧聚伞花序; 花直径 4~5cm; 苞片披针形, 草质; 花萼筒状, 萼齿披针形; 花瓣橙红色, 倒卵形, 顶端具不整齐缺刻状齿。蒴果长椭圆形。花期 6~7 月, 果期 8~9 月。

马洛葵 *Malope trifida* Cav. 锦葵科 Malvaceae 牧葵属 / 马洛葵属

原产及栽培地: 原产地中海沿岸。中国福建、广东等地栽培。**习性**: 喜冬暖夏凉、阳光充足、空气流通环境, 要求疏松肥沃、富含腐殖质的砂质壤土。**繁殖**: 播种。

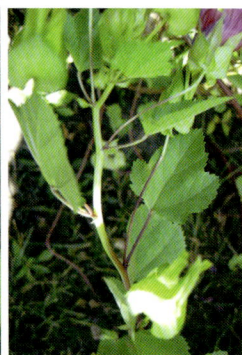

特征要点 一、二年生草本。株高可达 1m。茎单生, 多分枝。叶互生, 具柄, 叶片三裂, 有锯齿。花单生于叶腋; 花梗长于叶片; 花大, 径 4~6cm; 花瓣 5 枚, 红色, 基部紫红色。花期 5~8 月。

锦葵 *Malva cavanillesiana* Raizada 【*Malva cathayensis* M. G. Gilbert, Y. Tang & Dorr】锦葵科 Malvaceae 锦葵属

原产及栽培地: 原产亚洲热带地区。中国北京、福建、广东、湖北、江西、陕西、上海、台湾、新疆、云南、浙江等地栽培。**习性**: 喜光; 喜冷凉、干燥气候, 需湿润、疏松肥沃的土壤。**繁殖**: 播种。

特征要点 一、二年生, 或多年生草本作一、二年生花卉栽培。株高 60~100cm, 直立, 多分枝。叶圆心形或肾形, 具长柄。花近无梗, 数朵聚生于叶腋; 花径 3.5~4cm; 萼钟形, 被柔毛; 花冠淡紫红色, 具深紫红色纹。花期春夏季。

砖红蔓赛葵 *Modiolastrum lateritium* (Hook.) Krapov.【*Malvastrum lateritium* G. Nicholson】锦葵科 Malvaceae 独子葵属 / 赛葵属

原产及栽培地: 原产南美洲。中国福建、广东、广西、湖北、湖南等地栽培。**习性**: 喜光; 喜温暖湿润的热带、亚热带气候。**繁殖**: 播种。

特征要点 亚灌木状多年生草本, 作一、二年生花卉栽培。茎蔓生成片。叶互生, 具柄, 叶片掌状浅裂, 边缘具不规则粗齿。花单生叶腋, 具长花梗; 萼片绿色; 花冠砖红色或桃红色, 直径 2~4cm, 花瓣基部具深色斑纹, 合生雄蕊柱显著, 黄色。花期夏秋季。

105

紫罗兰 *Matthiola incana* (L.) R. Br. 十字花科 Brassicaceae/Cruciferae 紫罗兰属

原产及栽培地：原产地中海沿岸。中国北京、福建、广东、湖北、江苏、上海、台湾、新疆、云南、浙江、重庆等地栽培。**习性**：喜冷凉、光照充足、通风良好的环境；对土壤适应性较强，忌强酸性土。**繁殖**：播种。

特征要点　多年生草本，作一、二年生花卉栽培。株高 30~60cm，全株具灰色星状柔毛。顶生总状花序，萼片 4，两侧萼片基部垂囊状；花瓣 4，十字状着生，径约 2cm，紫红色、淡红色、淡黄色、白色等，芳香。长角果，种子具白色膜翅。花期春季。

白晶菊 *Mauranthemum paludosum* (Poir.) Vogt & Oberpr.
菊科 Asteraceae/Compositae 白晶菊属 / 白舌菊属

原产及栽培地：原产欧洲。中国北京、台湾等地栽培。**习性**：喜冷凉、湿润，较耐寒；要求富含腐殖质的疏松肥沃土壤；忌炎热。**繁殖**：播种。

特征要点　二年生草本。株高 15~25cm。叶互生，一至两回羽裂。头状花序顶生，径 3~4cm，盘状，边缘舌状花银白色，中央筒状花金黄色。瘦果。花期从冬末至初夏，3~5 月是其盛花期。

杂种猴面花 *Erythranthe × hybrida* (Voss) Silverside 【*Mimulus × hybridus* Wettst.】透骨草科 / 玄参科 Phrymaceae/Scrophulariaceae 沟酸浆属

原产及栽培地：原产美国。中国北京、福建、江苏、台湾等地栽培。**习性**：喜冷凉、湿润，较耐寒；要求富含腐殖质的疏松肥沃土壤；忌炎热。**繁殖**：播种。

特征要点 多年生草本，常作一、二年生花卉栽培。株高 30~40cm。茎平卧，匍匐生根。叶对生，卵圆形或心形。花单生叶腋或集成稀疏总状花序，花冠漏斗状，花筒长 3~4cm，黄色，有红色或紫色斑点，形似猴面。花期 4~5 月。

紫茉莉 *Mirabilis jalapa* L. 紫茉莉科 Nyctaginaceae 紫茉莉属

原产及栽培地：原产美洲热带地区。中国北京、福建、广东、广西、贵州、海南、黑龙江、湖北、吉林、江苏、江西、辽宁、陕西、四川、台湾、新疆、云南、浙江等地栽培。**习性**：喜温暖，怕霜冻；对土壤要求不严。**繁殖**：播种。

特征要点 多年生草本，常作一年生花卉栽培。主根略肥大。茎直立，高 60~90cm，多分枝。叶对生，卵形或卵状三角形。花漏斗形，芳香，数朵集生枝端；花被管圆柱形，筒长约 6cm，顶部平展，5 裂，直径约 2.5cm。花期夏秋季。

勿忘草 *Myosotis alpestris* F. W. Schmidt 紫草科 Boraginaceae 勿忘草属

原产及栽培地：原产欧亚大陆。中国台湾等地栽培。**习性**：喜冷凉湿润的亚高山湿草甸气候。**繁殖**：播种。

特征要点 多年生草本，可作一、二年生花卉栽培。茎单一或数条簇生，高 20~45cm，被糙毛。叶披针形，全缘。蝎尾状聚伞花序；花冠蓝色，带紫红色，直径 6~8mm，喉部具 5 附属物。小坚果卵形，平滑，有光泽。花果期 6~8 月。

龙面花 *Nemesia strumosa* Benth. 玄参科 Scrophulariaceae 龙面花属

原产及栽培地：原产南非。中国北京、江苏、台湾、云南等地栽培。**习性**：喜冷凉、湿润，较耐寒；要求富含腐殖质的疏松肥沃土壤；忌炎热。**繁殖**：播种。

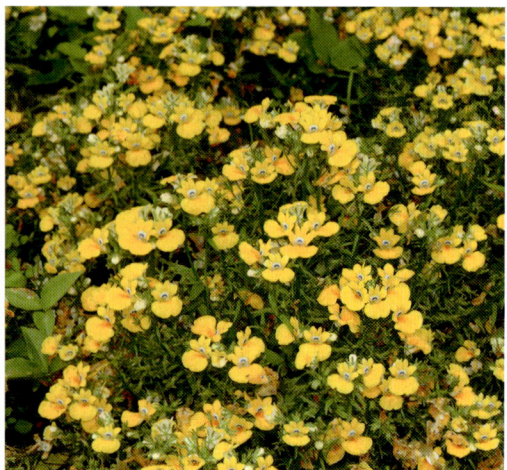

特征要点 多年生草本，常作一、二年生花卉栽培。株高 30~60cm，多分枝。叶对生，长圆状匙形或披针形，全缘。总状花序顶生；花多数，花冠基部呈袋状，花色有白色、淡黄白色、淡黄色、深黄色、橙红色、深红色和玫紫色等；喉部黄色，有深色斑点和须毛。花期春夏季。

诸葛菜（二月蓝）*Orychophragmus violaceus* (L.) O. E. Schulz
十字花科 Brassicaceae/Cruciferae 诸葛菜属

原产及栽培地：原产东亚及西伯利亚。中国北京、福建、湖北、江苏、江西、四川、台湾、浙江等地栽培。**习性**：耐寒、适应性强，有自播繁衍力并自成群落；耐贫瘠、干旱。**繁殖**：播种。

特征要点　一、二年生草本。株高 20~50cm，有粉霜。叶薄，基生叶琴状羽裂，茎生叶肾形或三角状卵形。总状花序顶生，花径约 2cm，蓝紫色或淡堇色。角果长条形。花期早春至 6 月，果期 5~7 月。

蓝目菊 *Dimorphotheca ecklonis* DC. 【*Osteospermum ecklonis* (DC.) Norl.】菊科 Asteraceae/Compositae 异果菊属 / 骨子菊属

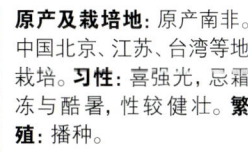

原产及栽培地：原产南非。中国北京、江苏、台湾等地栽培。**习性**：喜强光，忌霜冻与酷暑，性较健壮。**繁殖**：播种。

特征要点　灌木或亚灌木，常作一、二年生花卉栽培。株高可达 90~120cm，多分枝。叶互生，倒卵形或倒披针形，边缘有疏齿与短腺柔毛。头状花序单生分枝顶端，或成疏散的伞房状，直径 5~8cm；舌状花上面白色，下面通常蓝色并有白边，盘心花青蓝色。花期 5~9 月。

野罂粟（冰岛罂粟）*Papaver nudicaule* L. 罂粟科 Papaveraceae 罂粟属

原产及栽培地：原产亚洲。中国北京、黑龙江、湖北、江苏、陕西、台湾、新疆、云南等地栽培。**习性**：喜冷凉湿润的亚高山湿草甸气候。**繁殖**：播种。

特征要点　多年生草本，多作一年生花卉栽培。叶全部基生，羽状浅裂、深裂或全裂，具白粉，密被或疏被刚毛。花葶1至数枚；花单生于花葶先端，花蕾下垂；花冠直径3~8cm，花色有橙黄色、白色或带红白色等，芳香。花期春夏季。

虞美人 *Papaver rhoeas* L. 罂粟科 Papaveraceae 罂粟属

原产及栽培地：原产北美西部。中国北京、福建、广东、广西、贵州、海南、黑龙江、湖北、吉林、江苏、江西、山东、陕西、四川、台湾、新疆、云南、浙江等地栽培。**习性**：喜阳光充足，温暖气候环境；对土壤要求不严；不耐高温，忌高湿。**繁殖**：播种。

特征要点　一、二年生草本。株高30~60cm，全株被柔毛，有乳汁。叶不整齐羽裂，叶缘有锯齿。花单生长梗上，蕾时下垂；花瓣4，近圆形，有深红色、大红色、粉红色、白色或条纹环圈等复色。花期4~6月，果期6~7月。

小花天竺葵 *Pelargonium inquinans* (L.) L' Hér.

牻牛儿苗科 Geraniaceae 天竺葵属

原产及栽培地: 原产南非。中国北京、台湾等地栽培。**习性**: 喜温暖、湿润和阳光充足环境; 耐寒性差, 怕水湿和高温。**繁殖**: 扦插。

特征要点 多年生草本, 作一、二年生花卉栽培。株高 20~60cm。茎直立, 圆柱形近肉质。叶互生, 具长柄, 叶片肾状圆形, 具掌状脉, 叶缘波状。花序腋生, 花小, 花色有深红色、淡红色、白色等。花期周年。

瓜叶菊 *Pericallis × hybrida* (Bosse) B. Nord. 菊科 Asteraceae/Compositae 瓜叶菊属

原产及栽培地: 原产大西洋加那利群岛。中国北京、福建、广东、广西、贵州、湖北、江苏、江西、陕西、上海、四川、台湾、新疆、云南、浙江等地栽培。**习性**: 不耐寒; 喜凉爽通风、潮湿坏境, 要求疏松肥沃、排水良好的砂质壤土。**繁殖**: 播种。

特征要点 多年生草本, 常作一年生花卉栽培。株高 30~60cm, 全株被毛。叶心状卵圆形或心状三角形, 具柄, 叶面浓绿, 叶背有白毛。头状花序多数, 排列成伞房状, 舌状花有红色、粉红色、白色、蓝色、紫色等和具各种环纹或斑点。花期 11 月至翌年 4 月。

矮牵牛（碧冬茄）*Petunia × atkinsiana* (Sweet) D. Don ex W. H. Baxter 【*Petunia hybrida* Vilm.】茄科 Solanaceae 矮牵牛属 / 碧冬茄属

原产及栽培地：杂交起源。中国各地均有栽培。**习性**：不耐寒；喜凉爽通风、潮湿环境，要求疏松肥沃、排水良好的砂质壤土。**繁殖**：播种。

特征要点 多年生草本，常作一年生花卉栽培。株高 20~60cm，全株被腺毛。叶对生或互生，卵形，全缘，几乎无柄。花单生叶腋及茎顶，花径可达 15cm，花萼 5 裂，裂片披针形，花冠漏斗形，有平瓣、波状瓣及锯齿状瓣，花色有白色、粉色、红色、紫色、堇色及镶嵌、斑纹等。花期 4~10 月。

彩叶草（五彩苏）*Coleus scutellarioides* (L.) Benth.【*Plectranthus scutellarioides* (L.) R. Br.】唇形科 Lamiaceae/Labiatae 鞘蕊花属 / 马刺花属

原产及栽培地：原产印尼爪哇岛。中国各地栽培。**习性**：不耐寒；喜阳光充足、通风良好的栽培环境。要求肥沃而排水良好的砂质壤土。**繁殖**：播种。

特征要点 多年生草本，常作一、二年生花卉栽培。株高 50~80cm，全株有毛，茎四棱。叶卵圆形，先端尖，边缘具齿或有缺刻，表面常具各种斑纹，黄色、紫色或红色。顶生总状花序，花小，蓝白色。观叶期很长。

水蓼（辣蓼） *Persicaria hydropiper* (L.) Delarbre 【*Polygonum hydropiper* L.】 蓼科 Polygonaceae 蓼属

原产及栽培地： 原产欧亚大陆。中国各地栽培。**习性：** 喜沼泽或湿地环境，适应性极广。**繁殖：** 播种。

特征要点 一年生草本。株高 40~70cm。节膨大，具膜质托叶鞘。叶披针形，全缘，具辛辣味。总状花序呈穗状，长 3~8cm，常下垂，花稀疏，下部间断；花小，5 数，绿色、白色或淡红色。瘦果卵形，黑褐色。花期 5~9 月，果期 6~10 月。

红蓼 *Persicaria orientalis* (L.) Spach 【*Polygonum orientale* L.】 蓼科 Polygonaceae 蓼属

原产及栽培地： 原产澳大利亚及亚洲。中国北京、福建、广东、广西、贵州、黑龙江、湖北、江苏、江西、陕西、四川、台湾、新疆、云南、浙江等地栽培。**习性：** 适应性很强，耐土质贫瘠，以土层深厚而肥沃的土壤为佳，喜阳光及水旁湿地。**繁殖：** 播种。

特征要点 一年生草本。株高可达 2~3m。茎粗壮，节膨大，被密毛，具膜质托叶鞘。叶大，有柄，互生，阔卵形或心脏形，先端尖。花序顶生或腋生，穗大艳丽，粉红色或玫瑰红色。花期 7~9 月。

月见草 *Oenothera biennis* L. 柳叶菜科 Onagraceae 月见草属

原产及栽培地: 原产美国。中国福建、黑龙江、湖北、江苏、辽宁、陕西、四川、台湾、新疆、云南等地栽培。**习性:** 植株强健,耐寒、耐旱、耐瘠薄;喜阳光及肥沃土壤,要求排水良好。**繁殖:** 播种、分株。

特征要点 一、二年生草本。株高 60~100cm,全株具毛。下部叶为狭倒披针形;上部叶卵圆形,缘具明显浅齿。总状花序顶生;夜间开花,白天闭合,有香气;花大,径约 5cm,花瓣倒心脏形,黄色。花期 6~9 月。

美丽月见草 *Oenothera speciosa* Nutt. 柳叶菜科 Onagraceae 月见草属

原产及栽培地: 原产北美。中国北京、四川、台湾、浙江等地栽培。**习性:** 喜温暖湿润气候;喜阳光及肥沃土壤,要求排水良好。**繁殖:** 播种。

特征要点 多年生草本,作二年生栽培。株高 30~50cm。叶互生,线形或线状披针形,有疏齿,基生叶羽裂。总状花序顶生;花淡粉红色至紫红色,径 3~4cm,花瓣宽倒卵形;花一般在傍晚至次日上午开放。花期夏季。

大花马齿苋（半支莲）*Portulaca grandiflora* Hook.

马齿苋科 Portulacaceae 马齿苋属

原产及栽培地: 原产巴西。中国北京、福建、甘肃、广东、广西、贵州、海南、黑龙江、湖北、吉林、江苏、江西、陕西、上海、四川、台湾、新疆、云南、浙江等地栽培。**习性:** 喜温暖、阳光充足环境和干燥砂质土壤; 耐贫瘠, 忌酷热, 不耐寒。**繁殖:** 播种、扦插。

特征要点 一年生肉质草本。株高 10~15cm。茎细而圆, 平卧或斜生, 光滑。叶互生, 圆柱形。花数朵簇生茎顶, 径 3~4cm, 基部具白色长柔毛; 花瓣 5 或多数, 先端微凹; 花色有白色、黄色、粉色、紫色、红色、橙色等。花期 6~8 月。

福禄考（小天蓝绣球）*Phlox drummondii* Hook.

花葱科 Polemoniaceae 福禄考属 / 天蓝绣球属

原产及栽培地: 原产墨西哥。中国北京、福建、广东、黑龙江、湖北、吉林、江苏、四川、台湾、新疆、云南、浙江等地栽培。**习性:** 喜温暖向阳, 稍耐寒, 怕湿热及酷暑, 要求肥沃、疏松及排水良好的土壤, 忌积水。**繁殖:** 播种。

特征要点 一年生草本。株高 15~45cm, 被腺毛。茎直立, 多分枝。叶宽卵形或披针形, 全缘, 基部对生, 上部互生。圆锥状聚伞花序生于枝顶, 花冠红色, 高脚碟状, 直径 2~2.5cm, 裂片 5 枚, 圆形。花期 5~6 月。

报春花 *Primula malacoides* Franch. 报春花科 Primulaceae 报春花属

原产及栽培地: 原产中国。北京、福建、广东、贵州、江苏、陕西、上海、四川、台湾、云南、浙江等地栽培。**习性:** 喜冷凉、湿润的高山气候;要求富含腐殖质的疏松肥沃土壤;忌炎热。**繁殖:** 播种。

特征要点　一年生草本。叶全部基生,卵形或矩圆状卵形,叶背有白粉或疏毛。花莛高约 20~30cm;伞形花序 2~6 轮;花萼背面有白粉;花冠高脚碟状,直径 1.5cm,深红色、浅红色或白色,具香气。花期 1~4 月。

鄂报春(四季报春) *Primula obconica* Hance 报春花科 Primulaceae 报春花属

原产及栽培地: 原产中国。中国北京、福建、贵州、湖北、湖南、江苏、江西、陕西、上海、四川、台湾、西藏、云南、浙江等地栽培。**习性:** 喜冷凉、湿润的高山气候;要求富含腐殖质的疏松肥沃土壤;忌炎热。**繁殖:** 播种。

特征要点　多年生草本,常作一、二年生花卉栽培。株高 20~30cm。叶基生,具长柄,叶片椭圆形至卵状椭圆形;缘具缺刻状齿,或稀浅裂,正面光滑,背面有纤毛。花莛高 15~30cm,为顶生伞形花序;花粉红或淡紫色,稍有香气。花期常 12 月至翌年 5 月。

欧洲报春（多花报春）*Primula vulgaris* Huds. 报春花科 Primulaceae 报春花属

原产及栽培地：原产欧洲。中国北京、福建、江苏、四川、台湾、云南等地栽培。**习性**：喜冷凉、湿润的高山气候；要求富含腐殖质的疏松肥沃土壤；忌炎热。**繁殖**：播种。

特征要点 多年生草本，常作一、二年生花卉栽培。株高8~15cm。叶片长椭圆形或倒卵状长圆形，钝头，叶面皱。花葶多数，单花顶生，有香气；花径约4cm，喉部一般黄色，花色有白色、黄色、蓝色、肉红色、紫色、暗红色、蓝堇色、淡蓝色、粉色、橙黄色、淡红色、青铜色以及条纹、斑点、镶边等类型。花期春季。

花毛茛 *Ranunculus asiaticus* L. 毛茛科 Ranunculaceae 毛茛属

原产及栽培地：原产土耳其、叙利亚、伊朗及欧洲东南部。中国北京、福建、江苏、山东、四川、台湾、云南、浙江等地栽培。**习性**：喜向阳环境和通风凉爽气候；忌湿热与强光；不耐冻；适宜排水良好的砂质壤土。**繁殖**：播种、分株。

特征要点 多年生草本，常作一、二年生花卉栽培。株高20~50cm。地下部有小型块根。叶片根出，二回三出羽状浅裂或深裂。春季抽生直立地上茎，中空，有毛。花单朵或数朵顶生；萼片绿色；花瓣5至数十枚，主要为黄色。花期4~5月。

天目地黄 *Rehmannia chingii* H. L. Li

列当科 / 玄参科 Orobanchaceae/Scrophulariaceae 地黄属

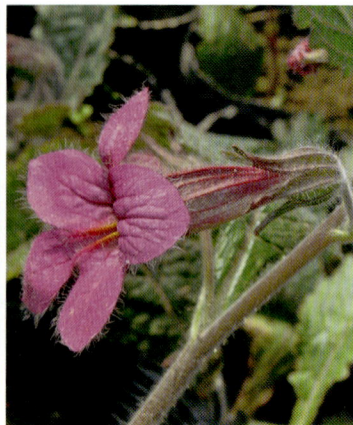

原产及栽培地：原产中国。中国北京、广东、湖北、上海、浙江等地栽培。**习性**：喜向阳温暖环境；喜疏松肥沃而排水良好的土壤。**繁殖**：播种。

特征要点 多年生草本，可作一、二年生花卉栽培。株高 30~60cm，全株被多细胞长柔毛。基生叶莲座状，叶片椭圆形，边缘具粗齿。花单生，有梗；花冠筒状，紫红色，长 5.5~7cm。蒴果卵形。花期 4~5 月，果期 5~6 月。

朱唇 *Salvia coccinea* Buc' hoz ex Etl. 唇形科 Lamiaceae/Labiatae 鼠尾草属

原产及栽培地：原产美洲热带地区。中国北京、福建、广东、广西、湖北、上海、台湾、浙江等地栽培。**习性**：喜阳光充足及温暖湿润气候，适宜肥沃、疏松及排水良好的砂质壤土，不耐寒、耐热。**繁殖**：播种。

特征要点 一年生草本。株高 80~90cm，全株被毛。茎四棱形。叶对生，卵圆形或三角状卵圆形，边缘具锯齿。顶生总状花序；轮伞花序每轮 4 至多花；花冠深红色或绯红色，长 2~2.3cm，下唇比上唇长 2 倍。小坚果倒卵圆形。花期 4~7 月。

蓝花鼠尾草（一串蓝）*Salvia farinacea* Benth. 唇形科 Lamiaceae/Labiatae 鼠尾草属

原产及栽培地: 原产中美洲。中国北京、福建、黑龙江、湖北、江苏、江西、辽宁、上海、台湾、新疆、云南等地栽培。**习性:** 喜阳光充足及温暖湿润气候,适宜肥沃、疏松及排水良好的砂质壤土,不耐寒、耐热。**繁殖:** 播种。

特征要点 多年生草本,常作一、二年生花卉栽培。株高 30~60cm,全株被柔毛。茎丛生,多自基部分枝。叶对生,长椭圆形,长 3~5cm,灰绿色。顶生穗状花序,长达 12cm;轮伞花序每轮数花;花冠蓝堇色,长约 1.5cm。花期 7~9 月。

林地鼠尾草 *Salvia nemorosa* L. 唇形科 Lamiaceae/Labiatae 鼠尾草属

原产及栽培地: 原产欧亚大陆。中国北京、上海、台湾、云南等地栽培。**习性:** 喜阳光充足及温暖湿润气候,适宜肥沃、疏松及排水良好的砂质壤土,不耐寒、耐热。**繁殖:** 播种。

特征要点 多年生草本,常作一、二年生花卉栽培。株高 60~90cm,被柔毛。茎四棱。叶对生;叶片披针形,叶面具粗毛,背面具密绒毛。花序长可达 40cm,小花 6 枚轮生,花冠紫色或随品种而异。花期 6~9 月。

一串红 *Salvia splendens* Sellow ex Nees. 唇形科 Lamiaceae/Labiatae 鼠尾草属

原产及栽培地：原产南美洲。中国北京、福建、广东、广西、贵州、海南、黑龙江、湖北、吉林、江苏、江西、陕西、上海、四川、台湾、新疆、云南、浙江等地栽培。**习性**：喜阳光充足及温暖湿润气候，适宜肥沃、疏松及排水良好的砂质壤土，不耐寒、耐热。**繁殖**：播种、扦插。

特征要点 多年生草本或亚灌木，常作一年生花卉栽培。株高 30~90cm。茎四棱。叶片卵圆形或三角状卵圆形，对生，有柄，缘有齿。总状花序顶生；苞片卵圆形；花萼钟状，二唇；花冠筒长 4cm；萼片与花冠均为鲜红色。小坚果卵形，黑褐色。花期 8~10 月。

彩苞鼠尾草 *Salvia viridis* L. 唇形科 Lamiaceae/Labiatae 鼠尾草属

原产及栽培地：原产欧洲。中国北京、上海、台湾等地栽培。**习性**：喜阳光充足及温暖湿润气候，适宜肥沃、疏松及排水良好的砂质壤土，不耐寒、耐热。**繁殖**：播种。

特征要点 多年生草本，常作一年生花卉栽培。株高 60~90cm。叶对生，长椭圆形，灰绿色，有香味。总状花序顶生；苞片大，纸质，颜色丰富，有绿白色、白色、粉红色、浅蓝色和具深色条纹等；花小，包裹于苞片内。花期夏季。

矮雪轮（大蔓樱草）*Silene pendula* L. 石竹科 Caryophyllaceae 蝇子草属

原产及栽培地: 原产地中海地区。中国北京、福建、湖北、江苏、江西、台湾、云南、浙江等地栽培。**习性**: 喜温暖和光照充足; 不择土壤, 但以疏松肥沃、排水良好的土壤为佳。**繁殖**: 播种。

特征要点 多年生草本, 常作一、二年生花卉栽培。株高约 30cm (矮生类型高仅 10cm), 全体被短柔毛。茎丛生, 匍匐状。叶对生, 卵状披针形或椭圆状倒披针形; 蝎尾状聚伞花序伸展成疏总状, 小花径约 1~3cm, 粉红色, 萼筒膨大, 有胶黏质。花期春夏季。

万寿菊 *Tagetes erecta* L. 菊科 Asteraceae/Compositae 万寿菊属

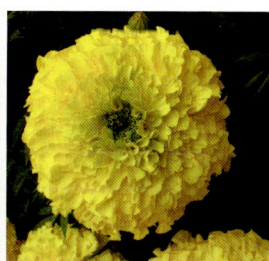

原产及栽培地: 原产墨西哥。中国各地栽培。**习性**: 喜温暖、向阳, 也耐凉爽和半阴, 对土壤要求不严; 适应性强, 偶能自播繁衍。**繁殖**: 播种。

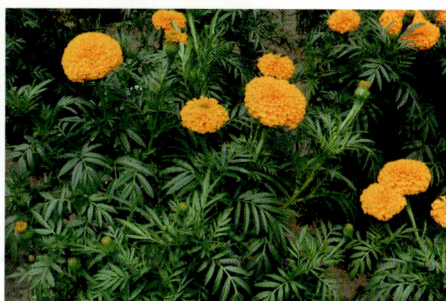

特征要点 一年生草本。株高 30~90cm。叶互生, 羽状全裂, 裂片带尖锯齿和油腺, 有特殊气味。头状花序顶生, 径 5~10cm; 舌状花重瓣或单瓣具长爪, 缘部略皱曲, 鲜黄色或橘红色。花期 6~10 月。

孔雀草 *Tagetes erecta* Patula Group 【*Tagetes patula* L.】
菊科 Asteraceae/Compositae 万寿菊属

原产及栽培地: 原产墨西哥。中国各地栽培。**习性**: 喜光; 对土壤要求不严; 耐移栽, 生长迅速, 栽培管理容易; 常自播繁衍。**繁殖**: 播种。

特征要点　一年生草本。株高 30~100cm。茎常近基部分枝。叶互生, 羽状分裂, 裂片线状披针形, 边缘有锯齿。头状花序单生, 具梗, 径 3.5~4cm, 舌状花金黄色或橙色, 带有红色斑, 管状花花冠黄色。瘦果线形。花期 7~9 月。

蓝猪耳 *Torenia fournieri* Linden ex E. Fourn.
母草科 / 玄参科 Linderniaceae/Scrophulariaceae 蝴蝶草属

原产及栽培地: 原产越南。中国北京、福建、广东、海南、江苏、上海、四川、台湾、云南、浙江等地栽培。**习性**: 喜温暖湿润气候及部分荫蔽条件, 土壤要求肥沃而湿润, 不耐寒。**繁殖**: 播种。

特征要点　一年生草本。株高 15~50cm。茎具 4 窄棱。叶对生, 长卵形或卵形, 缘具粗齿。总状花序顶生, 小花对生, 萼绿色或边缘与顶部略带紫红色, 花冠筒淡青紫色, 上唇淡蓝色, 张开如翅, 下唇深蓝色, 中间裂片基部黄色。蒴果长椭圆形。花果期 6~12 月。

旱金莲 *Tropaeolum majus* L. 旱金莲科 Tropaeolaceae 旱金莲属

原产及栽培地：原产美洲热带地区。中国各地栽培。**习性**：喜温暖湿润及向阳之地，性强健，易栽培。**繁殖**：播种、扦插。

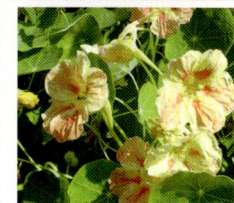

特征要点 一年生或多年生草本，常作一、二年生花卉栽培。茎蔓生，灰绿色，光滑无毛。叶互生，具长柄，近圆形，盾状，形似莲叶而小，具9条主脉，叶绿色，有波状钝角。花腋生，梗细长，花瓣5，有距，花色紫红色、橘红色、乳黄色等。花期2~3月或7~9月。

柳叶马鞭草 *Verbena bonariensis* L. 马鞭草科 Verbenaceae 马鞭草属

原产及栽培地：原产南美洲。中国北京、上海、杭州、昆明等地栽培。**习性**：喜温暖湿润及向阳之地，性强健，易栽培。**繁殖**：播种。

特征要点 多年生草本，常作一、二年生花卉栽培。株高100~150cm。茎单生，四棱形，全株有纤毛，上部分枝。叶对生，披针形，边缘略有缺刻。聚伞花序生于分枝顶端；小花密集，筒状，紫红色或淡紫色。花期5~9月。

美女樱 *Verbena × hybrida* Groenland & Rümpler 【*Glandularia hybrida* (Groenl. & Rümpler) G. L. Nesom & Pruski】

马鞭草科 Verbenaceae 马鞭草属 / 美女樱属

原产及栽培地: 原产巴西、秘鲁、乌拉圭等热带美洲。中国各地栽培。**习性:** 喜温暖湿润及向阳之地,不耐阴;要求肥沃且排水良好的砂质壤土,不耐寒、耐旱。**繁殖:** 播种、扦插、压条、分株。

特征要点 多年生草本,常作一、二年生花卉栽培。株高 15~30cm。茎四棱,被柔毛。叶对生,长卵圆形或披针状三角形,缘具齿。穗状花序顶生,有长梗,花径达 7~8cm;花冠漏斗状,5 裂,有白色、粉色、红色、蓝色、紫色等,中央有淡黄或白色小孔。蒴果。花期 6~9 月,果期 9~10 月。

细叶美女樱 *Verbena tenera* Spreng. 【*Glandularia tenera* (Spreng.) Cabrera】 马鞭草科 Verbenaceae 马鞭草属 / 美女樱属

原产及栽培地: 原产美洲热带。中国北京、福建、广东、黑龙江、台湾、浙江等地栽培。**习性:** 喜温暖湿润及向阳之地,不耐阴;要求肥沃且排水良好的砂质壤土,不耐寒、耐旱。**繁殖:** 播种、扦插、压条、分株。

特征要点 多年生草本,常作一、二年生花卉栽培。株高 20~40cm。茎柔弱,蔓生,常在节处生根。叶对生,条状羽裂,裂片纤细。穗状花序,花冠蓝紫色、红粉色或白色。花期 5~10 月。

124

角堇菜（角堇） *Viola cornuta* L. 堇菜科 Violaceae 堇菜属

原产及栽培地: 原产欧洲。中国北京、福建、江苏、台湾、云南、浙江等地栽培。**习性:** 较耐寒,喜阳光充足、凉爽气候和富含腐殖质的疏松肥沃土壤;略耐半阴,忌炎热和雨涝。**繁殖:** 播种。

特征要点　多年生草本,常作一年生花卉栽培。株高 10~30cm。茎较短而稍直立。花显著具细长距;花径 2~3cm,花色堇紫色,但也有复色及白色、黄色变种。其余特征同三色堇。

三色堇（蝴蝶花） *Viola tricolor* L. 堇菜科 Violaceae 堇菜属

原产及栽培地: 原产欧洲。中国北京、福建、甘肃、广东、广西、贵州、黑龙江、湖北、江苏、江西、陕西、上海、四川、台湾、新疆、云南、浙江等地栽培。**习性:** 较耐寒,喜阳光充足、凉爽气候和富含腐殖质的疏松肥沃土壤,略耐半阴,忌炎热和雨涝。**繁殖:** 播种。

特征要点　多年生草本,常作一年生花卉栽培。全株光滑,高约 10~20cm。叶互生,基生叶较茎生叶圆,有钝锯齿,托叶大。花大腋生,两侧对称,径 3~4cm,花瓣 5,一瓣有距,两瓣有附属体,每花有黄色、白色、蓝色 3 色或单色。花期冬春季。

125

大花三色堇 *Viola × wittrockiana* Gams 堇菜科 Violaceae 堇菜属

原产及栽培地：杂交起源。中国各地均有栽培。**习性**：较耐寒，喜阳光充足、凉爽气候和富含腐殖质的疏松肥沃土壤；略耐半阴，忌炎热和雨涝。**繁殖**：播种。

特征要点 多年生草本，常作一年生花卉栽培。株高约15cm。基生叶多，卵圆形，茎生叶长卵形，网状脉，叶缘有整齐的钝锯齿。花大，花径4~6cm；花色多为复色。

七星莲 *Viola diffusa* Ging. 堇菜科 Violaceae 堇菜属

原产及栽培地：原产亚洲。中国福建、广东、广西、贵州、江西、四川、台湾、云南、浙江等地栽培。**习性**：喜荫蔽环境；喜温暖湿润气候，不耐寒；喜富含腐殖质的深厚土壤。**繁殖**：分株、播种。

特征要点 一年生草本。株高10~30cm，全体被糙毛或白色柔毛。地上匍匐枝顶生莲座状叶丛。基生叶莲座状；叶片卵形或卵状长圆形，边缘具钝齿及缘毛。花较小，淡紫色或浅黄色，具长梗。花期3~5月，果期5~8月。

狭叶百日菊（小百日菊、小百日草） *Zinnia angustifolia* Kunth
菊科 Asteraceae/Compositae 百日菊属

原产及栽培地：原产美国。中国北京、福建、海南、湖北、四川、台湾、新疆、云南等地栽培。**习性**：性强健，喜温暖、向阳，耐干旱，忌酷暑；要求肥沃、排水良好的土壤。**繁殖**：播种。

特征要点 一年生草本。植株较矮小，株高 20~40cm。叶对生，线状披针形。头状花序径约 4cm，舌状花鲜橙色或为其他颜色。花期夏秋季。

百日菊（百日草） *Zinnia elegans* Jacq. 菊科 Asteraceae/Compositae 百日菊属

原产及栽培地：原产墨西哥。中国各地栽培。**习性**：性强健，喜温暖、向阳，耐干旱，忌酷暑，要求肥沃、排水良好的土壤。**繁殖**：播种。

特征要点 一年生草本。株高 30~90cm，全株具毛。叶对生，卵形或长椭圆形，基部抱茎。头状花序，径 5~12cm，舌状花有紫色、红色、粉色、黄色、白色及有斑点等。瘦果扁平。花期夏秋季。

多花百日菊 *Zinnia peruviana* (L.) L. 菊科 Asteraceae/Compositae 百日菊属

原产及栽培地：原产墨西哥。中国北京、福建、江苏、台湾、新疆、陕西、甘肃、湖北、四川、云南等地栽培或逸生。**习性**：性强健，喜温暖、向阳，耐干旱，忌酷暑；要求肥沃、排水良好的土壤。**繁殖**：播种。

特征要点　一年生草本。株高 30~60cm。茎二歧状分枝。叶对生，披针形或狭卵状披针形。头状花序小，径 2.5~3cm；花序梗膨大中空圆柱状，肥壮；总苞钟状；总苞片多层；舌状花黄色、紫红色或红色。花期 6~10 月，果期 7~11 月。

蔓首乌（卷茎蓼）　*Fallopia convolvulus* (L.) Á. Löve【*Polygonum convolvulus* L.】蓼科 Polygonaceae 藤蓼属 / 何首乌属 / 蓼属

原产及栽培地：原产亚洲。中国福建、广东、上海、云南等地栽培。**习性**：喜光；耐寒；喜排水良好的砂质土，耐瘠薄。**繁殖**：播种。

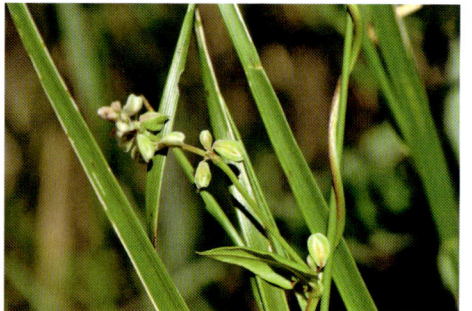

特征要点　一年生草本。茎缠绕，长 1~1.5m。叶互生，卵形或心形，长 2~6cm，全缘。花序总状，腋生或顶生，花稀疏，下部间断，有时成花簇，生于叶腋；花小，淡绿色。瘦果椭圆形，具 3 棱。花期 5~8 月，果期 6~9 月。

飞蓬 *Erigeron acris* L. 菊科 Asteraceae/Compositae 飞蓬属

原产及栽培地: 原产欧亚大陆。中国黑龙江等地栽培。**习性**: 喜冷凉湿润的草甸环境; 对土壤要求不严。**繁殖**: 播种。

特征要点 二年生草本。株高 5~60cm。茎单生, 有时紫色, 被硬毛。叶倒披针形, 全缘。头状花序多数, 排成圆锥花序; 总苞半球形, 总苞片线状披针形; 外层雌花舌状, 淡红紫色, 中央两性花管状, 黄色; 冠毛 2 层, 白色。花期 7~9 月。

（二）多年生观花地被植物

高山蓍（蓍草）*Achillea alpina* L. 菊科 Asteraceae/Compositae 蓍属

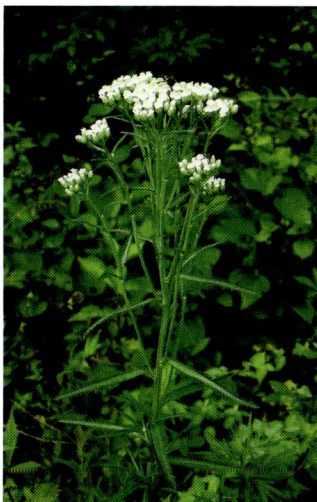

原产及栽培地: 原产东亚、西伯利亚及日本。中国北京、福建、江苏、江西、辽宁、上海、云南、浙江等地栽培。**习性**: 喜冷凉、湿润的亚高山气候; 要求富含腐殖质的疏松肥沃土壤; 忌炎热。**繁殖**: 播种。

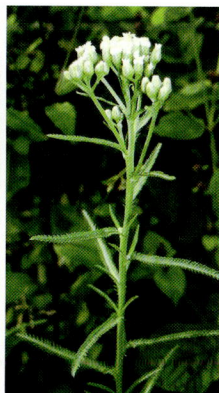

特征要点 多年生草本。株高 60~90cm。茎直立, 全株被柔毛。叶互生, 无柄, 条状披针形, 边缘锯齿状或浅裂。头状花序径约 1cm, 在茎顶呈伞房状着生; 舌状花 7~8 个, 白色或淡红色, 顶端有小齿; 筒状花白色或淡红色。花期 7~8 月。

凤尾蓍 *Achillea filipendulina* Lam. 菊科 Asteraceae/Compositae 蓍属

原产及栽培地: 原产中国、俄罗斯。中国北京、福建、江苏、辽宁、台湾、云南等地栽培。**习性:** 耐寒;喜土层深厚、排水良好及含腐殖质的砂质壤土,喜日光充足环境。**繁殖:** 播种、分株。

特征要点 多年生草本。株高可达 1.5m。茎秆挺直,被柔毛。羽状复叶互生,小叶羽状细裂,叶轴下延;茎生叶稍小。头状花序金黄色,芳香,密集成大复伞房状,通常径可达 12cm。花期 6~8 月。

蓍(千叶蓍) *Achillea millefolium* L. 菊科 Asteraceae/Compositae 蓍属

原产及栽培地: 原产欧、亚与北美洲。中国各地栽培。**习性:** 耐寒;喜土层深厚、排水良好及含腐殖质的砂质壤土,喜日光充足环境。**繁殖:** 播种、分株。

特征要点 多年生草本。株高 30~90cm。叶长而狭,无柄,二至三回羽状全裂,裂片线形,边缘锯齿状。头状花序,白色,密集成复伞房状。花期 6~7 月。

北乌头 *Aconitum kusnezoffii* Rchb. 毛茛科 Ranunculaceae 乌头属

原产及栽培地：原产亚洲北部。中国北京、黑龙江、辽宁等地栽培。**习性**：喜半阴环境；耐寒；喜深厚肥沃、排水良好的壤土。**繁殖**：分根、播种。

特征要点 多年生草本。株高 80~150cm。块根胡萝卜形，剧毒。叶具长柄，基生叶花时常枯萎，叶片一回裂片深裂，末回裂片近披针形。顶生总状花序多花，常形成圆锥花序；花冠盔形或高盔形，紫蓝色。花期 7~9 月。

金球亚菊（金球菊）*Ajania pacifica* (Nakai) K. Bremer & Humphries
菊科 Asteraceae/Compositae 亚菊属

原产及栽培地：原产亚洲中部和东部。中国福建、广东、湖北、浙江等地栽培。**习性**：喜温暖和阳光充足环境，耐寒，稍耐阴；适宜肥沃、疏松和排水良好的砂质壤土。**繁殖**：扦插、播种。

特征要点 多年生草本。株高 30~60cm。叶互生，长圆形，边缘具波状粗大牙齿或浅裂，背面及边缘灰白色。头状花序密集排列于枝顶，呈半球形；花冠金黄色。花期秋冬季。

多花筋骨草 *Ajuga multiflora* Bunge 唇形科 Lamiaceae/Labiatae 筋骨草属

原产及栽培地: 原产亚洲北部。中国湖北、辽宁等地栽培。**习性:** 喜冷凉湿润气候及排水良好的砂质土壤。**繁殖:** 分株。

特征要点　多年生草本。株高 6~20cm。茎纤细,四棱形,密被灰白色绵毛状长柔毛。叶对生,叶片椭圆状长圆形或椭圆状卵圆形,基部抱茎,边缘具波状齿。轮伞花序密集呈穗状聚伞花序;苞叶大;花冠蓝紫色或蓝色,筒状,冠檐二唇形。花期 4~5 月,果期 5~6 月。

长叶点地梅 *Androsace longifolia* K. Koch 报春花科 Primulaceae 点地梅属

原产及栽培地: 原产中国北部、蒙古。国内尚无栽培。**习性:** 生长于阳光充足、干燥的山坡或草原。**繁殖:** 播种。

特征要点　多年生草本。当年生莲座状叶丛叠生于老叶丛上;叶线形或线状披针形,长 1~5cm,宽 1~2mm。花莛极短或长达 1cm,藏于叶丛中;伞形花序 4~7 花;花冠白色或带粉红色。蒴果近球形。花期 5 月。

早花百子莲（百子莲）*Agapanthus praecox* Willd.

石蒜科 / 百合科 Amaryllidaceae/Liliaceae 百子莲属

原产及栽培地：原产南非。中国北京、福建、广东、江苏、上海、四川、台湾、云南、浙江等地栽培。**习性：**喜温暖、湿润、阳光充足，具有一定的抗寒力。**繁殖：**分株。

特征要点 多年生常绿草本。叶二列基生，线状披针形，深绿色，光滑。花葶高 60~90cm；顶生伞形花序，有花 10~50 朵，外被两大苞片，花后即落；花漏斗形，长 2.5~5cm，开时鲜蓝色，后逐渐转紫红色。花期夏季。

薤头 *Allium chinense* Maxim. 石蒜科 / 百合科 Amaryllidaceae/Liliaceae 葱属

原产及栽培地：原产亚洲东部地区。中国南方各地栽培。**习性：**喜光，亦耐阴；喜温暖湿润气候，不耐寒；喜肥沃湿润土壤。**繁殖：**分株。

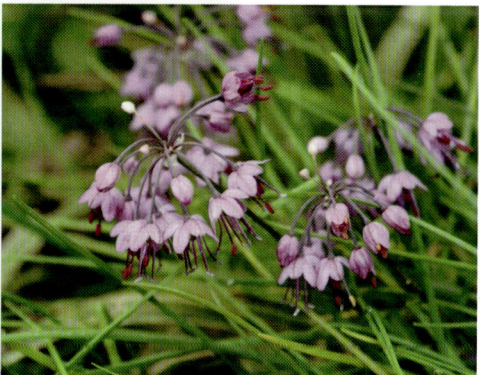

特征要点 多年生草本。鳞茎数枚聚生，狭卵状，白色。叶 2~5 枚基生，具 3~5 棱的圆柱状，中空。花葶侧生，圆柱状，高 20~40cm；伞形花序近半球状，较松散；花淡紫色或暗紫色。花果期 10~11 月。

大花葱 *Allium giganteum* Regel 石蒜科 / 百合科 Amaryllidaceae/Liliaceae 葱属

原产及栽培地：原产土库曼斯坦。中国北京、河北、辽宁、山东、江苏、上海、浙江、台湾、云南等地栽培。**习性：**喜光；耐寒；喜肥沃深厚而排水良好的砂质土壤。**繁殖：**分株。

特征要点 多年生草本。鳞茎单生，具白色膜质皮。基生叶宽带形，长约60cm，宽约5cm。花葶高可达120cm；伞形花序球状，大型，直径10~15cm，鲜淡紫色；小花多达千朵以上，雄蕊伸出。种子黑色。花期5~6月，果期7月上旬。

宽叶韭 *Allium hookeri* Thwaites 石蒜科 / 百合科 Amaryllidaceae/Liliaceae 葱属

原产及栽培地：原产喜马拉雅地区。中国西南地区长期广泛栽培。**习性：**喜光；耐寒；喜肥沃深厚而排水良好的砂质土壤。**繁殖：**分株。

特征要点 多年生草本。鳞茎圆柱形；根肉质，粗壮。叶线状披针形，长30~60cm，宽5~10cm，扁平。花葶略呈三棱形，绿色；伞形花序近球形，花多而密集；花白色，花被片披针形或线形。花果期8~9月。

山韭 *Allium senescens* Thunb. 石蒜科 / 百合科 Amaryllidaceae/Liliaceae 葱属

原产及栽培地: 原产欧亚大陆。中国北京、福建、甘肃、辽宁、四川、新疆、云南等地栽培。**习性**: 喜光; 耐寒; 喜肥沃深厚而排水良好的砂质土壤。**繁殖**: 分株。

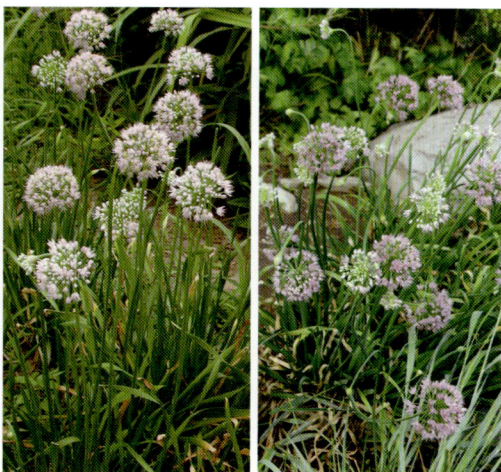

特征要点 多年生草本。横生根状茎粗壮; 鳞茎圆柱状。叶狭条形至宽条形, 肥厚, 扁平, 宽 2~10mm。花莛圆柱状, 常具 2 纵棱。伞形花序半球状至近球状; 花紫红色或淡紫色, 花被片卵形。花果期 7~9 月。

山姜 *Alpinia japonica* (Thunb.) Miq. 姜科 Zingiberaceae 山姜属

原产及栽培地: 原产中国、日本、朝鲜。中国福建、广东、广西、湖北、江西、上海、四川、云南、浙江等地栽培。**习性**: 喜温暖湿润气候; 喜荫蔽或半阴环境, 富含腐殖质的湿润土壤。**繁殖**: 分株、播种。

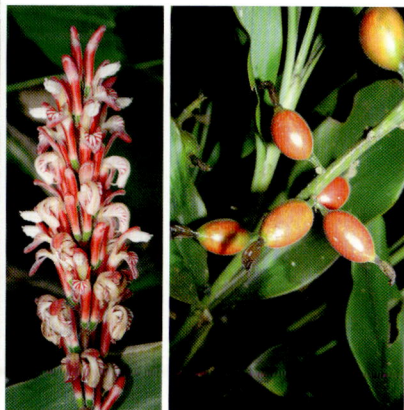

特征要点 多年生草本。株高 35~70cm。根茎横生。叶片披针形, 长 25~40cm, 宽 4~7cm, 叶背被短柔毛。总状花序顶生, 长 15~30cm; 花常 2 朵聚生; 花冠白色而具红色脉纹。果球形或椭圆形, 熟时橙红色。花期 4~8 月, 果期 7~12 月。

艳山姜 *Alpinia zerumbet* (Pers.) B. L. Burtt & R. M. Sm.
姜科 Zingiberaceae 山姜属

原产及栽培地: 原产亚洲。中国南方地区露天栽培。**习性**: 喜温暖、潮湿、深厚肥沃的土壤和半阴或光线充足的环境。**繁殖**: 分株、播种。

特征要点 多年生草本。株高可达 2~3m, 具根状茎。叶片披针形, 长 30~60cm, 宽 5~10cm, 边缘具短柔毛。总状圆锥花序下垂, 长达 30cm; 苞片白色; 花冠管乳白色, 顶端粉红色; 唇瓣黄色有紫红色条纹。蒴果球形, 成熟时橙红色。花期夏季。

罗布麻 *Apocynum venetum* L. 夹竹桃科 Apocynaceae 罗布麻属

原产及栽培地: 原产亚洲北部和西部地区。中国安徽、北京、福建、甘肃、黑龙江、湖北、江苏、辽宁、陕西、新疆、浙江等地栽培。**习性**: 喜光; 耐寒; 喜富含盐碱的潮湿地或砂质壤土, 常生长于河岸或湖边沙地。**繁殖**: 播种、分株。

特征要点 直立亚灌木。株高 1.5~3m, 具乳汁。枝圆筒形, 光滑, 紫红色。叶对生, 披针形, 具齿。圆锥状聚伞花序顶生; 花冠筒钟形, 紫红色或粉红色, 直径 2~3mm。蓇葖果 2 枚, 下垂, 长 8~20cm。花期 4~9 月, 果期 7~12 月。

变色楼斗菜 *Aquilegia coerulea* E. James 毛茛科 Ranunculaceae 楼斗菜属

原产及栽培地： 原产欧洲。中国北京、福建、广东、广西、贵州、海南、湖北、吉林、江苏、江西、辽宁、陕西、上海、四川、台湾、云南、浙江等地栽培。**习性：** 喜半阴环境；耐寒；喜深厚肥沃的森林壤土。**繁殖：** 播种。

特征要点 多年生草本。株高 20~80cm。叶基生，三出复叶。花顶生，不下垂；萼片蓝色至淡紫色，长椭圆状卵形；花瓣白色至淡黄色；距细长直伸，长 2~3cm。蓇葖果。花期 5~7 月，果期 7~8 月。

紫花楼斗菜 *Aquilegia viridiflora* var. *atropurpurea* (Willd.) Finet & Gagnep.
毛茛科 Ranunculaceae 楼斗菜属

原产及栽培地： 原产中国北部。北京、广东、湖北、江苏、陕西、上海、云南、浙江等地栽培。**习性：** 喜半阴环境；耐寒；喜深厚肥沃的森林壤土。**繁殖：** 播种。

特征要点 多年生草本。株高 15~50cm。根肥大，圆柱形。叶基生，一至二回三出复叶，小叶楔状倒卵形，上部三裂。花 3~7 朵顶生，倾斜或微下垂；萼片暗紫色或紫色，长椭圆状卵形；距直或微弯，长 1.2~1.8cm。蓇葖果。花期 5~7 月，果期 7~8 月。

欧耧斗菜（耧斗菜） *Aquilegia vulgaris* L. 毛茛科 Ranunculaceae 耧斗菜属

原产及栽培地：原产欧洲、西伯利亚。中国北京、福建、江苏、辽宁、上海、四川、台湾、云南等地栽培。**习性：**喜富含腐殖质、湿润而又排水良好的土壤；适宜较高的空气湿度与充足阳光。**繁殖：**播种。

特征要点　多年生草本。株高 40~80cm，具细柔毛。叶基生及茎生，三出复叶，灰绿色，叶顶端裂片阔楔形。花下垂（重瓣者近直立），蓝色、紫色或白色，径约 5cm；萼片 5，花瓣状，花瓣 5，卵形。花期 5~7 月。

华北耧斗菜 *Aquilegia yabeana* Kitag. 毛茛科 Ranunculaceae 耧斗菜属

原产及栽培地：原产中国、蒙古。中国北京、湖北、辽宁、新疆等地栽培。**习性：**半阴处生长及开花最好；性强健，耐寒；喜富含腐殖质、湿润而排水良好的砂质壤土。**繁殖：**分株、播种。

特征要点　多年生草本。株高 60cm。根粗壮。基生叶有长柄，一至二回三出复叶；茎生叶小。花序有少数花，密被短腺毛；花下垂，美丽；萼片紫色，狭卵形；花瓣紫色；距长 1.7~2cm，末端钩状内曲。蓇葖长 1.5~2cm，种子黑色。花期 5~6 月。

匍匐南芥 *Arabis flagellosa* Miq. 十字花科 Brassicaceae/Cruciferae 南芥属

原产及栽培地: 原产中国、日本。中国上海、浙江等地栽培。**习性:** 耐阴;喜温暖湿润气候。**繁殖:** 播种、分株。

特征要点 多年生草本。株高 10~35cm,被毛。茎自基部分枝,有鞭状匍匐茎。叶长椭圆形,具齿。花序顶生;萼片长椭圆形,上部边缘白色;花瓣白色,长椭圆形,基部呈长爪状。长角果线形,长 2~4cm。花期 3 月,果期 4 月。

木茼蒿(蓬蒿菊) *Argyranthemum frutescens* (L.) Sch. Bip.
菊科 Asteraceae/Compositae 木茼蒿属

原产及栽培地: 原产南欧西班牙。中国北京、福建、广东、贵州、江苏、台湾、云南、浙江等地栽培。**习性:** 喜温暖湿润,不耐寒;忌高温多湿。喜富含腐殖质的疏松肥沃和排水良好的湿润壤土。**繁殖:** 扦插。

特征要点 多年生亚灌木,株高可达 1m。叶一至二回羽状深裂。总花梗细长;头状花序径约 5cm,多数在枝顶排列成疏散伞房状;内层总苞片边缘透明,亮灰色;舌状花白色或淡黄色,1~3 轮,狭长形,管状花黄色。花期可近周年,但春季最盛。

紫菀 *Aster tataricus* L. f. 菊科 Asteraceae/Compositae 紫菀属

原产及栽培地：原产中国、日本及西伯利亚。中国北京、福建、广东、广西、贵州、江苏、江西、辽宁、陕西、四川、台湾、浙江等地栽培。**习性**：喜半阴环境；耐寒；喜深厚肥沃的森林壤土。**繁殖**：分株、播种。

特征要点 多年生草本。株高 0.4~2m。茎直立，上部有分歧。叶披针形或长椭圆状披针形，基部叶大，上部叶狭，粗糙，边缘有疏锯齿。头状花序径 2.5~4.5cm，排成复伞房状；总苞半球形；舌状花 20 枚左右，淡紫色；管状花黄色。花期 7~9 月。

落新妇 *Astilbe chinensis* (Maxim.) Franch. & Sav.
虎耳草科 Saxifragaceae 落新妇属

原产及栽培地：原产亚洲北部温带。中国安徽、北京、福建、甘肃、贵州、河北、河南、黑龙江、湖北、江西、辽宁、山东、山西、陕西、上海、四川、云南、浙江等地栽培。**习性**：耐半阴，喜腐殖质多的酸性和中性土壤，也耐轻碱地。**繁殖**：播种、分株。

特征要点 多年生草本。株高 50~100cm。地下有粗壮根状茎。基生叶为二至三回羽状复叶，小叶卵形或长卵形，先端尖，缘有重锯齿。圆锥花序长达 30cm，密生褐色弯曲柔毛，花小，密集，粉红色，后变白色。蒴果 2 室。花期初夏。

阿伦兹落新妇 *Astilbe × arendsii* Buch. -Ham. ex D. Don
虎耳草科 Saxifragaceae 落新妇属

原产及栽培地: 原产欧洲。中国北京、福建、江苏、江西、上海、四川、台湾、云南、浙江等地栽培。**习性**: 喜半阴环境; 耐寒; 喜富含腐殖质的潮湿壤土, 常生长于湿地或水边。**繁殖**: 分株。

特征要点 多年生草本。株高 40~60cm。株型紧凑。花色丰富, 从白色至紫红色均有。其他特征接近落新妇。

斜茎黄芪 *Astragalus laxmannii* Jacq. 【*Astragalus adsurgens* Pall.】
豆科 / 蝶形花科 Fabaceae/Leguminosae/Papilionaceae 黄芪属

原产及栽培地: 原产亚洲北部, 中国北部也有分布。中国北京、福建、甘肃、河北、黑龙江、辽宁、内蒙古、山东、山西、陕西、四川、新疆等地栽培。**习性**: 喜光; 耐寒; 耐旱, 耐瘠薄, 喜排水良好的沙土。**繁殖**: 播种。

特征要点 多年生草本。株高 20~100cm。根粗壮。茎丛生, 直立或斜上。羽状复叶有 9~25 片小叶, 疏被伏贴毛。总状花序, 具多数花, 排列密集; 花冠蝶形, 近蓝色或红紫色。荚果长圆形, 具短喙。花期 6~8 月, 果期 8~10 月。

白接骨 *Mackaya neesiana* (Wall.) Das 【*Asystasia neesiana* (Wall.) Nees】

爵床科 Acanthaceae 号角花属 / 十万错属

原产及栽培地: 原产亚洲南部。中国广东、湖北、江西、上海、四川、云南、浙江等地栽培。**习性**: 喜荫蔽环境；喜温暖湿润的气候及肥沃的壤土。**繁殖**: 播种。

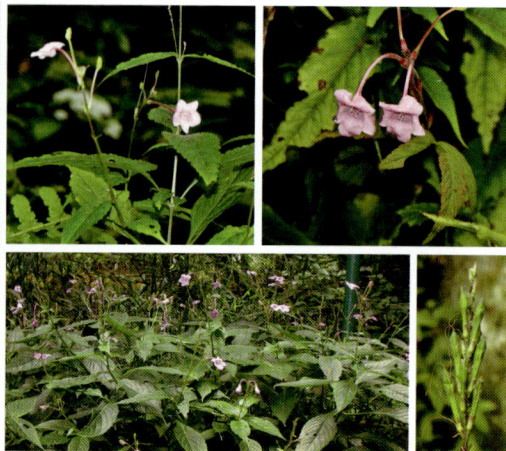

特征要点 多年生草本。株高达 1m。根状茎竹节形。茎略呈四棱形。叶对生，卵形至椭圆状矩圆形，边缘微波状至具浅齿。总状花序顶生；苞片微小；花萼裂片 5；花冠淡紫红色，漏斗状，长 3.5~4cm。蒴果，下部实心细长似柄。花期 6~8 月。

绵枣儿（天蒜）*Barnardia japonica* (Thunb.) Schult. & Schult. f.

天门冬科 / 百合科 Asparagaceae / Liliaceae 绵枣儿属

原产及栽培地: 原产亚洲东北部。中国北京、广东、黑龙江、湖北、江苏、江西、辽宁、上海、浙江等地栽培。**习性**: 喜光；耐寒；耐旱，不耐涝，喜疏松肥沃、排水良好的砂质壤土。**繁殖**: 分株。

特征要点 多年生草本。株高 20~40cm。鳞茎单生或少数簇生，外皮黑褐色。基生叶通常 2~5 枚，狭带状，柔软。花葶通常比叶长；总状花序长 2~20cm；花小，紫红色、粉红色或白色，直径 4~5mm。果近倒卵形；种子 1~3 颗，黑色。花果期 7~11 月。

射干 *Iris domestica* (L.) Goldblatt & Mabb. 【*Belamcanda chinensis* (L.) Léman】 鸢尾科 Iridaceae 鸢尾属 / 射干属

原产及栽培地: 原产亚洲。中国北京、福建、甘肃、广东、广西、贵州、海南、黑龙江、湖北、江苏、江西、辽宁、陕西、上海、四川、台湾、新疆、云南、浙江等地栽培。**习性:** 喜光; 适应性强, 喜稍湿润、排水良好并适度肥沃的砂质壤土; 亦较耐旱。**繁殖:** 分株、播种。

特征要点 多年生草本。株高 40~100cm。根状茎短而硬。叶扁平宽剑形, 二列, 嵌叠状排列成一平面。二歧伞房花序顶生; 花冠橘黄色, 有暗红色斑点, 径 5~8cm, 花被片 6, 长 2~3cm, 不明显 2 轮排列。花期夏季。

白及(白芨) *Bletilla striata* (Thunb.) Rchb. f. 兰科 Orchidaceae 白及属

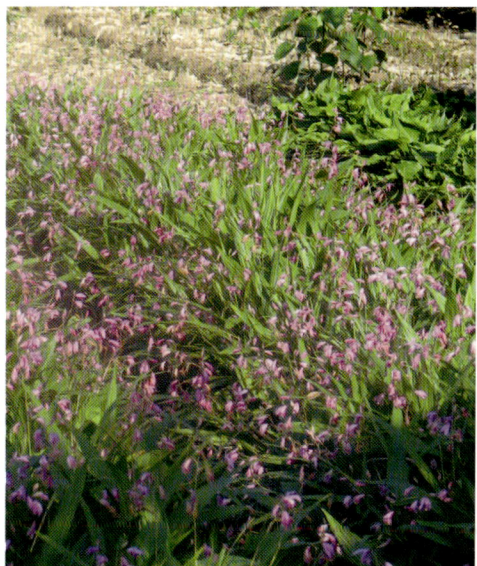

原产及栽培地: 原产亚洲, 中国秦岭以南分布。中国北京、福建、广东、广西、贵州、湖北、江苏、江西、陕西、上海、四川、台湾、云南、浙江等地栽培。**习性:** 喜半阴环境; 半耐寒, 北方盆栽; 喜疏松肥沃的壤土。**繁殖:** 分株。

特征要点 多年生草本。株高 15~60cm。假鳞茎不规则块状, 白色。叶 5~6 片互生, 狭长圆形或披针形, 长 8~20cm, 宽 1.5~4cm。花葶自叶丛中央抽生, 总状花序顶生, 花 3~8 朵, 淡紫色、淡红色或白色, 花被片长 2.5~3cm。花期 4~6 月。

143

聚花风铃草（北疆风铃草）*Campanula glomerata* L.
桔梗科 Campanulaceae 风铃草属

原产及栽培地：原产欧亚大陆。中国北京、黑龙江、辽宁、台湾等地栽培。**习性**：喜冷凉、干燥的气候和疏松肥沃、排水良好的砂质壤土；忌高温、水涝。**繁殖**：播种。

特征要点　多年生草本。株高约60cm。叶具柄，长卵形至心状卵形。花数朵集成头状花序，生于茎中上部叶腋间，无总梗；花萼裂片钻形；花冠紫色、蓝紫色或蓝色，管状钟形，长1.5~2.5cm，分裂至中部。蒴果倒卵状圆锥形。花期7~9月。

矮美人蕉 *Canna × hybrida* 'Nana'【*Canna × generalis* 'Nana'】
美人蕉科 Cannaceae 美人蕉属

原产及栽培地：栽培起源，中国各地栽培。**习性**：喜光；不耐寒，华北冬季挖根越冬；喜土壤肥沃，耐湿。**繁殖**：分株。

特征要点　多年生草本。株高30~60cm。叶绿色。其他特征同金脉美人蕉。

144

金脉美人蕉 *Canna × hybrida* 'Striata'【*Canna × generalis* 'Striata'】
美人蕉科 Cannaceae 美人蕉属

原产及栽培地：人工选育，中国各地栽培。**习性**：喜光；不耐寒，华北冬季挖根越冬；喜土壤肥沃，耐湿。**繁殖**：分株。

特征要点　多年生草本。株高随品种而异。茎、叶和花序均被白粉。叶片大型，椭圆形，叶脉金黄色。总状花序顶生；花大，花冠裂片长 4.5~6.5cm；外轮退化雄蕊 3，倒卵状匙形，宽 2~5cm，颜色有红色、橘红色、淡黄色、白色等。花期夏秋季。

美人蕉 *Canna indica* L. 美人蕉科 Cannaceae 美人蕉属

原产及栽培地：原产美洲。中国南方各地常见栽培。**习性**：喜光，不耐寒，华北冬季挖根越冬；喜土壤肥沃，耐湿。**繁殖**：分株。

特征要点　多年生草本。株高可达 3m。茎紫色。叶大，卵状长圆形，背面被紫晕。总状花序疏花；苞片卵形，绿色；花小，单生，鲜红色；萼片 3，披针形；花冠管长不及 1cm，花冠裂片披针形；瓣化雄蕊 3 枚，鲜红色。花期夏秋季。

蓝雪花 *Ceratostigma plumbaginoides* Bunge 白花丹科 Plumbaginaceae 蓝雪花属

原产及栽培地：原产中国。北京、福建、四川等地栽培。**习性**：喜光；耐寒，喜冷凉干燥气候；喜排水良好的砂质土壤。**繁殖**：扦插、分株。

特征要点 多年生草本。株高20~60cm。叶互生，具柄，宽卵形或倒卵形，全缘。花序顶生；苞片长卵形；萼沿脉有稀少长硬毛；花冠筒部紫红色，裂片蓝色，倒三角形。蒴果椭圆状卵形。花期7~9月，果期8~10月。

白屈菜 *Chelidonium majus* L. 罂粟科 Papaveraceae 白屈菜属

原产及栽培地：原产亚洲。中国北京、广东、湖北、江苏、陕西、上海、云南、浙江等地栽培。**习性**：喜光；耐寒；对土壤要求不严；忌热，夏季倒伏休眠。**繁殖**：播种、分株。

特征要点 多年生草本。株高30~60cm，具黄色乳汁，被白色柔毛。叶片羽状全裂，裂片边缘圆齿状。伞形花序多花；花梗纤细；萼片卵圆形，早落；花瓣倒卵形，长约1cm，全缘，黄色；花丝丝状；子房线形。蒴果狭圆柱形。花果期4~9月。

野菊 *Chrysanthemum indicum* Thunb. 菊科 Asteraceae/Compositae 菊属

原产及栽培地: 原产亚洲。中国安徽、北京、福建、广东、广西、贵州、河南、湖北、江苏、江西、辽宁、陕西、上海、四川、台湾、云南、浙江等地栽培。**习性**: 适应性强，抗旱、耐寒，耐瘠薄，对土壤要求不严，但不耐涝。**繁殖**: 分株、扦插。

特征要点 多年生草本。株高 0.25~1m。具匍匐茎。中部茎叶卵形、长卵形或椭圆状卵形，羽状半裂、浅裂或分裂不明显而边缘有浅锯齿，两面同色或几乎同色。头状花序小，多数在茎顶排成伞房花序；舌状花黄色。花期 6~11 月。

甘菊 *Chrysanthemum lavandulifolium* (Fisch. ex Trautv.) Makino
菊科 Asteraceae/Compositae 菊属

原产及栽培地: 原广东亚及蒙古地区。中国北京、湖北、辽宁、浙江等地栽培。**习性**: 适应性强，抗旱、耐寒，耐瘠薄，对土壤要求不严，但不耐涝。**繁殖**: 分株、扦插。

特征要点 多年生草本。株高 0.3~1.5m。具匍匐茎。中部茎叶卵形、宽卵形或椭圆状卵形，二回羽状分裂，一回全裂或几乎全裂，二回为半裂或浅裂，两面同色或几乎同色。头状花序小，排成复伞房花序；舌状花黄色。花果期 5~11 月。

菊花 *Chrysanthemum morifolium* Ramat. 菊科 Asteraceae/Compositae 菊属

原产及栽培地: 原产中国。中国各地均有栽培。**习性**: 较耐寒，喜通风向阳、凉爽高燥的环境，要求富含腐殖质的砂壤土；最忌连作与积涝。**繁殖**: 播种、扦插、分株、嫁接。

特征要点　多年生草本。株高因品种与栽培技巧而异，可 20~200cm 不等。嫩茎常带紫褐色。单叶互生，叶卵形或长圆形，叶缘有缺刻与锯齿。头状花序顶生，径 2~30cm；花型、花色富于变化。瘦果扁平楔形。花期 10~12 月。

铃兰 *Convallaria majalis* L. 天门冬科 / 百合科 Asparagaceae/Liliaceae 铃兰属

原产及栽培地: 原产欧亚大陆及北美。中国北京、福建、黑龙江、江苏、江西、辽宁、上海、台湾、浙江等地栽培。**习性**: 性健壮，耐严寒，喜湿润及半阴凉爽气候，忌炎热干燥。**繁殖**: 分株。

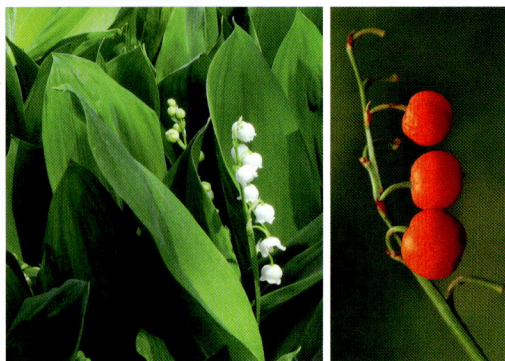

特征要点　多年生草本。株高 15~20cm。具长匍匐根状茎。叶通常 2 枚，正面粉绿色，具长柄，鞘状相抱。花葶侧生，稍向外弯；总状花序偏向一侧，着花 10 余朵；花小，径约 8mm，钟状，下垂，芳香。浆果，熟时红色。花期春季。

大花金鸡菊 *Coreopsis grandiflora* Hogg ex Sweet
菊科 Asteraceae/Compositae 金鸡菊属

原产及栽培地：原产北美。中国北京、福建、江苏、江西、上海、四川、台湾、云南、浙江等地栽培。**习性**：耐寒、耐瘠薄土壤，喜光，适应性强，有自播繁衍力，生长势健壮。**繁殖**：播种、分株。

特征要点　多年生草本。株高30~80cm。基生叶匙形或披针形，茎生叶3~5裂。头状花序具长梗，径6~7cm，花金黄色，舌状花通常8枚，顶端3裂。瘦果具膜质翅。花期夏秋季。

剑叶金鸡菊 *Coreopsis lanceolata* L. 菊科 Asteraceae/Compositae 金鸡菊属

原产及栽培地：原产北美。中国广东、广西、贵州、湖北、江西、上海、四川、浙江等地栽培。**习性**：耐寒、耐瘠薄土壤，喜光，适应性强，有自播繁衍力，生长势健壮。**繁殖**：播种、分株。

特征要点　多年生草本。株高30~70cm。有纺锤状根。叶在茎基部成对簇生，有长柄，匙形或线状倒披针形，茎上部叶少数，全缘或三深裂。头状花序在茎端单生，径4~5cm；总苞片内外层近等长，披针形；舌状花黄色。花期5~9月。

重瓣剑叶金鸡菊 *Coreopsis lanceolata* 'Baby Gold'

菊科 Asteraceae/Compositae 金鸡菊属

原产及栽培地：栽培起源，中国各地栽培。**习性**：耐寒、耐瘠薄土壤，喜光，适应性强，有自播繁衍力，生长势健壮。**繁殖**：分株。

特征要点　舌状花重瓣。其余特征同剑叶金鸡菊。

轮叶金鸡菊 *Coreopsis verticillata* L.　菊科 Asteraceae/Compositae 金鸡菊属

原产及栽培地：原产北美。中国北京、江西、上海等地栽培。**习性**：耐寒、耐瘠薄土壤，喜光。**繁殖**：播种。

特征要点　多年生草本。株高 40~90cm。有块状根茎。茎光滑多分枝。叶线形，细长或呈三回羽状深裂，裂片较多，线形，全缘。头状花序顶生，径 3~4cm；总苞片绿色，条形；舌状花黄色。花期 6~9 月。

夏天无 *Corydalis decumbens* (Thunb.) Pers.

罂粟科 / 紫堇科 Papaveraceae/Fumariaceae 紫堇属

原产及栽培地: 原产中国、日本、朝鲜。中国北京、福建、江西、浙江等地栽培。**习性**: 喜光; 喜冷凉干燥气候; 喜疏松肥沃的砂质壤土; 耐旱不耐涝, 怕热, 夏季休眠。**繁殖**: 播种。

特征要点 多年生草本。株高 10~25cm。块茎小, 圆形或多少伸长。茎柔弱, 细长, 不分枝。叶二回三出, 小叶片全缘或深裂。总状花序疏具 3~10 花; 苞片全缘; 花近白色至淡粉红色或淡蓝色。蒴果线形。花果期春季。

刻叶紫堇 *Corydalis incisa* (Thunb.) Pers.

罂粟科 / 紫堇科 Papaveraceae/Fumariaceae 紫堇属

原产及栽培地: 原产东亚。中国江西、浙江等地栽培。**习性**: 喜光; 喜温暖湿润气候; 喜疏松肥沃的砂质壤土。**繁殖**: 播种。

特征要点 多年生草本。株高 15~60cm, 灰绿色。根茎短而肥厚, 椭圆形。叶二回三出, 裂片具缺刻状齿。总状花序长 3~12cm, 多花; 苞片约与花梗等长, 具缺刻状齿; 花紫红色或紫色, 外花瓣具陡峭鸡冠状突起。蒴果线形或长圆形。花期春季。

地锦苗 *Corydalis sheareri* S. Moore
罂粟科 / 紫堇科 Papaveraceae/Fumariaceae 紫堇属

原产及栽培地：原产中国、越南。中国广西、四川、浙江等地栽培。**习性**：喜光；喜温暖湿润气候；喜疏松肥沃的砂质壤土。**繁殖**：播种。

特征要点　多年生草本。株高20~60cm。主根明显。叶具柄，二回羽状全裂，裂片卵形，具圆齿状深齿。总状花序长4~10cm，有10~20花，排列稀疏；苞片浅裂；萼片鳞片状；花瓣紫红色，背部具短鸡冠状突起。蒴果狭圆柱形。花果期3~6月。

珠果黄堇 *Corydalis speciosa* Maxim.
罂粟科 / 紫堇科 Papaveraceae/Fumariaceae 紫堇属

原产及栽培地：原产亚洲北部。中国辽宁等地栽培。**习性**：喜光；喜冷凉干燥气候；喜疏松肥沃的砂质壤土；耐旱不耐涝，怕热，夏季休眠。**繁殖**：播种。

特征要点　多年生草本。株高40~60cm，灰绿色。具主根。叶片二回羽状全裂，羽片卵状椭圆形，羽状深裂，裂片线形或披针形，具短尖。总状花序密具多花；苞片披针形；花金黄色，无鸡冠状突起。蒴果线形，俯垂，念珠状。花果期春夏季。

雄黄兰 *Crocosmia* × *crocosmiiflora* (Lemoine) N. E. Br.
鸢尾科 Iridaceae 雄黄兰属

原产及栽培地: 杂交起源。中国各地均有栽培。**习性:** 喜温暖湿润气候; 对土壤要求不严。**繁殖:** 分株。

特征要点 多年生草本。株高90~120cm。具球茎。叶多基生, 宽线形或剑形。花茎分枝多而纤细, 呈"之"字形, 常高出叶上, 花朵橙绯红色, 径约5cm, 花被筒弯曲, 短于开展的花被片, 有时花被片色稍深或下面中央有红线条。花期夏秋季。

番红花 *Crocus sativus* L. 鸢尾科 Iridaceae 番红花属

原产及栽培地: 原产小亚细亚。中国北京、福建、广东、广西、贵州、湖北、江苏、江西、陕西、上海、四川、台湾、浙江等地栽培。**习性:** 喜凉爽湿润气候, 阳光充足, 较耐寒; 忌酷热、积涝与连作; 喜砂质土。**繁殖:** 分植小球茎。

特征要点 多年生草本。株高仅15cm。地下球茎扁圆形, 膜质鳞片褐色。叶片9~15枚, 基生, 窄条形, 边缘反卷, 具纤毛。花1~3朵顶生, 花被长3.5~5cm, 开展, 花被管细长, 花色有雪青色、红紫色或白色; 花柱细长, 3深裂, 伸出花被外, 血红色。花期4~5月。

大丽花 *Dahlia pinnata* Cav. 菊科 Asteraceae/Compositae 大丽花属

原产及栽培地: 原产墨西哥。中国安徽、北京、福建、广东、广西、海南、黑龙江、湖北、吉林、江苏、江西、辽宁、陕西、上海、四川、台湾、新疆、云南、浙江等地栽培。**习性**: 喜温暖、阳光充足、干燥凉爽环境, 不耐寒; 忌高温高湿; 喜肥沃的砂质土。**繁殖**: 播种、扦插、分切块根。

特征要点 多年生草本。株高可达 1.5m。肉质块根纺锤状。叶对生, 一至三回羽状裂, 缘具粗齿。头状花序具长梗, 花径可达 25cm, 舌状花有白色、黄色、粉色、橙红色、紫色等多种颜色, 顶端有不明显 3 齿或全缘, 管状花黄色或全为舌状花。花型花色丰富多彩。花期夏秋季。

西洋石竹 *Dianthus deltoides* L. 石竹科 Caryophyllaceae 石竹属

原产及栽培地: 原产欧洲。中国北京、福建、江苏、江西、台湾、新疆、浙江等地栽培。**习性**: 喜光; 喜冷凉干燥气候; 喜疏松肥沃的砂质壤土; 耐旱不耐涝。**繁殖**: 播种。

特征要点 多年生草本。植株矮小, 茎匍匐地面。叶小而短, 色暗。花小, 单生, 有粉色、白色、淡紫色等, 直径约 1.8cm。花期春夏季。

常夏石竹 *Dianthus plumarius* L. 石竹科 Caryophyllaceae 石竹属

原产及栽培地： 原产欧洲。中国北京、贵州、江苏、江西、上海、台湾、浙江等地栽培。**习性：** 喜光；喜温暖湿润气候，不耐寒；喜疏松肥沃的砂质壤土；耐旱不耐涝。**繁殖：** 播种。

特征要点 多年生草本。株高 10~30cm。植株丛生，茎、叶较细，有白粉。花 2~3 朵，顶生，径 2.5cm，粉红色、紫色或白色，有香气。花期春夏季。

瞿麦 *Dianthus superbus* L. 石竹科 Caryophyllaceae 石竹属

原产及栽培地： 原产欧亚大陆。中国北京、福建、广东、广西、贵州、黑龙江、湖北、江苏、江西、陕西、四川、台湾、新疆、浙江等地栽培。**习性：** 喜光；喜冷凉干燥气候；喜疏松肥沃的砂质壤土；耐旱不耐涝。**繁殖：** 播种。

特征要点 多年生草本。株高 30~50cm。茎数个丛生。叶对生，条形。圆锥花序分枝稀疏，花径 3.5~5cm；花瓣深裂成细条，有粉红色、白色，少紫红色等，有香气。花期夏季。

松果菊（紫松果菊、黑眼菊、毛叶金光菊）*Echinacea purpurea* (L.) Moench
菊科 Asteraceae/Compositae 松果菊属

原产及栽培地： 原产北美。中国北京、福建、甘肃、黑龙江、江苏、江西、辽宁、上海、四川、台湾、云南、浙江等地栽培。**习性：** 喜温暖向阳，耐寒，要求含腐殖质的肥沃、深厚土壤，亦耐贫瘠。**繁殖：** 播种、分株。

特征要点 多年生草本。株高 60~150cm。茎、叶密生硬毛。叶互生，卵状披针形或阔卵形。头状花序单生或数朵聚生，径可达 15cm，舌状花瓣宽，玫瑰红或淡紫红色，少数白色；管状花橙黄色，突出呈球形。花期夏秋季。

血水草 *Eomecon chionantha* Hance 罂粟科 Papaveraceae 血水草属

原产及栽培地： 原产中国。广东、广西、贵州、湖北、江西、上海、四川、浙江等地栽培。**习性：** 喜荫蔽潮湿的环境；喜温暖湿润的气候及肥沃的壤土。**繁殖：** 播种、分株。

特征要点 多年生草本。株高 20~40cm，无毛，具红黄色液汁。叶基生，具长柄，叶片心形或心状肾形，边缘呈波状，掌状脉 5~7 条。花葶灰绿色略带紫红色；花数朵顶生；花瓣倒卵形，白色，花药黄色。蒴果狭椭圆形。花期 3~6 月，果期 6~10 月。

156

淫羊藿 *Epimedium brevicornu* Maxim. 小檗科 Berberidaceae 淫羊藿属

原产及栽培地: 原产中国。北京、广东、湖北、江苏、陕西、上海、四川等地栽培。**习性**: 喜冷凉湿润的山地气候，要求深厚肥沃的壤土。**繁殖**: 播种、分株。

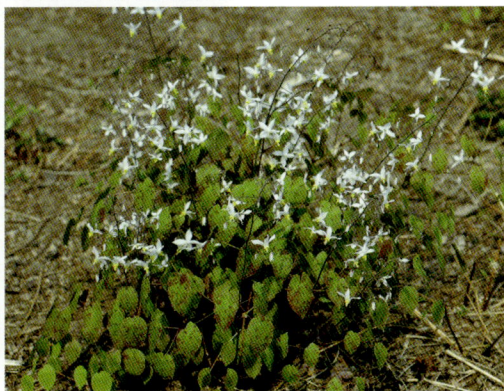

特征要点　多年生草本。株高 20~60cm。二回三出复叶; 小叶 9 枚, 纸质, 背面苍白色, 叶缘具刺齿。圆锥花序长 10~35cm, 具 20~50 朵花; 花白色或淡黄色; 花瓣远较内萼片短, 距呈圆锥状, 长仅 2~3mm。花期 5~6 月, 果期 6~8 月。

大吴风草 *Farfugium japonicum* (L.) Kitam.
菊科 Asteraceae/Compositae 大吴风草属

原产及栽培地: 原产中国、日本。中国北京、广西、湖北、江苏、江西、上海、台湾等地栽培。**习性**: 耐阴; 喜温暖湿润气候。**繁殖**: 播种、分株。

特征要点　多年生草本。株高可达 70cm, 被柔毛。叶全部基生, 莲座状, 有长柄, 叶片肾形, 质厚。花莛自叶丛中抽出; 头状花序辐射状, 2~7 个排列成伞房状花序; 总苞钟形或宽陀螺形; 舌状花 8~12, 黄色。花果期 8 月至翌年 3 月。

黄斑大吴风草（花叶如意） *Farfugium japonicum* 'Variegata'
菊科 Asteraceae/Compositae 大吴风草属

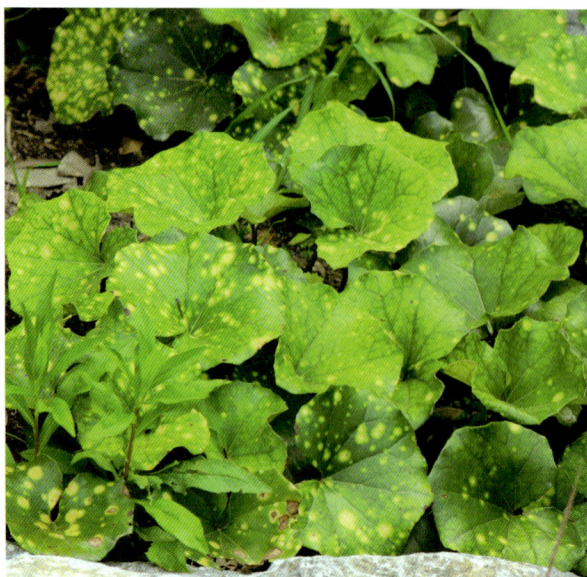

原产及栽培地: 最早培育于中国、日本。中国北京、广西、湖北、江苏、江西、上海、台湾等地栽培。**习性**: 耐阴; 喜温暖湿润气候。**繁殖**: 分株。

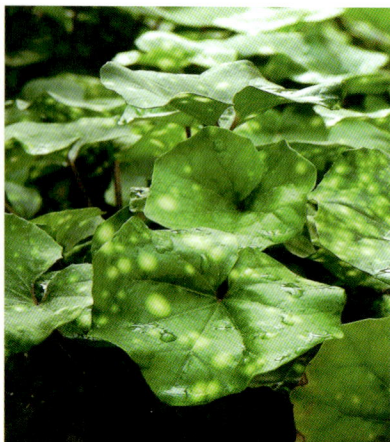

特征要点　叶上密布星点状黄斑。其余特征同大吴风草。

小苍兰（香雪兰） *Freesia refracta* (Jacq.) Klatt
鸢尾科 Iridaceae 香雪兰属 / 小苍兰属

原产及栽培地: 原产南非。中国北京、福建、广东、广西、湖北、江苏、上海、台湾、云南、浙江等地栽培。**习性**: 喜温凉湿润、阳光充足的环境; 耐寒性差, 高温休眠; 忌水涝。**繁殖**: 分球、播种。

特征要点　多年生草本。球茎卵圆形或圆锥形, 棕褐色。叶片剑形或线形, 长 15~30cm。花茎细, 有分枝; 花多偏生一侧或倾斜; 花被狭漏斗形, 长约 5cm, 上部分裂为 6 片; 有黄绿色或鲜黄色、粉红色、玫瑰红色、雪青色及紫色等色系, 芳香。花期冬春季。

浙贝母 *Fritillaria thunbergii* Miq. 百合科 Liliaceae 贝母属

原产及栽培地：原产中国、日本。中国福建、广西、江苏、陕西、台湾、浙江等地栽培。**习性：**喜温暖湿润的山地气候；喜疏松深厚的森林壤土。**繁殖：**分球、播种。

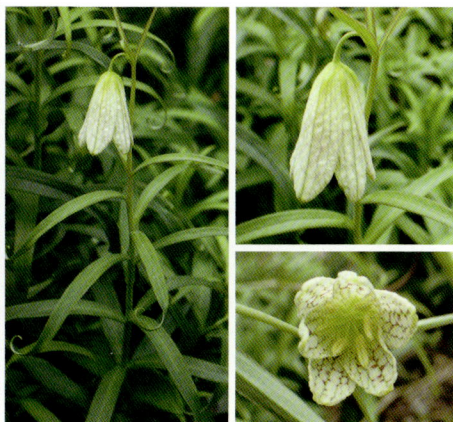

特征要点　多年生草本。株高 30~80cm。鳞茎圆形或扁圆形，由 2~3 枚肥厚之鳞片组成。叶常 3 片轮生，披针形或长卵形，先端卷须状。花 1~3 朵着生于茎端叶腋；小花长 2~3cm，花被片长椭圆形，淡黄绿色，外被绿色条纹；内面具紫色网纹。花期 3~4 月。

宿根天人菊 *Gaillardia aristata* Pursh 菊科 Asteraceae/Compositae 天人菊属

原产及栽培地：原产北美。中国北京、福建、黑龙江、山东、上海、台湾、新疆、浙江等地栽培。**习性：**耐寒、耐旱，喜阳光充足，要求土壤排水良好；偶有自播繁衍力。**繁殖：**播种。

特征要点　多年生草本。株高 40~50cm，全株被粗毛。下部叶长椭圆形或匙形，中部叶披针形，灰绿色。头状花序，径 8~10cm；总苞片披针形；舌状花黄色，基部红紫色；管状花裂片尖芒状，红紫色。花期 6~10 月。

雪滴花(雪钟花) *Galanthus nivalis* L. 石蒜科 Amaryllidaceae 雪滴花属

原产及栽培地：原产欧洲中南部至高加索一带。中国台湾、浙江等地栽培。**习性**：喜凉爽气候；性健壮，要求疏松肥沃、含腐殖质的湿润砂质壤土；不耐寒。**繁殖**：分栽小球法。

特征要点 多年生草本。植株高 20~40cm。鳞茎小，卵形，黑色。叶线形，2~3 片，具白霜。花莛实心，高约 15cm；花单生，下垂，径约 2.5cm；花瓣裂片成 2 轮，内轮裂片较短，白色似雪，而于内轮片弯处带绿色。花期早春。

蓬子菜 *Galium verum* L. 茜草科 Rubiaceae 拉拉藤属

原产及栽培地：原产亚洲北部。中国北京等地栽培。**习性**：喜光；耐寒；喜排水良好的砂质土。**繁殖**：分株、播种。

特征要点 多年生草本。株高 25~45cm。茎近直立，具四棱。叶纸质，6~10 片轮生，线形，边缘极反卷。聚伞花序顶生和腋生，较大，多花；花小，花冠黄色，辐状。果小，果爿双生，近球状。花期 4~8 月，果期 5~10 月。

山桃草 *Oenothera lindheimeri* (Engelm. & A. Gray) W. L. Wagner & Hoch【*Gaura lindheimeri* Engelm. & A. Gray】柳叶菜科 Onagraceae 月见草属 / 山桃草属

原产及栽培地: 原产美国。中国北京、福建、江苏、上海、四川、台湾、云南、浙江等地栽培。**习性**: 喜光; 喜温暖湿润的气候; 对土壤要求不严。**繁殖**: 播种。

特征要点 多年生草本。株高 60~100cm。茎丛生, 多分枝。叶互生, 无柄, 披针形, 被长柔毛。花序长穗状, 长 20~50cm; 萼片花开时反折; 花瓣白色, 后变粉红色, 排向一侧; 花药带红色。蒴果坚果状, 狭纺锤形。花期 5~8 月, 果期 8~9 月。

球根老鹳草 *Geranium linearilobum* DC. 牻牛儿苗科 Geraniaceae 老鹳草属

原产及栽培地: 原产亚洲温带。中国新疆等地栽培。**习性**: 喜半阴环境; 耐寒; 喜排水良好的深厚土壤。**繁殖**: 分株、播种。

特征要点 多年生草本。株高 15~20cm。根具膨大的倒卵形或近球形块根。叶片圆形, 掌状 7~9 深裂几乎达基部, 边缘具齿。花序腋生和顶生或于茎顶呈聚伞状; 花瓣倒卵形, 紫红色。花期 5~6 月, 果期 6 月。

草地老鹳草 *Geranium pratense* L. 牻牛儿苗科 Geraniaceae 老鹳草属

原产及栽培地: 原产亚洲。中国北京、湖北、江苏、云南等地栽培。**习性**: 喜光; 耐寒; 喜排水良好的砂质土壤。**繁殖**: 分株、播种。

特征要点 多年生草本。株高 30~50cm。根茎粗壮, 具多数纺锤形块根。叶片肾圆形或五角状肾圆形, 基部宽心形, 掌状 7~9 深裂近茎部。聚伞花序长于叶; 花瓣紫红色, 宽倒卵形; 花丝上部紫红色; 雌蕊被短柔毛, 花柱分枝紫红色。花期 6~7 月, 果期 7~9 月。

血红老鹳草 *Geranium sanguineum* L. 牻牛儿苗科 Geraniaceae 老鹳草属

原产及栽培地: 原产欧洲。中国北京、台湾等地栽培。**习性**: 喜全日照或半遮阴的环境; 土壤要求排水良好。**繁殖**: 分株、播种。

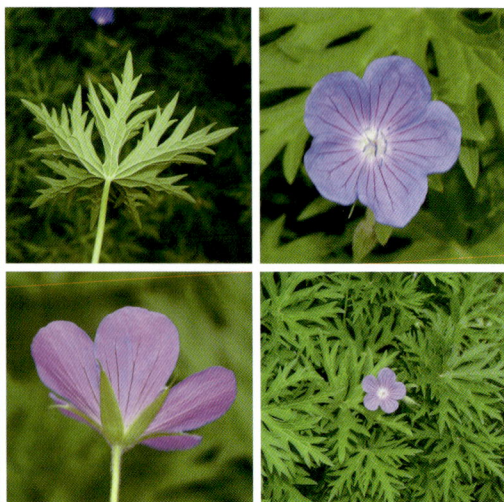

特征要点 多年生草本。植株、叶片较草原老鹳草小, 叶片分裂更深。花小, 红色。深绿色的叶片到了秋季变为红色, 与花色形成鲜明的对比。花期 5~8 月。

路边青（水杨梅）*Geum aleppicum* Jacq. 蔷薇科 Rosaceae 路边青属

原产及栽培地：原产亚洲。中国北京、福建、广东、贵州、江苏、陕西、上海、四川、云南、浙江等地栽培。**习性**：喜半阴环境或水边湿地环境；对土壤要求不严。**繁殖**：播种。

特征要点 多年生草本。株高 30~100cm。基生叶大头羽状，被粗硬毛，小叶边缘常浅裂，有不规则粗大锯齿。花序顶生，疏散排列；花直径 1~1.7cm；花瓣黄色。聚合果倒卵球形，瘦果顶端有小钩。花果期 7~10 月。

红花水杨梅 *Geum quellyon* Sweet 蔷薇科 Rosaceae 路边青属

原产及栽培地：原产南美洲。中国北京、上海、四川、台湾等地栽培。**习性**：喜半阴环境或水边湿地环境；对土壤要求不严。**繁殖**：播种。

特征要点 多年生草本。株高 10~45cm。茎分枝较少。叶羽状分裂，具锯齿。花序顶生，有花 2~3 朵；花直径 2.5cm；花瓣鲜红色。瘦果顶端有小钩。花期 5~8 月。

163

唐菖蒲 *Gladiolus × gandavensis* Van Houtte 鸢尾科 Iridaceae 唐菖蒲属

原产及栽培地：人工选育，中国各地栽培。**习性**：喜光；喜温暖气候，不耐寒；喜排水良好的疏松砂质土壤。**繁殖**：分球、播种。

特征要点　多年生草本。株高90~150cm。球茎扁圆形，外有4~6个干膜片。叶剑形，灰绿色。穗状花序顶生，长50~100cm，有花多达20余朵；花径8~14cm，花被片6，偏漏斗状，花色和花型丰富多彩。花期夏秋季。

珊瑚菜 *Glehnia littoralis* (A.Gray) F.Schmidt ex Miq.
伞形科 Apiaceae/Umbelliferae 珊瑚菜属

原产及栽培地：原产亚洲东部和北部。中国北京、福建、广东、吉林、陕西、台湾、云南、浙江等地栽培。**习性**：喜光；耐寒；喜排水良好的砂质土壤。**繁殖**：分株、播种。

特征要点　多年生草本。株高10~30cm，全株被白色柔毛。根圆柱形或纺锤形。叶多数基生，厚质，有长柄，三出式分裂至三出式二回羽状分裂。复伞形花序顶生；小伞形花序有花15~20，花白色。果实近圆球形或倒广卵形。花果期6~8月。

红姜花 *Hedychium coccineum* Buch. -Ham. ex Sm.

姜科 Zingiberaceae 姜花属

原产及栽培地：原产亚洲。中国福建、广东、湖北、云南等地栽培。**习性**：喜温暖湿润气候和微酸性、湿润、肥沃、砂质壤土；忌霜冻；冬季休眠期需干燥。**繁殖**：分根。

特征要点 多年生草本。株高 1.5~2m。根状茎粗壮。叶片狭线形，宽 3~5cm。穗状花序顶生，圆柱形，长 15~25cm；花红色；花萼具 3 齿；花冠管稍超过萼，裂片线形，反折；侧生退化雄蕊披针形，唇瓣圆形。蒴果球形。花期 6~8 月，果期 10 月。

姜花 *Hedychium coronarium* J. Koenig 姜科 Zingiberaceae 姜花属

原产及栽培地：原产亚洲。中国安徽、北京、福建、广东、广西、贵州、海南、湖北、上海、四川、台湾、云南、浙江等地栽培。**习性**：喜温暖湿润气候和微酸性、湿润、肥沃、砂质壤土；忌霜冻；冬季休眠期需干燥。**繁殖**：分根。

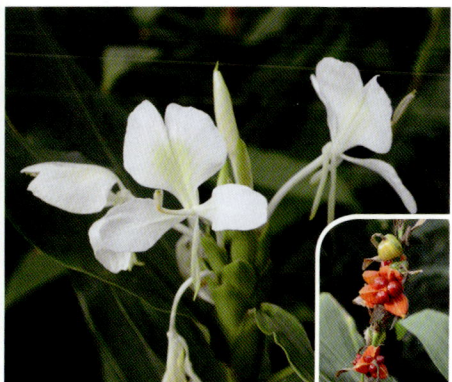

特征要点 多年生草本。株高可达 2m。根状茎粗壮。叶无柄，长圆披针形，长达 60cm，叶背有细绒毛。穗状花序顶生，长 10~20cm；苞片覆瓦状排列；花白色，芳香；花冠管长 8cm；退化雄蕊侧生花瓣状，长 5cm，唇瓣长、宽约 6cm。花期秋季。

黄姜花 *Hedychium flavum* Roxb. 姜科 Zingiberaceae 姜花属

原产及栽培地: 原产喜马拉雅地区。中国福建、广东、上海、云南等地栽培。**习性**: 喜温暖湿润气候和微酸性、湿润、肥沃、砂质壤土; 忌霜冻; 冬季休眠期需干燥。**繁殖**: 分根。

特征要点 多年生草本。株高 1.5~2m。叶披针形, 长 25~45cm, 宽 5~8.5cm, 无毛。穗状花序长圆形, 长约 10cm; 花黄色; 花萼管长 4cm; 侧生退化雄蕊倒披针形, 长约 3cm; 唇瓣倒心形, 黄色, 当中有一个橙色的斑。花期 8~9 月。

堆心菊 *Helenium autumnale* L. 菊科 Asteraceae/Compositae 堆心菊属

原产及栽培地: 原产北美。中国北京、广西、湖北、江苏、江西、上海、台湾等地栽培。**习性**: 耐寒, 喜温暖、向阳, 要求土层深厚、肥沃, 但不过于干燥的土壤; 适应性强。**繁殖**: 播种、分株。

特征要点 多年生草本。株高 1m 余。叶互生, 披针形或卵状披针形, 边缘具锯齿。头状花序多数, 径 3~5cm; 舌状花黄色, 管状花黄色或带红晕, 半球形。花期夏末秋初。

赛菊芋（粗糙赛菊芋） *Heliopsis helianthoides* (L.) Sweet
菊科 Asteraceae/Compositae 赛菊芋属

原产及栽培地：原产北美。中国北京、江苏、辽宁、陕西、上海、新疆、浙江等地栽培。**习性**：耐寒，喜阳光充足，高燥的地势，要求疏松、肥沃、排水良好的土壤。**繁殖**：播种、分株。

特征要点 多年生草本。株高约1m，全株具硬毛。叶对生，矩圆形或卵状披针形。头状花序单生，径3~6cm，黄色。瘦果无冠毛。花期7~10月。

黄花菜 *Hemerocallis citrina* Baroni
阿福花科／百合科 Asphodelaceae/Liliaceae 萱草属

原产及栽培地：原产亚洲温带。中国北京、福建、甘肃、广东、广西、贵州、河北、河南、湖北、湖南、江苏、江西、山西、陕西、上海、四川、台湾、新疆、云南、浙江等地栽培。**习性**：喜光；耐寒，喜冷凉湿润气候；喜疏松肥沃、排水良好的砂质壤土。**繁殖**：分株、播种。

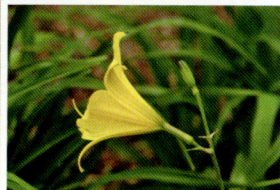

特征要点 多年生草本。株高40~150cm。须根肉质，常增粗成纺锤状。叶全部基生，狭带状。花莛自叶丛中抽出；苞片披针形；花多数顶生；花被管长3~5cm，花淡黄色，具芳香。蒴果钝三棱状椭圆形。花果期5~9月。

167

小萱草 *Hemerocallis dumortieri* E. Morren
阿福花科 / 百合科 Asphodelaceae/Liliaceae 萱草属

原产及栽培地: 原产东亚。中国北京、台湾等地栽培。**习性:** 喜光; 耐寒, 喜冷凉湿润气候; 喜疏松肥沃、排水良好的砂质壤土。**繁殖:** 分株、播种。

特征要点 多年生草本。苞片宽卵形、卵形或卵状披针形, 宽8~15mm, 仅包住花被管基部或花被管几乎完全外露; 花序稍缩短, 花彼此靠近; 花数朵, 橙黄色。花果期5~8月。

萱草 *Hemerocallis fulva* (L.) L. 阿福花科 / 百合科 Asphodelaceae/Liliaceae 萱草属

原产及栽培地: 原产中国。安徽、北京、福建、甘肃、广东、广西、贵州、黑龙江、湖北、江苏、江西、辽宁、陕西、上海、四川、台湾、新疆、云南、浙江等地栽培。**习性:** 喜光; 耐寒, 喜冷凉湿润气候; 喜疏松肥沃、排水良好的砂质壤土。**繁殖:** 分株、播种。

特征要点 多年生草本。株高约1m。具短根状茎和纺锤状块根。叶基生, 条形, 排成两列, 长可达80cm。花葶粗壮, 高约100cm; 螺旋状聚伞花序, 有花十数朵; 花冠漏斗形, 径约12cm, 橘红色; 花瓣中部有褐红色"V"形色斑。花期夏季。

长瓣萱草（重瓣萱草） *Hemerocallis fulva* var. *kwanso* Regel
阿福花科 / 百合科 Asphodelaceae/Liliaceae 萱草属

原产及栽培地：原产东亚。中国北京、福建、广东、广西、湖北、辽宁、云南、浙江等地栽培。**习性**：喜光；耐寒，喜冷凉湿润气候；喜疏松肥沃、排水良好的砂质壤土。**繁殖**：分株、播种。

特征要点 花重瓣。其余特征同萱草。

大花萱草 *Hemerocallis* × *hybrida* Bergmans
阿福花科 / 百合科 Asphodelaceae/Liliaceae 萱草属

原产及栽培地：原产中国。北京、福建、广东、贵州、黑龙江、湖北、江苏、辽宁、上海、台湾、新疆、云南、浙江等地栽培。**习性**：喜光；耐寒，喜冷凉湿润气候；喜疏松肥沃、排水良好的砂质壤土。**繁殖**：分株、播种。

特征要点 一类杂交品种的统称。花茎高出叶片，上方有分枝；小花 2~4 朵，有芳香，花径大，具短梗和大型三角状苞片，花冠漏斗状或钟状，裂片外弯，花色丰富多彩。花期夏季。

北黄花菜（萱草、黄花萱草）*Hemerocallis lilioasphodelus* L.

阿福花科/百合科 Asphodelaceae/Liliaceae 萱草属

原产及栽培地：原产亚洲温带。中国北京、福建、甘肃、贵州、黑龙江、湖北、江苏、辽宁、新疆、浙江等地栽培。**习性**：喜光；耐寒，喜冷凉湿润气候；喜疏松肥沃、排水良好的砂质壤土。**繁殖**：分株、播种。

特征要点 花数朵至十几朵；花被管较短，长1~2.5cm，花黄色，颜色较深。其他特征近似黄花菜。花果期5~9月。

大苞萱草（大花萱草）*Hemerocallis middendorffii* Trautv. & C. A. Mey.

阿福花科/百合科 Asphodelaceae/Liliaceae 萱草属

原产及栽培地：原产东亚。中国北京、黑龙江、辽宁等地栽培。**习性**：喜光；耐寒，喜冷凉湿润气候；喜疏松肥沃、排水良好的砂质壤土。**繁殖**：分株、播种。

特征要点 多年生草本。株高30~60cm。具纺锤根。植株单生或丛生。花葶少数；苞片宽阔；花数朵近簇生于花茎顶端，花被管1/3~2/3藏于苞片内；花冠橙黄色。花期夏季。

170

小黄花菜 *Hemerocallis minor* Mill.

阿福花科 / 百合科 Asphodelaceae/Liliaceae 萱草属

原产及栽培地：原产亚洲北部。中国北京、福建、黑龙江、湖北、江西、辽宁、上海、新疆、云南、浙江等地栽培。**习性**：喜光；耐寒，喜冷凉湿润气候；喜疏松肥沃、排水良好的砂质壤土。**繁殖**：分株、播种。

特征要点 花序几乎不分枝，具 1~2 朵花，极少有 3 花。其余特征同北黄花菜。

金娃娃萱草 *Hemerocallis* 'Stella de Oro'

阿福花科 / 百合科 Asphodelaceae/Liliaceae 萱草属

原产及栽培地：栽培起源，中国各地栽培。**习性**：喜光；耐寒，喜冷凉湿润气候；喜疏松肥沃、排水良好的砂质壤土。**繁殖**：播种。

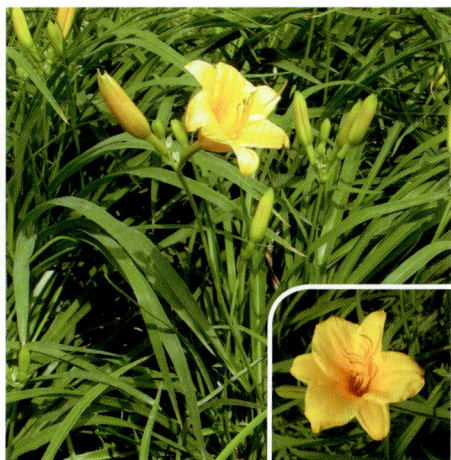

特征要点 多年生草本。株高 30~40cm。具纺锤状块根。叶基生，条形，排成两列。花葶粗壮，高约 35cm；螺旋状聚伞花序，花 7~10 朵；花冠漏斗形，花径 7~8cm，金黄色。花期 5~11 月。

蕺菜 *Houttuynia cordata* Thunb. 三白草科 Saururaceae 蕺菜属

原产及栽培地：原产亚洲南部。中国安徽、北京、福建、甘肃、广东、黑龙江、湖北、江西、辽宁、宁夏、陕西、上海、新疆、云南、浙江等地栽培。**习性**：耐阴；喜温暖湿润气候，亦耐寒，北京地区可越冬；对土壤要求不严。**繁殖**：分株、播种。

特征要点 多年生草本。株高 10~30cm。具匍匐茎。叶互生，心脏形或宽卵形，揉捻后有浓烈的鱼腥味。穗状花序生于枝上部，与叶片对生，长 1.5cm；花序基部有 4 片白色花瓣状苞片；花极小，两性，无花被。果穗长 5cm。花果期夏秋季。

花叶蕺菜 *Houttuynia cordata* 'Variegata' 三白草科 Saururaceae 蕺菜属

原产及栽培地：栽培起源，中国各地栽培。**习性**：耐阴；喜温暖湿润气候，亦耐寒，北京地区可越冬；对土壤要求不严。**繁殖**：分株。

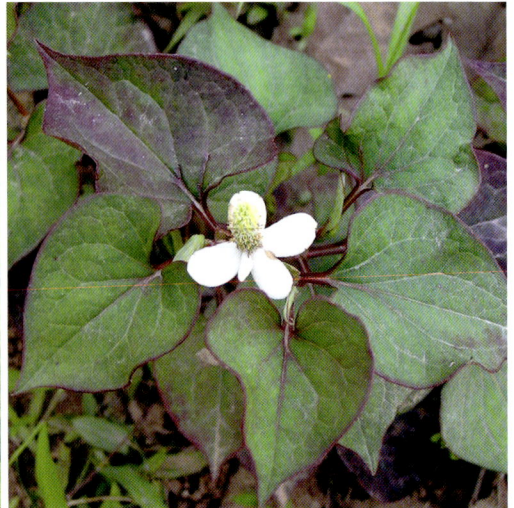

特征要点 叶面夹杂金黄色斑块，叶心绿色，边缘红紫色，背面常紫色。其余同蕺菜。

172

西班牙蓝铃花（聚铃花） *Hyacinthoides hispanica* (Mill.) Rothm.

天门冬科 / 百合科 Asparagaceae/Liliaceae 蓝铃花属

原产及栽培地：原产葡萄牙及西班牙。中国江苏、台湾、云南等地栽培。**习性：**喜温暖、向阳、湿润，但亦耐半阴及干旱；要求腐殖质丰富、排水良好的土壤。**繁殖：**分鳞茎、播种。

特征要点 多年生草本。株高达 50cm。鳞茎卵状，白色光滑。叶窄带状，长达 50cm。总状花序自鳞茎抽出，有花 10~30 朵；小花钟形，下垂，花被片开张不外弯，蓝色至玫瑰紫色或白色。花期 5~6 月。

风信子 *Hyacinthus orientalis* L. 天门冬科 / 百合科 Asparagaceae/Liliaceae 风信子属

原产及栽培地：原产南欧、地中海东部沿岸及小亚细亚。中国北京、福建、广东、湖北、江苏、陕西、上海、四川、台湾、天津、云南、浙江等地栽培。**习性：**要求冬暖夏凉及半阴环境，耐寒性较差；要求疏松肥沃、排水良好的砂壤土。**繁殖：**分鳞茎、播种。

特征要点 多年生草本。株高 10~30cm。鳞茎球形。叶 4~6 枚，带状，长 20~25cm，较肥厚，先端钝圆。花茎中空，略高于叶；总状花序上部密生小钟状花 10~20 朵；花长 2.5cm，斜生或略下垂，单瓣或重瓣，芳香。花期早春。

天胡荽 *Hydrocotyle sibthorpioides* Lam.
五加科 / 伞形科 Araliaceae/Umbelliferae 天胡荽属

原产及栽培地: 原产亚洲。中国福建、广东、广西、贵州、湖北、江西、四川、台湾、云南、浙江等地栽培。**习性**: 耐阴; 喜温暖湿润气候; 耐湿, 不耐旱, 对土壤要求不严。**繁殖**: 分株。

特征要点 多年生草本。株高 5~10cm, 有气味。茎细长而匍匐, 平铺地上成片, 节上生根。叶片膜质或草质, 圆形或肾圆形, 不分裂或 5~7 裂。伞形花序与叶对生, 单生于节上; 花序梗纤细; 花小, 绿白色。果实略呈心形。花果期 4~9 月。

八宝 *Hylotelephium erythrostictum* (Miq.) H. Ohba 【*Sedum erythrostictum* Miq.】景天科 Crassulaceae 八宝属 / 景天属

原产及栽培地: 原产东亚。中国北京、福建、贵州、黑龙江、湖北、江西、辽宁、陕西、上海、新疆、浙江等地栽培。**习性**: 喜光, 亦稍耐阴; 耐寒; 耐旱, 不耐涝, 喜疏松肥沃、排水良好的砂质壤土。**繁殖**: 分株、扦插。

特征要点 多年生草本。株高 30~70cm。块根胡萝卜状。茎不分枝。叶对生, 肉质, 长圆形至卵状长圆形, 边缘有疏锯齿。伞房状花序顶生; 花密生, 直径约 1cm; 萼片 5, 卵形; 花瓣 5, 白色或粉红色; 雄蕊 10, 花药紫色; 鳞片 5。花期 8~10 月。

长药八宝 *Hylotelephium spectabile* (Bor.) H. Ohba 【*Sedum spectabile* Boreau】 景天科 Crassulaceae 八宝属 / 景天属

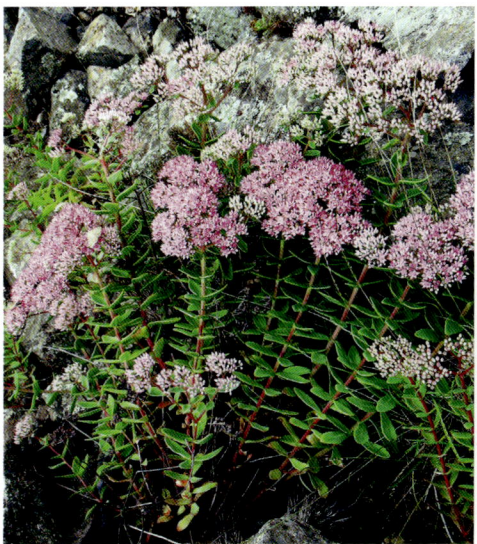

原产及栽培地：原产东亚。中国安徽、北京、福建、广东、黑龙江、辽宁、四川、台湾、云南、浙江等地栽培。**习性**：耐旱耐寒 (能耐 – 20℃低温)，耐瘠薄土壤；喜光；忌积涝。**繁殖**：分株、扦插。

特征要点 多年生草本。株高 30~70cm。茎丛生，不分枝。叶对生，少 3 叶轮生，肉质卵形，边缘具波浪状浅锯齿。伞房状聚伞花序，径约 10cm；小花密集，淡紫红色至紫红色；雄蕊 10，长 6~8mm，花药紫色。蓇葖直立。花期 8~9 月，果期 9~10 月。

华北八宝 *Hylotelephium tatarinowii* (Maxim.) H. Ohba 【*Sedum tatarinowii* Maxim.】 景天科 Crassulaceae 八宝属 / 景天属

原产及栽培地：原产中国、蒙古。中国北京等地栽培。**习性**：喜高山冷凉干燥气候，怕热忌湿，栽培不易。**繁殖**：分株、扦插。

特征要点 多年生草本。株高 20~40cm。叶互生，肉质，条状倒披针形，宽 3~7mm，边缘有疏牙齿或浅裂。伞房花序，直径约 3cm；花紧密；萼片 5；花瓣 5，浅红色；雄蕊 10，较花瓣短，花药紫色；鳞片正方形，微小；心皮 5。花期 7~8 月，果期 9 月。

水鬼蕉（蜘蛛兰）*Hymenocallis littoralis* (Jacq.) Salisb.

石蒜科 Amaryllidaceae 水鬼蕉属

原产及栽培地：原产美洲热带地区。中国北京、福建、广东、上海、台湾、云南、浙江等地栽培。**习性**：要求温暖向阳、淤泥深厚的湿地或沼泽环境。**繁殖**：分鳞茎、播种。

特征要点　多年生草本。株高 40~60cm。叶全部基生，剑形。花葶基生，粗壮；花 8~11 朵，白色，花筒长约 10~15cm，花被裂片线形，比花筒略短；由雄蕊花丝形成的杯状副花冠，长 2.5cm，具齿，雄蕊花丝长 5cm。花期夏秋季。

土木香 *Inula helenium* Hook. f. & Thomson

菊科 Asteraceae/Compositae 土木香属 / 旋覆花属

原产及栽培地：原产亚洲温带及中国新疆。中国北京、广西、贵州、湖北、江苏、陕西、浙江等地栽培。**习性**：喜光；耐寒；喜疏松肥沃、排水良好的深厚壤土。**繁殖**：分株、播种。

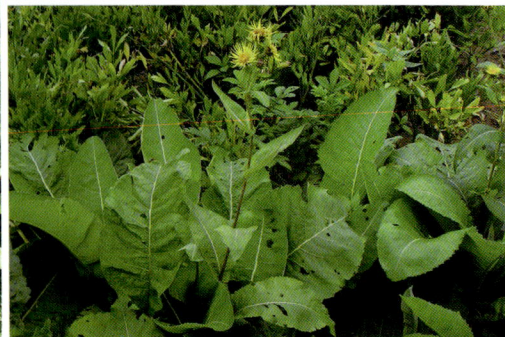

特征要点　多年生草本。株高可达 2.5m。茎粗壮，单生或疏丛生。叶大，叶片宽椭圆状披针形或披针形，背面被白色厚毛，正面粗糙。头状花序数个生于茎顶，径约 8cm；花冠黄色。花果期夏秋季。

旋覆花 *Inula japonica* Thunb. 菊科 Asteraceae/Compositae 土木香属 / 旋覆花属

原产及栽培地: 原产亚洲北部。中国北京、福建、广东、湖北、江苏、江西、辽宁、陕西、新疆、浙江等地栽培。**习性:** 喜光; 耐寒; 适应性强, 对土壤要求不严。**繁殖:** 播种。

特征要点 多年生草本。株高 30~70cm。茎单生, 被长伏毛。叶较小, 长圆形或披针形, 长 4~13cm。头状花序径 3~4cm, 多数或少数排列成疏散的伞房花序; 总苞半球形; 舌状花黄色, 舌片线形。花期 6~10 月, 果期 9~11 月。

荷兰鸢尾 *Iris × hollandica* H. R. Wehrh. 鸢尾科 Iridaceae 鸢尾属

原产及栽培地: 原产西班牙。中国目前栽培很少。**习性:** 耐寒性与耐旱性较强, 喜排水良好而适度湿润的微酸性土壤。**繁殖:** 分株。

特征要点 多年生草本。株高 50~80cm。具球根。叶集生, 披针形、对折, 基部为鞘状, 全缘。花葶自叶丛抽出; 花顶生, 着花 1~2 朵; 花辐射对称, 花径 10~16cm; 垂瓣 3 枚, 心形, 黄色; 旗瓣 3 枚, 长椭圆形, 斜立, 白色中略带淡紫色。花期春夏季。

177

小髯鸢尾 *Iris barbatula* Noltie & K. Y. Guan 鸢尾科 Iridaceae 鸢尾属

原产及栽培地: 原产中国。云南等地栽培。
习性: 喜光; 喜温暖湿润气候; 喜疏松肥沃的砂质壤土。**繁殖:** 分株、播种。

特征要点 多年生草本。根状茎短。叶长 9~19cm, 宽 2~5mm。花序具 3 花, 具长管, 紫色或暗堇色, 直径约 5cm; 垂瓣中部具流苏状髯毛。花期 5~7 月。

玉蝉花 *Iris ensata* Thunb. 鸢尾科 Iridaceae 鸢尾属

原产及栽培地: 原产中国东北、朝鲜、日本、俄罗斯。中国北京、福建、江苏、辽宁、台湾、云南、浙江等地栽培。**习性:** 喜光; 喜冷凉湿润的湿地环境。**繁殖:** 分株、播种。

特征要点 多年生草本。根状茎粗壮; 须根绳索状。叶条形, 长 30~80cm, 宽 0.5~1.2cm。花茎高 40~100cm; 花 2 朵, 深紫色, 直径 9~10cm; 花被管漏斗形, 外花被裂片倒卵形, 中脉上有黄色斑纹。花期 6~7 月, 果期 8~9 月。

花菖蒲 *Iris ensata* var. *hortensis* Makino & Nemoto 鸢尾科 Iridaceae 鸢尾属

原产及栽培地: 原产中国、日本。中国北京、湖北、江西、辽宁、云南、浙江等地栽培。**习性**: 喜光; 喜冷凉湿润的湿地环境。**繁殖**: 分株、播种。

特征要点　多年生草本。叶基生, 长40~90cm, 线形, 中脉凸起。花大, 直径可达15cm; 外轮3片花瓣呈椭圆形或倒卵形, 有红色、白色、紫色、蓝色等, 中部有黄斑和紫纹, 内花被片直立, 狭倒披针形; 花柱分枝3条, 花瓣状, 顶端2裂。蒴果长圆形, 有棱。花期4~5月。

德国鸢尾 *Iris germanica* L. 鸢尾科 Iridaceae 鸢尾属

原产及栽培地: 原产欧洲。中国北京、福建、甘肃、广东、广西、贵州、湖北、江苏、江西、辽宁、陕西、台湾、新疆、云南、浙江等地栽培。**习性**: 喜光; 耐寒; 喜疏松湿润而又排水良好的砂质壤土。**繁殖**: 分株、播种。

特征要点　多年生草本。花茎高可达90cm, 多分枝。叶长30~70cm, 宽20~35cm, 略带灰绿色, 直立。花朵大, 径可达10cm, 颜色丰富多彩。花期5~6月。

179

蝴蝶花 *Iris japonica* Thunb. 鸢尾科 Iridaceae 鸢尾属

原产及栽培地: 原产东亚及中国南部。中国陕西等地栽培。**习性:** 耐阴；喜温暖湿润气候；喜疏松肥沃的砂质壤土。**繁殖:** 分株、播种。

特征要点 多年生草本。具匍匐气生根状茎。叶常绿，长 30~80cm，宽 2.5~5cm，排成阔扇形。花葶高 30~80cm，有分枝，花淡蓝或深紫色，径 5~6cm，外花被片边缘具不整齐齿裂，中部有黄色或白色斑点及鸡冠状突起。花期为春季。

白蝴蝶花 *Iris japonica* f. *pallescens* P. L. Chiu & Y. T. Zhao
鸢尾科 Iridaceae 鸢尾属

原产及栽培地: 原产中国。北京、广东、浙江等地栽培。**习性:** 耐阴；喜温暖湿润气候；喜疏松肥沃的砂质壤土。**繁殖:** 分株、播种。

特征要点 花淡蓝色或深紫色，其余同蝴蝶花。花期为春季。

马蔺 *Iris lactea* var. *chinensis* Pall. 鸢尾科 Iridaceae 鸢尾属

原产及栽培地：原产亚洲。中国安徽、北京、福建、甘肃、广东、黑龙江、湖北、江西、辽宁、宁夏、陕西、上海、新疆、云南、浙江等地栽培。**习性：**喜光；耐寒；喜疏松湿润而又排水良好的砂质壤土。**繁殖：**分株、播种。

特征要点　多年生草本。茎丛生，须根多数。叶基生，线形，坚韧，灰绿色。花莛高 3~10cm，有花 1~3 朵；花淡蓝色，花被片上有较深色的条纹，径约 6cm。花期 4~5 月。

燕子花 *Iris laevigata* Fisch. 鸢尾科 Iridaceae 鸢尾属

原产及栽培地：原产亚洲东部。中国北京、福建、黑龙江、江苏、江西、上海、台湾、云南、浙江等地栽培。**习性：**喜光；喜冷凉湿润的湿地环境。**繁殖：**分株、播种。

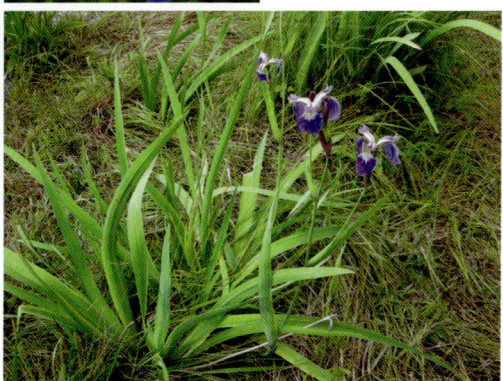

特征要点　多年生草本。叶剑形，宽 2~3cm，灰绿色，光滑，不具明显中肋。花莛高 40~60cm，花朵蓝色或白色，旗瓣起立，垂瓣爪片中央鲜黄色，径约 10cm。花期 5~6 月。

东方鸢尾 *Iris orientalis* Mill. 鸢尾科 Iridaceae 鸢尾属

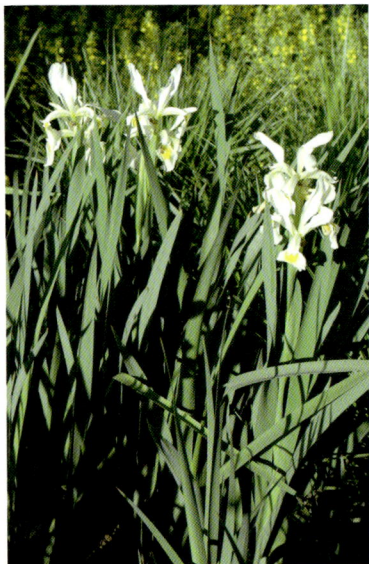

原产及栽培地: 原产地中海地区。中国江苏、浙江等地栽培。**习性**: 喜光; 喜冬暖夏凉的气候; 喜疏松湿润而又排水良好的砂质壤土。**繁殖**: 分株、播种。

特征要点　多年生草本。根状茎粗壮, 木质, 分枝。叶基生, 直立, 深绿色, 剑形, 坚硬, 宽 1~2cm。花茎实心, 稍扁, 长达 40~90cm; 花 2~5 朵, 径 8~10cm, 花被片直立, 白色, 具黄色斑。花期 5~7 月。

香根鸢尾（银苞鸢尾） *Iris pallida* Lam. 鸢尾科 Iridaceae 鸢尾属

原产及栽培地: 原产欧洲。中国江苏等地栽培。**习性**: 喜光; 喜冬暖夏凉的气候; 喜疏松湿润而又排水良好的砂质壤土。**繁殖**: 分株、播种。

特征要点　多年生草本。根状茎粗壮而肥厚, 扁圆形, 有环纹。叶灰绿色, 长达 60cm, 宽 1~4cm, 被白粉, 剑形。花莛光滑, 高可达 1.2m, 多分枝。苞片纸质, 银白色; 花淡紫色, 3~6 朵, 花径 9~11cm, 微香。花期 5 月, 果期 6~9 月。

西伯利亚鸢尾 *Iris sibirica* L. 鸢尾科 Iridaceae 鸢尾属

原产及栽培地：原产欧亚大陆温带。中国北京、广东、湖北、江西、四川、台湾、新疆、云南、浙江等地栽培。**习性**：喜光；喜冷凉湿润的湿地环境。**繁殖**：分株、播种。

特征要点　多年生草本。根状茎短，丛生性强。叶线形，长 30~60cm，宽 0.6cm。花茎中空；花 1~2 朵顶生，蓝紫色，径 6~7cm；垂瓣椭圆形或倒卵形，无须毛，旗瓣直立。花期 6 月。

小花鸢尾 *Iris speculatrix* Hance 鸢尾科 Iridaceae 鸢尾属

原产及栽培地：原产中国。北京、福建、广东、广西、贵州、江西、上海、浙江等地栽培。**习性**：喜光；喜温暖湿润气候；喜疏松肥沃的砂质壤土。**繁殖**：分株、播种。

特征要点　多年生草本。基部被棕褐色老叶叶鞘纤维。叶剑形或条形，长 15~30cm，宽 0.6~1.2cm。花茎高 20~25cm；花 1~2 朵；花蓝紫色或淡蓝色，直径 5.6~6cm；外花被有深紫色环形斑纹，中脉上有鲜黄色鸡冠状附属物。花期 5 月。

鸢尾 *Iris tectorum* Maxim. 鸢尾科 Iridaceae 鸢尾属

原产及栽培地：原产亚洲南部。中国北京、福建、广东、江苏、四川、台湾、云南等地栽培。**习性**：喜光；耐寒；喜疏松湿润而又排水良好的砂质壤土。**繁殖**：分株、播种。

特征要点 多年生草本。株高 20~40cm。叶二列，剑形，长 30~40cm，质较薄。花茎高 30~50cm，具 1~2 分枝，每枝着花 1~3 朵，花瓣蓝色、紫色，中部具鸡冠状突起。蒴果大，长椭圆形，具 6 棱。花期 4~5 月，果期 6~8 月。

白花鸢尾 *Iris tectorum* 'Alba' 鸢尾科 Iridaceae 鸢尾属

原产及栽培地：最早培育于亚洲南部。中国北京、福建、广东、江苏、四川、台湾、云南等地栽培。**习性**：喜光；耐寒；喜疏松湿润而又排水良好的砂质壤土。**繁殖**：分株、播种。

特征要点 花白色。其他特征同鸢尾。

184

西班牙鸢尾 *Iris xiphium* L. 鸢尾科 Iridaceae 鸢尾属

原产及栽培地：原产欧洲。中国福建、江苏、新疆、浙江等地栽培。**习性**：喜充足阳光；喜排水良好、冷凉而富含腐殖质的砂壤土。**繁殖**：分株、播种。

特征要点 多年生草本。球茎卵圆形，被褐色皮膜，直径约3cm。叶线形，具深沟，粉绿色。花莛直立，顶生1~2朵花。花蓝紫色。蒴果，具3棱。花期5月。

火炬花 *Kniphofia × hybrida* Gum Blume
阿福花科 / 百合科 Asphodelaceae/Liliaceae 火把莲属

原产及栽培地：原产南非。中国福建、四川、台湾、浙江等地栽培。**习性**：喜光；喜炎热干燥气候，不耐寒；喜疏松湿润而又排水良好的砂质壤土。**繁殖**：分株。

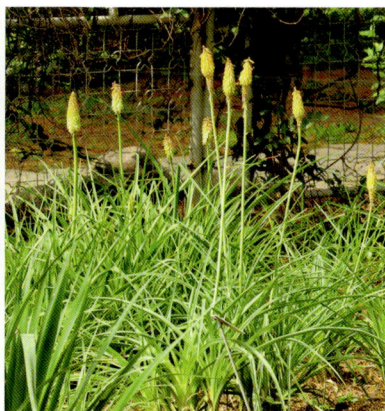

特征要点 多年生常绿草本。根状茎稍带肉质，通常无茎。基生叶丛生，革质，稍带白粉，长60~90cm。花莛高可达120cm，总状花序长约30cm；小花圆筒形，长约4.5cm，顶部花绯红色，下部花渐浅或黄色带红晕，雄蕊伸出。花期夏秋季。

野芝麻 *Lamium album* subsp. *barbatum* (Siebold & Zucc.) Mennema
【*Lamium barbatum* Siebold & Zucc.】唇形科 Lamiaceae/Labiatae 野芝麻属

原产及栽培地: 原产亚洲北部。中国广东、江苏、江西、上海、浙江等地栽培。**习性**: 耐阴; 不耐寒, 喜温暖湿润气候; 喜疏松肥沃的森林壤土。**繁殖**: 播种。

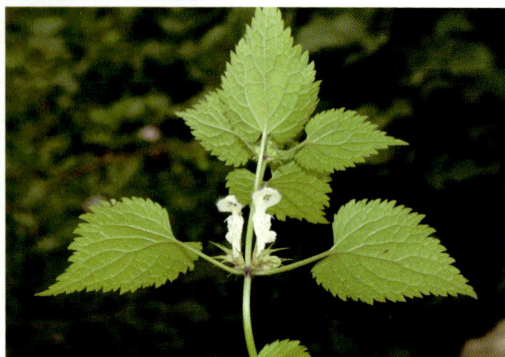

特征要点 多年生草本。株高达 1m。具匍匐枝。茎单生, 四棱形。叶对生, 有柄, 叶片卵圆形或心脏形, 边缘有锯齿。轮伞花序每轮 4~14 花; 花冠白色或浅黄色, 长约 2cm, 冠檐二唇形, 上唇直立, 长约 1.2cm, 下唇 3 裂。花期 4~6 月, 果期 7~8 月。

紫花野芝麻 *Lamium maculatum* Siebold & Zucc.
唇形科 Lamiaceae/Labiatae 野芝麻属

原产及栽培地: 原产欧亚大陆。中国广东、云南等地栽培。**习性**: 耐阴; 不耐寒, 喜温暖湿润气候; 喜疏松肥沃的森林壤土。**繁殖**: 播种。

特征要点 多年生草本。株高 30~50cm。茎四棱形。叶对生, 卵圆形, 具粗齿。轮伞花序每轮 8~12 花; 苞片线形; 花冠暗紫色, 长约 1.8cm, 冠檐二唇形, 上唇直伸, 长圆形, 长约 7mm, 下唇 3 裂。花期 7 月。

荷包牡丹 *Lamprocapnos spectabilis* (L.) Fukuhara

罂粟科 Papaveraceae 荷包牡丹属

原产及栽培地：原产中国北部及日本、西伯利亚。中国北京、福建、黑龙江、吉林、江苏、江西、辽宁、四川、台湾、新疆、云南、浙江等地栽培。**习性**：喜向阳，亦耐半阴；耐寒，好湿润、富含腐殖质、疏松肥沃的砂质壤土；忌高温、高湿。**繁殖**：分株、播种、枝插或根插。

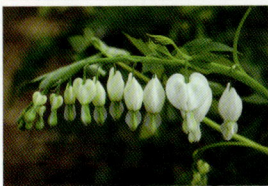

特征要点 多年生草本。株高 40~70cm。根粗壮而脆。叶对生，3 出羽状复叶，似牡丹。总状花序长可达 50cm，向一侧成弓形，弯垂；花瓣 4，交叉排列为两层，外层稍联合为心脏形，基部膨大成囊状，外瓣玫瑰红色，内瓣白色。花期 4~5 月。

大滨菊 *Leucanthemum × superbum* (Bergmans ex J. W. Ingram) D. H. Kent 菊科 Asteraceae/Compositae 滨菊属

原产及栽培地：最早培育于欧洲。中国北京、福建、江苏、辽宁、陕西、台湾、云南、浙江等地栽培。**习性**：喜光；耐寒，喜疏松湿润而又排水良好的砂质壤土。**繁殖**：分株、播种。

特征要点 短命多年生草本。植株高大，可达 1m 以上。叶片边缘具细尖锯齿。头状花序较大，直径达 7cm。其余特征类似滨菊。

187

滨菊（春白菊） *Leucanthemum vulgare* Lam.

菊科 Asteraceae/Compositae 滨菊属

原产及栽培地：原产欧洲。中国北京、福建、甘肃、河北、河南、江苏、江西、台湾、新疆、浙江等地栽培。**习性**：喜光；耐寒；喜疏松湿润而又排水良好的砂质壤土。**繁殖**：分株、播种。

特征要点　多年生草本。株高15~80cm。茎直立，通常不分枝。基生叶长椭圆形或卵形，长3~8cm，宽1.5~2.5cm，边缘圆或钝锯齿。头状花序单生茎顶，有长花梗；总苞径1~2cm；花冠白色。花果期5~10月。

夏雪片莲（夏雪滴花） *Leucojum aestivum* L. 石蒜科 Amaryllidaceae 雪片莲属

原产及栽培地：原产欧洲及西亚。中国北京、福建、湖北、陕西、台湾、云南、浙江等地栽培。**习性**：喜凉爽、湿润向阳环境；要求肥沃、富含腐殖质、排水良好的土壤；耐寒性较强。**繁殖**：分球。

特征要点　多年生草本。株高30~50cm。鳞茎卵圆形。基生叶数枚，绿色，宽线形，宽1~1.5cm，钝头。花茎中空；伞形花序有花3至数朵；花梗长短不一；花下垂；花被片长约1.5cm，白色，顶端有绿点。蒴果近球形。花期春季。

雪片莲 *Leucojum vernum* L. 石蒜科 Amaryllidaceae 雪片莲属

原产及栽培地: 原产欧洲。中国陕西等地栽培。**习性**: 喜凉爽、湿润向阳环境; 要求肥沃、富含腐殖质、排水良好的土壤。**繁殖**: 分球。

特征要点 多年生草本。株高 20~30cm。鳞茎卵圆形。叶多数丛生, 线状条形, 长约 20cm。花葶短而中空, 扁圆形; 单花顶生或少数聚生成伞形花序, 下垂, 宽钟形, 花朵数目 2~8; 花白色, 先端具一黄绿斑点。花期 3~4 月。

蛇鞭菊 *Liatris spicata* (L.) Willd. 菊科 Asteraceae/Compositae 蛇鞭菊属

原产及栽培地: 原产北美东部和南部。中国北京、福建、黑龙江、江苏、江西、辽宁、上海、四川、台湾、云南、浙江等地栽培。**习性**: 喜光, 小稍耐阴; 耐寒; 喜排水良好的肥沃砂质土, 耐较贫瘠土壤。**繁殖**: 播种、分株。

特征要点 多年生草本。株高 1~1.5m。具地下块根。花茎自块根上抽出。叶基生, 多数, 线状拔针形。头状花序 1~1.5cm 宽, 全为两性管状花, 紫红色或白色, 紧密排列成穗状, 长可达 30cm。花期 7~8 月。

齿叶橐吾 *Ligularia dentata* (A.Gray) Hara 菊科 Asteraceae/Compositae 橐吾属

原产及栽培地：原产亚洲。中国北京、贵州、湖北、浙江等地栽培。**习性**：喜荫蔽环境；耐寒；耐湿，喜富含腐殖质的深厚土壤。**繁殖**：播种、分株。

特征要点 多年生草本。株高 30~120cm。丛生叶与茎下部叶具叶柄，叶片肾形，宽 12~38cm，边缘具整齐的齿。伞房状或复伞房状花序开展，分枝叉开；头状花序多数，辐射状；总苞半球形；舌状花黄色。花果期 7~10 月。

大头橐吾 *Ligularia japonica* (Thunb.) Less. 菊科 Asteraceae/Compositae 橐吾属

原产及栽培地：原产东亚。中国北京、广东、湖北、江西、上海、浙江等地栽培。**习性**：喜荫蔽环境；耐寒；耐湿，喜富含腐殖质的深厚土壤。**繁殖**：播种、分株。

特征要点 多年生草本。株高 50~100cm。丛生叶与茎下部叶具叶柄，叶片轮廓肾形，直径约 40cm，掌状 3~5 全裂，小裂片羽状或具齿。头状花序辐射状，2~8 个排列成伞房状花序；总苞半球形；舌状花黄色，舌片长 4~6.5cm。花果期 4~9 月。

辽藁本 *Conioselinum smithii* (H. Wolff) Pimenov & Kljuykov【*Ligusticum jeholense* (Nakai & Kitag.) Nakai & Kitag.】

伞形科 Apiaceae/Umbelliferae 山芎属/藁本属

原产及栽培地: 原产中国、蒙古。中国北京、广西、黑龙江、陕西、云南等地栽培。**习性**: 耐阴; 耐寒; 喜疏松肥沃的森林壤土。**繁殖**: 播种、分株。

特征要点 多年生草本。株高 30~80cm。根圆锥形。茎中空。叶具柄, 叶片二至三回三出式羽状全裂, 裂片常 3~5 浅裂。复伞形花序直径 3~7cm; 花瓣白色。分生果背腹扁压, 椭圆形, 背棱突起, 侧棱具狭翅。花期 8 月, 果期 9~10 月。

兰州百合 *Lilium davidii* var. *willmottiae* (E.H.Wilson) Raffill

百合科 Liliaceae 百合属

原产及栽培地: 原产中国。江苏等地栽培。**习性**: 喜肥沃、多腐殖质、土层深厚、排水极好的疏松砂质土壤; 忌连作、湿热、通风不畅。**繁殖**: 分鳞茎、播种。

特征要点 多年生草本。株高 50~100cm。鳞茎扁球形或宽卵形, 白色。叶多数, 散生, 条形, 宽 2~6mm。花单生或 2~8 朵排成总状花序; 苞片叶状; 花下垂, 橙黄色, 有紫黑色斑点, 径 5~8cm。蒴果长矩圆形。花期 7~8 月, 果期 9 月。

杂种百合 *Lilium* Hybrid 百合科 Liliaceae 百合属

原产及栽培地: 杂交起源。中国各地栽培。**习性**: 喜肥沃、多腐殖质、土层深厚、排水极好的疏松砂质土壤; 忌连作、湿热、通风不畅。**繁殖**: 分鳞茎。

特征要点　由多种百合杂交得到, 形态多样, 花色丰富, 长势旺盛。

卷丹 *Lilium lancifolium* Tigrinum Group 【*Lilium tigrinum* Ker Gawl.】
百合科 Liliaceae 百合属

原产及栽培地: 原产中国。北京、福建、广东、广西、贵州、黑龙江、湖北、江苏、江西、辽宁、山西、上海、四川、台湾、云南、浙江等地栽培。**习性**: 喜肥沃、多腐殖质、土层深厚、排水极好的疏松砂质土壤; 忌连作、湿热、通风不畅。**繁殖**: 分鳞茎、播种、播珠芽。

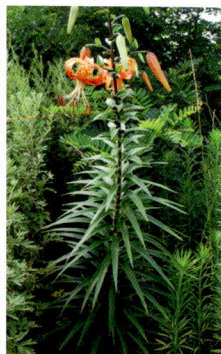

特征要点　多年生草本。株高 60~150cm。鳞茎近宽球形, 白色。茎粗壮, 叶腋生黑色珠芽。叶散生, 矩圆状披针形或披针形, 宽 1~2cm。花 3~6 朵或更多; 花大, 下垂, 径可达 10cm; 花被片披针形, 反卷, 橙红色, 有紫黑色斑点。花期 7~8 月。

岷江百合（王百合）*Lilium regale* E. H. Wilson　百合科 Liliaceae 百合属

原产及栽培地：原产中国四川。北京、福建、广东、江苏、四川、台湾、云南等地栽培。**习性**：喜肥沃、多腐殖质、土层深厚、排水极好的疏松砂质土壤；忌连作、湿热、通风不畅。**繁殖**：以分栽子球为主。

特征要点　多年生草本。株高 50~100cm。鳞茎宽卵圆形，红紫色。叶散生，多数，狭条形，宽 2~3mm。花 1 至数朵，芳香，喇叭形，白色，喉部为黄色，长达 10cm，径 6~8cm；外轮花被片披针形，喉部黄色，外面或带淡紫色晕，有香气。花期 6~7 月。

二色补血草 *Limonium bicolor* (Bunge) Kuntze　白花丹科 Plumbaginaceae 补血草属

原产及栽培地：原产亚洲北部。中国湖北、陕西、台湾、新疆、云南等地栽培。**习性**：喜光；耐寒，喜冷凉干燥的草原气候；喜沙地或盐碱化土地。**繁殖**：播种。

特征要点　多年生草本。株高 20~50cm。叶基生，匙形。花序大型，多分枝，圆锥状；花序轴具棱角，末级小枝二棱状。穗状花序具 3~9 个小穗；小穗含 2~5 花；萼漏斗状，萼檐初时淡紫红或粉红色，后来变白色；花冠黄色。花期 5~7 月，果期 6~8 月。

安徽石蒜 *Lycoris anhuiensis* Y. Xu & G. J. Fan 石蒜科 Amaryllidaceae 石蒜属

原产及栽培地: 原产中国。北京、福建、上海、四川、浙江等地栽培。**习性:** 喜富含腐殖质而排水、通气良好的土壤,性较耐寒,亦较耐旱。**繁殖:** 分鳞茎、播种。

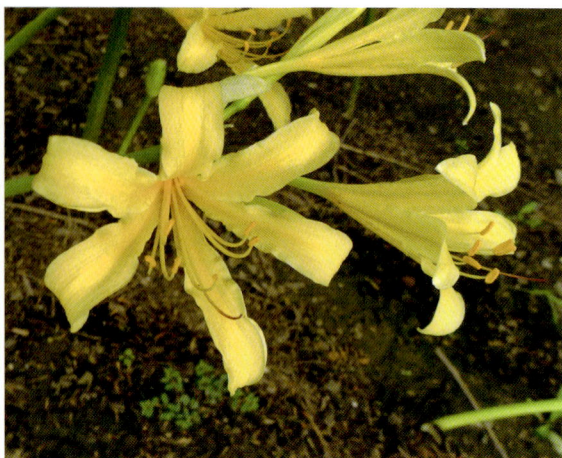

特征要点 多年生草本。鳞茎卵形,直径 3~4.5cm。早春出叶,叶带状,长约 35cm,宽 1.5~2.0cm。花茎高约 60cm;伞形花序有花 4~6 朵;花黄色,直径约 7.5cm;花被裂片反卷而开展,基部微皱缩。花期 8 月。

忽地笑 *Lycoris aurea* (L' Hér.) Herb. 石蒜科 Amaryllidaceae 石蒜属

原产及栽培地: 原产东亚、东南亚。中国北京、福建、广东、广西、贵州、海南、湖北、江苏、江西、陕西、上海、四川、台湾、云南、浙江等地栽培。**习性:** 喜富含腐殖质而排水、通气良好的土壤,性较耐寒,亦较耐旱。**繁殖:** 分鳞茎、播种。

特征要点 多年生草本。鳞茎卵形,直径约 5cm。秋季出叶,叶剑形,长约 60cm,最宽处达 2.5cm。花茎高约 60cm;伞形花序有花 4~8 朵;花黄色;花被裂片背面具淡绿色中肋,强度反卷和皱缩。蒴果具三棱。花期 8~9 月,果期 10 月。

中国石蒜 *Lycoris chinensis* Traub 石蒜科 Amaryllidaceae 石蒜属

原产及栽培地：原产中国、朝鲜。中国北京、福建、上海、浙江等地栽培。
习性：喜富含腐殖质而排水、通气良好的土壤，性较耐寒，亦较耐旱。**繁殖**：分鳞茎、播种。

特征要点　多年生草本。鳞茎卵球形，直径约4cm。春季出叶，叶带状，长约35cm，宽约2cm。花茎高约60cm；伞形花序有花5~6朵；花黄色；花被裂片背面具淡黄色中肋，强度反卷和皱缩；花柱上端玫瑰红色。花期7~8月，果期9月。

长筒石蒜 *Lycoris longituba* Y. C. Hsu & G. J. Fan 石蒜科 Amaryllidaceae 石蒜属

原产及栽培地：原产中国。北京、福建、上海、台湾、浙江等地栽培。**习性**：喜富含腐殖质而排水、通气良好的土壤，性较耐寒，亦较耐旱。**繁殖**：分鳞茎、播种。

特征要点　多年生草本。鳞茎卵球形，直径约4cm。早春出叶，叶披针形，长约38cm，宽1.5cm，中间淡色带明显。花茎高60~80cm；伞形花序有花5~7朵；花白色，花被筒长4~6cm，花被片顶端稍反卷，稍具红纹，边缘不皱缩。花期7~8月。

乳白石蒜 *Lycoris × albiflora* Koidz.　石蒜科 Amaryllidaceae 石蒜属

原产及栽培地：人工选育，中国各大城市偶有栽培。**习性**：喜富含腐殖质而排水通气良好的土壤，性较耐寒，亦较耐旱。**繁殖**：分鳞茎、播种。

特征要点　杂交种。花乳白色。其余特征近似长筒石蒜。

黄长筒石蒜 *Lycoris longituba* var. *flava* Y. Xu & X. L. Huang
石蒜科 Amaryllidaceae 石蒜属

原产及栽培地：人工选育，中国各大城市偶有栽培。**习性**：喜富含腐殖质而排水、通气良好的土壤，性较耐寒，亦较耐旱。**繁殖**：分鳞茎、播种。

特征要点　花被为黄色。其余同长筒石蒜。

石蒜 *Lycoris radiata* (L' Hér.) Herb. 石蒜科 Amaryllidaceae 石蒜属

原产及栽培地：原产东亚。中国北京、福建、广东、广西、贵州、湖北、江苏、江西、陕西、上海、四川、台湾、新疆、云南、浙江等地栽培。**习性**：喜富含腐殖质而排水、通气良好的土壤，性较耐寒，亦较耐旱。**繁殖**：分鳞茎、播种。

特征要点 多年生草本。鳞茎近球形，直径1~3cm。秋季出叶，叶狭带状，长约15cm，宽约0.5cm。花茎高30~50cm；伞形花序有花4~7朵；花鲜红色；花被裂片狭倒披针形，强度皱缩和反卷，花被筒绿色。花期8~9月，果期10月。

换锦花 *Lycoris sprengeri* Comes ex Baker 石蒜科 Amaryllidaceae 石蒜属

原产及栽培地：原产中国。北京、福建、上海、浙江等地栽培。**习性**：喜富含腐殖质而排水、通气良好的土壤，性较耐寒，亦较耐旱。**繁殖**：分鳞茎、播种。

特征要点 多年生草本。鳞茎卵形，直径约3.5cm。早春出叶，叶带状，长约30cm，宽约1cm。花茎高约60cm；伞形花序有花4~6朵；花淡玫红色，花被裂片顶端常带蓝色，边缘不皱缩。蒴果具三棱。花期8~9月。

红蓝石蒜 *Lycoris* × *haywardii* Traub 石蒜科 Amaryllidaceae 石蒜属

原产及栽培地：栽培起源，北京等地偶有栽培。**习性**：喜富含腐殖质而排水、通气良好的土壤，性较耐寒，亦较耐旱。**繁殖**：分鳞茎、播种。

特征要点　杂交种。花带蓝色或紫红色。其余特征近似换锦花。

鹿葱 *Lycoris squamigera* Maxim. 石蒜科 Amaryllidaceae 石蒜属

原产及栽培地：原产东亚。中国北京、福建、陕西、四川、台湾、浙江等地栽培。**习性**：喜富含腐殖质而排水、通气良好的土壤，性较耐寒，亦较耐旱。**繁殖**：分鳞茎、播种。

特征要点　多年生草本。鳞茎卵形，直径约5cm。秋季出叶，长约8cm，随后枯萎，到第二年早春再抽叶，叶带状，宽约2cm。花茎高约60cm；伞形花序有花4~8朵；花淡紫红色；花被裂片边缘基部微皱缩，花被筒长约2cm。花期8月。

稻草石蒜 *Lycoris straminea* Lindl. 石蒜科 Amaryllidaceae 石蒜属

原产及栽培地: 原产中国。北京、福建、四川、云南、浙江等地栽培。**习性**: 喜富含腐殖质而排水、通气良好的土壤, 性较耐寒, 亦较耐旱。**繁殖**: 分鳞茎、播种。

特征要点 多年生草本。鳞茎近球形, 直径约 3cm。秋季出叶, 叶带状, 长约 30cm, 宽约 1.5cm。花茎高约 35cm; 伞形花序有花 5~7 朵; 花稻草色; 花被裂片腹面散生少数粉红色条纹或斑点, 强度反卷和皱缩。花期 8 月。

紫苜蓿（紫花苜蓿）*Medicago sativa* L.
豆科 / 蝶形花科 Fabaceae/Leguminosae/Papilionaceae 苜蓿属

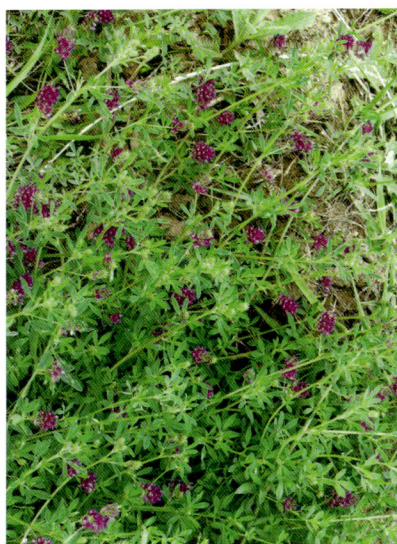

原产及栽培地: 原产北美。中国北京、甘肃、广东、贵州、河北、黑龙江、湖北、吉林、江苏、江西、辽宁、内蒙古、宁夏、青海、山东、山西、陕西、上海、四川、台湾、天津、新疆、浙江等地栽培。**习性**: 适应性强, 抗旱、耐寒, 耐瘠薄, 喜温暖半干旱气候。**繁殖**: 播种。

特征要点 多年生草本。株高 30~100cm。茎多分枝。三小叶复叶互生, 小叶倒卵形, 先端圆, 中肋稍突出, 两面有白色柔毛; 托叶披针形, 具柔毛。总状花序腋生, 具长花梗; 花密集近头状, 花冠紫色。荚果螺旋形; 种子肾形, 黄褐色。花果期夏秋季。

松叶菊 *Lampranthus tenuifolius* (L.) N. E. Br.【*Mesembryanthemum tenuifolium* L.】番杏科 Aizoaceae 松叶菊属 / 日中花属

原产及栽培地: 原产南非。中国北京、福建、广东、台湾等地栽培。**习性:** 喜光; 喜温暖干燥气候; 土壤以沙石土为宜。**繁殖:** 播种。

特征要点 多年生常绿草本。株高 30cm。茎丛生, 多分枝。叶对生, 肉质, 线形, 长 3~6cm, 粉绿色。花单生枝端, 直径 4~7.5cm; 苞片叶状; 花萼 5 深裂; 花瓣多数, 紫红色或白色, 线形, 长 2~3cm; 雄蕊多数。蒴果肉质。花期春季或夏秋季。

美国薄荷 *Monarda didyma* L. 唇形科 Lamiaceae/Labiatae 美国薄荷属

原产及栽培地: 原产北美。中国北京、黑龙江、江苏、辽宁、上海、四川、台湾等地栽培。**习性:** 喜凉爽气候, 要求疏松、肥沃及较湿润土壤, 在阳光及半阴下均可生长, 较耐寒。**繁殖:** 播种、分株。

特征要点 多年生草本。株高 100~120cm。茎直立, 四棱形。叶对生, 卵形或卵状披针形, 质薄, 缘有锯齿, 叶背有柔毛, 叶片有薄荷味。轮伞花序聚生枝顶成头状, 苞片红色, 萼细长, 花冠长 5cm, 猩红色。果实为 4 小坚果。花期 6~9 月。

亚美尼亚葡萄风信子 *Muscari armeniacum* H. J. Veitch

天门冬科 / 百合科 Asparagaceae/Liliaceae 蓝壶花属

原产及栽培地: 原产欧洲。中国北京、福建、湖北、江苏、辽宁、上海、台湾、新疆等地栽培。**习性:** 喜光; 喜冬暖夏凉气候, 耐寒; 喜排水良好的疏松肥沃壤土。**繁殖:** 分鳞茎、播种。

特征要点 多年生草本。株高 10~30cm。鳞茎近似球形, 外被白色皮膜。叶基生, 线状披针形, 暗绿色, 长 10~20cm。总状花序长 10cm 左右; 小花圆筒状, 稍下垂, 排列紧密, 花色有白色、蓝紫色、浅蓝色等。花期 3~5 月。

长寿水仙(丁香水仙) *Narcissus jonquilla* L. 石蒜科 Amaryllidaceae 水仙属

原产及栽培地: 原产欧洲。中国安徽、北京、福建、广东、海南、湖北、江苏、上海、四川、台湾、云南、浙江等地栽培。**习性:** 喜光; 耐寒; 喜疏松肥沃、排水良好的砂质壤土。**繁殖:** 分鳞茎。

特征要点 多年生草本。鳞茎卵圆形。叶基生, 细长, 下部近圆柱状, 浓绿色。2~6 朵花聚生于花莛上, 水平或略下倾, 花被筒长 2.5cm, 花径约 2cm, 花鲜黄色, 副冠橘黄色, 边缘有波皱, 芳香。花期为早春。

红口水仙 *Narcissus poeticus* L. 石蒜科 Amaryllidaceae 水仙属

原产及栽培地：原产欧洲。中国北京、福建、广东等地栽培。**习性**：喜光；耐寒；喜疏松肥沃、排水良好的砂质壤土。**繁殖**：分鳞茎。

特征要点　多年生草本。叶扁平，光滑。花单生或2朵，花被片白色，副冠浅杯状，黄色，质厚，边缘皱褶橘红色。其余特征近似黄水仙。

黄水仙（喇叭水仙）*Narcissus pseudonarcissus* L.
石蒜科 Amaryllidaceae 水仙属

原产及栽培地：原产欧洲。中国北京、福建、广东、湖北、江西、陕西、四川、云南、浙江等地栽培。**习性**：喜光；耐寒；喜疏松肥沃、排水良好的砂质壤土。**繁殖**：分鳞茎。

特征要点　多年生草本。鳞茎卵圆形，数个簇生。叶宽带形，灰绿色，光滑。花大，单朵，平伸，径约5cm；副冠钟状或喇叭状，与花被等长或稍长，边缘皱褶或波状，略向外展，同为鲜黄色，或花被白色，副冠黄色。花期为早春。

水仙（中国水仙）*Narcissus tazetta* subsp. *chinensis* (M. Roem.) Masam. & Yanagita 【*Narcissus tazetta* var. *chinensis* M. Roem.】

石蒜科 Amaryllidaceae 水仙属

原产及栽培地：原产中国、日本。中国北京、福建、广东、广西、贵州、湖北、江苏、江西、陕西、上海、四川、台湾、云南、浙江等地栽培。**习性**：喜光；喜温暖湿润气候，不耐寒；喜疏松肥沃、排水良好的砂质壤土。**繁殖**：分鳞茎。

特征要点 多年生草本。鳞茎粗大，白色。叶芽 4~9 叶，花芽 4~5 叶。花 4~8 朵聚生，副冠组织柔软，具芳香；花被片平展如盘，副花冠黄色浅杯状。花期为春季。

巴西鸢尾 *Trimezia gracilis* (Herb.) Christenh. & Byng 【*Neomarica gracilis* (Herb.) Sprague】鸢尾科 Iridaceae 黄扇鸢尾属 / 巴西鸢尾属

原产及栽培地：原产美洲热带地区。中国福建、广东、海南、湖北、上海、台湾、云南等地栽培。**习性**：耐阴；喜高温多湿气候；对土壤要求不严。**繁殖**：分株、播种。

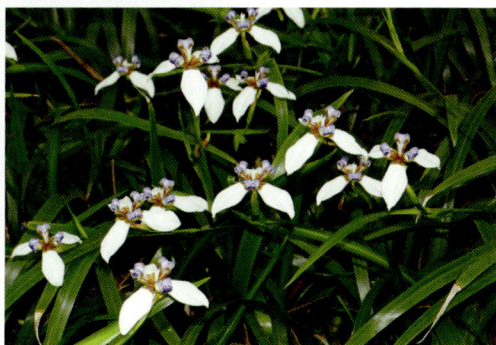

特征要点 多年生草本。株高 40~50cm。叶基生，呈扇形排列，宽约 2cm，革质，深绿色。花茎扁平似叶状；花生于顶端鞘状苞片内；花被片 6，外轮花被片外翻下垂，白色，基部有红褐色斑块，内轮花被片直立内卷，蓝紫色，具白色线条。花期为春夏季。

六座大山法氏荆芥 *Nepeta* × *faassenii* 'Six Hills Giant'

唇形科 Lamiaceae/Labiatae 荆芥属

原产及栽培地: 杂交起源,北京等地栽培。**习性**: 喜光;耐寒;喜排水良好的砂质壤土。**繁殖**: 扦插、分株。

特征要点　多年生草本。株高 40~60cm。茎丛生,四棱形,纤细,多分枝。叶对生,卵圆形,密被毛,灰白色。轮伞花序排列成总状花序;花密集,二唇形,蓝紫色。花期 5~8 月。

腺叶酢浆草 *Oxalis adenophylla* Gillies ex Hook. & Arn.

酢浆草科 Oxalidaceae 酢浆草属

原产及栽培地: 原产南美洲。中国台湾等地栽培。**习性**: 喜光;不耐寒;适应性广,对土壤要求不严。**繁殖**: 分株、播种。

特征要点　多年生草本。株高 10~15cm。具球根。叶基生,叶柄长,无毛,叶片绿色或蓝灰色,掌状分裂,小叶倒心形,顶端二裂。花单生,花冠筒短,裂片 5,淡紫蓝色,基部具紫红色斑,顶端淡紫红色。花期 4~5 月。

关节酢浆草（红花酢浆草） *Oxalis articulata* Savigny
酢浆草科 Oxalidaceae 酢浆草属

原产及栽培地: 原产南美洲。中国北京、福建、广东、广西、贵州、江苏、江西、陕西、四川、云南、浙江等地栽培。**习性:** 喜光; 不耐寒; 适应性广, 对土壤要求不严。**繁殖:** 分株、播种。

特征要点 多年生草本。株高 20~40cm。块根粗壮, 具关节。叶基生, 叶柄长, 叶片三裂, 小叶倒心形, 被毛, 叶脉基本不可见, 叶片大小划一, 顶端二裂。花葶自叶丛中抽出; 聚伞花序具多花; 花大, 粉红色, 喉部不为绿色。花期 4~5 月。

大花酢浆草 *Oxalis bowiei* Herb. ex Lindl. 酢浆草科 Oxalidaceae 酢浆草属

原产及栽培地: 原产南非。中国北京、福建、黑龙江、陕西、台湾、新疆等地栽培。**习性:** 喜光; 不耐寒; 适应性广, 对土壤要求不严。**繁殖:** 分株、播种。

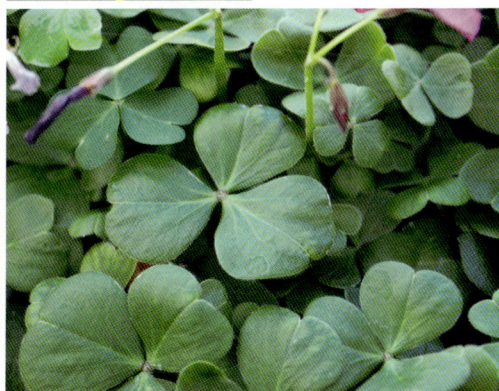

特征要点 多年生草本。株高 10~15cm。纺锤形根茎肥厚。叶基生, 叶柄细弱, 小叶 3, 宽倒卵圆形, 先端微凹, 背面被疏柔毛。伞形花序长于叶; 花 4~10 朵, 大; 萼披针形; 花瓣紫红色, 宽倒卵形, 长 2.5~3.5cm。花期 5~8 月, 果期 6~10 月。

红花酢浆草（铜锤草）*Oxalis debilis* Kunth 【*Oxalis corymbosa* DC.】
酢浆草科 Oxalidaceae 酢浆草属

原产及分布地：原产巴西。中国南部地区常见逸生。**习性**：喜光；不耐寒；适应性广，对土壤要求不严。**繁殖**：分株、播种。

特征要点　多年生草本。株高 20~30cm。鳞茎圆柱状，具多数珠芽。叶基生，具长柄，小叶 3，扁圆状倒心形，顶端凹入，叶片光滑，叶脉清晰。花莛基生，二歧聚伞花序；花瓣 5，倒心形，长 1.5~2cm，淡紫色或紫红色，喉部微绿色。花期 4~11 月。

山酢浆草 *Oxalis griffithii* Edgew. & Hook. f. 酢浆草科 Oxalidaceae 酢浆草属

原产及栽培地：原产亚洲。中国广东、广西、贵州、江西、上海、四川、台湾、云南、浙江等地栽培。**习性**：喜光；不耐寒；适应性广，对土壤要求不严。**繁殖**：分株、播种。

特征要点　多年生草本。株高 8~10cm。根茎横生。叶基生，叶柄长 3~15cm，小叶 3，倒心形，先端凹陷，两面被毛或背面无毛。总花梗基生，单花；萼片 5，卵状披针形；花瓣 5，白色或稀粉红色，倒心形。蒴果卵球形。花期 7~8 月，果期 8~9 月。

黄花酢浆草 *Oxalis pes-caprae* L. 酢浆草科 Oxalidaceae 酢浆草属

原产及栽培地: 原产南非。中国北京、福建、台湾、浙江等地栽培。**习性:** 喜光;不耐寒;适应性广,对土壤要求不严。**繁殖:** 分株、播种。

特征要点 多年生草本。株高 5~10cm。根茎葡萄,具块茎。叶多数基生,叶柄长 3~6cm,小叶 3,倒心形,两面被柔毛,具紫斑。伞形花序基生,明显长于叶;萼片披针形;花瓣黄色,宽倒卵形,长 2~3cm。蒴果圆柱形。花期春夏季。

紫叶酢浆草 *Oxalis triangularis* 'Purpurea' 酢浆草科 Oxalidaceae 酢浆草属

原产及栽培地: 最早培育于南美。中国北京、河北、上海杭州等地栽培。**习性:** 喜光;不耐寒;适应性广,对土壤要求不严。**繁殖:** 分株、播种。

特征要点 多年生草本。株高 10~30cm。肉质根有分叉。叶全部基生,具长叶柄,小叶 3,呈等腰三角形,正面玫红,中间呈"人"字形不规则浅玫红色色斑,叶背深红色。伞形花序;花浅粉色;萼片长圆形,花瓣倒卵形。蒴果近圆柱状。花果期 3~8 月。

207

金苞花 *Pachystachys lutea* Nees 爵床科 Acanthaceae 金苞花属

原产及栽培地: 原产美洲热带地区。中国北京、福建、广东、海南、湖北、四川、台湾、云南等地栽培。**习性**: 喜阳光充足, 喜温暖气候及肥沃、疏松、排水良好的砂质壤土。**繁殖**: 扦插。

特征要点 多年生草本, 灌木状。株高可达 70cm。茎具分枝。叶对生, 长卵形, 深绿色, 长 10~12cm, 叶脉显著。穗状花序顶生, 长达 10cm 以上, 由金黄色苞片组成四棱形; 花冠唇形, 乳白色, 长达 5cm。花期春夏秋季。

鬼罂粟(东方罂粟) *Papaver orientale* L. 罂粟科 Papaveraceae 罂粟属

原产及栽培地: 原产地中海沿岸至伊朗。中国北京、福建、湖北、江苏、辽宁、上海、台湾、新疆等地栽培。**习性**: 喜光; 耐寒; 喜排水良好的砂质土壤。**繁殖**: 分株、播种。

特征要点 多年生草本。株高 60~90cm 或更高, 被刚毛, 具乳白色液汁。叶基生, 二回羽状深裂, 小裂片披针形或长圆形, 具疏齿或缺刻状齿。花单生长花梗顶端; 花蕾卵形; 花瓣 4~6, 长 4~8cm, 鲜红色; 雄蕊多数。蒴果近球形。花期 6~7 月。

墓头回（异叶败酱）*Patrinia heterophylla* Bunge
忍冬科 / 败酱科 Caprifoliaceae/Valerianaceae 败酱属

原产及栽培地: 原产亚洲北部。中国北京、广西、湖北、江西、陕西、浙江等地栽培。**习性**: 喜半阴环境；耐寒；喜排水良好的砂质土壤。**繁殖**: 分株、播种。

特征要点　多年生草本。株高 30~100cm。根状茎横走。基生叶丛生，具长柄，边缘圆齿状或具缺刻；茎生叶对生，常羽状全裂。伞房状聚伞花序顶生；花黄色；萼齿 5；花冠钟形，基部一侧具浅囊肿；雄蕊 4。翅状果苞干膜质。花期 7~9 月，果期 8~10 月。

红花钓钟柳（五蕊花、草本象牙红）*Penstemon barbatus* (Cav.) Roth
车前科 / 玄参科 Plantaginaceae/Scrophulariaceae 钓钟柳属

原产及栽培地: 原产北美。中国北京、广东、黑龙江、江苏、辽宁、台湾、云南等地栽培。**习性**: 喜光；不耐寒，喜湿润及通风良好的环境；要求排水良好的含石灰质土壤；忌炎热干燥。**繁殖**: 播种、分株、扦插。

特征要点　多年生草本。株高可达 2m，全体无毛。茎纤细，直立。单叶对生，全缘，倒披针形或条形。聚伞圆锥花序顶生，狭长，花冠长筒状，鲜红色，长约 2.5cm。花期 5~7 月。

钓钟柳 *Penstemon campanulatus* (Cav.) Willd.
车前科 / 玄参科 Plantaginaceae/Scrophulariaceae 钓钟柳属

原产及栽培地: 原产墨西哥、危地马拉。中国北京、福建、江苏、台湾、云南等地栽培。**习性:** 喜光; 不耐寒, 喜湿润及通风良好的环境; 要求排水良好的含石灰质土壤; 忌炎热干燥。**繁殖:** 播种、分株、扦插。

特征要点 多年生草本。株高60cm, 全株被绒毛。叶交互对生, 卵形至披针形。花单生或3~4朵生于叶腋或总梗上, 组成顶生长圆锥花序, 花冠筒长约2.5cm, 有紫色、玫瑰红色、紫红色或白色等, 内有白色条纹。花期5~6月或7~10月。

毛地黄钓钟柳 *Penstemon digitalis* Nutt.
车前科 / 玄参科 Plantaginaceae/Scrophulariaceae 钓钟柳属

原产及栽培地: 原产墨西哥。中国北京、福建、广东、广西、贵州、湖北、江苏、江西、陕西、上海、四川、台湾、云南、浙江等地栽培。**习性:** 喜光; 不耐寒, 喜湿润及通风良好的环境; 要求排水良好的含石灰质土壤; 忌炎热干燥。**繁殖:** 播种、分株、扦插。

特征要点 多年生草本。株高40~60cm。茎直立丛生。叶交互对生, 无柄, 卵形或披针形。花单生或3~4朵着生于叶腋总梗之上, 呈不规则总状花序, 花色有白色、粉色、蓝色、紫色等。花期夏秋季。

串铃草 *Phlomoides mongolica* (Turcz.) Kamelin & A. L. Budantsev
【*Phlomis mongolica* Turcz.】唇形科 Lamiaceae/Labiatae 糙苏属

原产及栽培地: 原产中国。北京等地栽培。**习性**: 喜光; 耐寒, 喜冷凉干燥气候; 喜排水良好的砂质土壤。**繁殖**: 播种、分株。

特征要点 多年生草本。株高 40~70cm。茎丛生, 四棱形, 被刚毛。叶卵状三角形或三角状披针形, 具柄, 边缘为圆齿状。轮伞花序多花密集, 苞片线状钻形, 花萼管状, 先端具刺尖, 花冠紫色, 二唇形, 被星状短柔毛。花期 5~9 月。

糙苏 *Phlomoides umbrosa* (Turcz.) Kamelin & Makhm. 【*Phlomis umbrosa* Turcz.】唇形科 Lamiaceae/Labiatae 糙苏属

原产及栽培地: 原产东亚。中国北京、黑龙江、湖北、江苏、陕西、上海、四川等地栽培。**习性**: 耐阴; 耐寒, 喜冷凉湿润气候; 喜疏松肥沃的黑色森林壤土。**繁殖**: 播种、分株。

特征要点 多年生草本。株高 50~150cm。多分枝, 四棱形。叶近圆形至卵状长圆形, 边缘具牙齿。轮伞花序通常 4~8 花; 苞片线状钻形, 常呈紫红色; 花萼管状, 先端具小刺尖; 花冠粉红色, 下唇较深色, 具红色斑点。花期 6~9 月, 果期 9 月。

宿根福禄考（天蓝绣球） *Phlox paniculata* L.
花葱科 Polemoniaceae 福禄考属 / 天蓝绣球属

原产及栽培地: 原产美国。中国北京、福建、黑龙江、辽宁、台湾、新疆、云南、浙江等地栽培。**习性:** 喜温暖向阳，稍耐寒，怕湿热及酷暑，要求肥沃、疏松及排水良好的土壤，忌积水。**繁殖:** 扦插、分株。

特征要点 多年生草本。株高 60~100cm。叶交互对生，上部常三叶轮生，长圆形或卵状披针形，全缘。大型圆锥花序顶生，径达 15cm，花冠高脚碟状，有白色、粉色、红色、淡蓝色、紫色及复色，花冠筒长达 3cm，单花径 2.5cm。花期 6~7 月。

丛生福禄考（针叶天蓝绣球） *Phlox subulata* L.
花葱科 Polemoniaceae 福禄考属 / 天蓝绣球属

原产及栽培地: 原产美国。中国北京、福建、广东、黑龙江、辽宁、山东、四川、云南、浙江等地栽培。**习性:** 喜温暖向阳，稍耐寒，怕湿热及酷暑，要求肥沃、疏松及排水良好的土壤，忌积水。**繁殖:** 分株。

特征要点 多年生草本。株高 5~15cm。植株低矮，茎纤细密集，蔓延成片。叶细小，线形或针形。花顶生，多数密集排列，花色有白色、粉色、红色、紫色等，径约 2cm。花期 4~5 月。

212

假龙头花（随意草）*Physostegia virginiana* (L.) Benth.
唇形科 Lamiaceae/Labiatae 假龙头花属

原产及栽培地：原产北美。中国北京、福建、黑龙江、辽宁、陕西、上海、四川、台湾、新疆等地栽培。**习性：**喜光；较耐寒，喜深厚、肥沃、疏松且排水良好的砂质壤土，夏季干旱则生长不良。**繁殖：**播种、分株。

特征要点　　多年生草本。株高约1m。茎直立，丛生，四棱形，地下具匍匐状根茎。叶亮绿色，披针形，长达12cm，先端渐尖，缘有锐齿。穗状花序顶生，长可达30cm，小花花冠唇形，花筒长2.5cm，花粉红或淡紫色。花期7~9月。

长叶车前 *Plantago lanceolata* L. 车前科 Plantaginaceae 车前属

原产及栽培地：原产欧亚大陆温带。中国北京、福建、广东、广西、河北、河南、贵州、江苏、江西、山东、陕西、四川、新疆、云南、浙江等地栽培。**习性：**喜光；耐寒；适应性强，对土壤要求不严。**繁殖：**播种、分株。

特征要点　　多年生草本。株高10~60cm。直根粗长。叶基生呈莲座状，叶片披针形，先端尖，基部狭楔形下延。穗状花序自叶丛抽出，短圆柱状或头状，紧密；花小，花冠白色。蒴果狭卵球形。花期5~6月，果期6~7月。

晚香玉 *Agave amica* (Medik.) Thiede & Govaerts 【*Polianthes tuberosa* L.】
天门冬科 / 石蒜科 Asparagaceae/Amaryllidaceae 龙舌兰属 / 晚香玉属

原产及栽培地: 原产墨西哥。中国安徽、北京、福建、广东、广西、贵州、黑龙江、江苏、辽宁、陕西、四川、台湾、云南、浙江等地栽培。**习性**: 喜温暖湿润、阳光充足的环境,要求深厚肥沃、黏质壤土;耐冷凉,忌寒冻与积水。**繁殖**: 分株。

特征要点 多年生草本。株高约 100cm。地下部分为鳞茎状块茎。基生叶 6~9 片,带状披针形,茎生叶越向上越短。总状花序有花 10~20 朵,成对着生,自下而上陆续开放;花漏斗状,白色,芳香,夜间更浓。花期春夏季。

大花夏枯草 *Prunella grandiflora* (L.) Turra
唇形科 Lamiaceae/Labiatae 夏枯草属

原产及栽培地: 原产欧洲、西亚、亚洲中部。中国北京、江苏、上海、台湾、浙江等地栽培。**习性**: 喜温暖气候及阳光充足环境,不耐雨季高温高湿,要求肥沃及排水良好的砂质土壤。**繁殖**: 播种、分株。

特征要点 多年生草本。株高可达 60cm。根茎匍匐地下,节上有须根。茎四棱形。叶卵状长圆形,全缘,两面疏生硬毛。轮伞花序密集,每轮有小花 6 枚,花萼钟状,花冠筒向上弯曲,长 20~27mm,花冠蓝紫色,二唇形。花期 5~9 月。

兔儿尾苗 *Veronica longifolia* L.【*Pseudolysimachion longifolium* (L.) Opiz】

车前科 / 玄参科 Plantaginaceae/Scrophulariaceae 婆婆纳属 / 穗花属

原产及栽培地: 原产亚洲北部。中国北京、江苏、江西、辽宁、台湾等地栽培。**习性:** 喜光; 喜冷凉湿润气候, 耐寒; 喜排水良好的砂质土壤。**繁殖:** 播种、分株。

特征要点 多年生草本。株高 40~120cm。茎常无毛。叶对生, 节上有环, 叶片披针形, 边缘具深刻的尖锯齿, 无毛。总状花序单生枝顶, 长穗状; 花冠紫色或蓝色, 长 5~6mm, 筒部长占 2/5~1/2, 裂片开展; 雄蕊伸出。花期 6~8 月。

穗花婆婆纳(穗花) *Veronica spicata* L.【*Pseudolysimachion spicatum* (L.) Opiz】车前科 / 玄参科 Plantaginaceae/Scrophulariaceae 婆婆纳属 / 穗花属

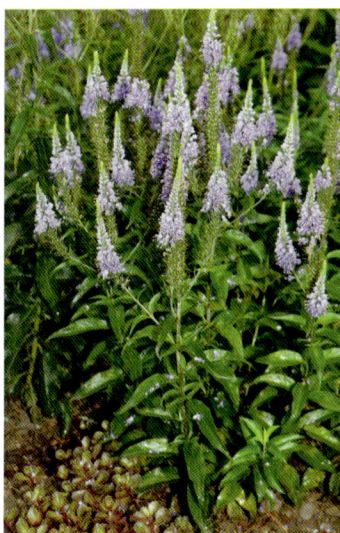

原产及栽培地: 原产亚洲北部。中国北京、江苏、四川、台湾、浙江等地栽培。**习性:** 喜光; 喜冷凉湿润气候, 耐寒; 喜排水良好的砂质土壤。**繁殖:** 播种、分株。

特征要点 多年生草本。株高 15~50cm。茎下部常密生白色长毛。叶对生, 长矩圆形, 边缘具圆齿或锯齿, 具黏质腺毛。花序长穗状; 花梗几乎没有; 花冠紫色或蓝色, 长 6~7mm, 筒部占 1/3 长, 雄蕊略伸出。花期 7~9 月。

白头翁 *Pulsatilla chinensis* (Bunge) Regel 毛茛科 Ranunculaceae 白头翁属

原产及栽培地: 原产亚洲北部。中国北京、黑龙江、江苏、辽宁、四川等地栽培。**习性**: 耐寒、耐干旱瘠薄,喜阳光充足、排水良好的土壤。**繁殖**: 播种、分株。

特征要点 多年生草本。株高35cm,密被白色柔毛。叶基生,4~5片,三出复叶。花莛高15~35cm,花单生,径8cm,萼片花瓣状,6片成两轮,蓝紫色;雄蕊多数,鲜黄色。纺锤形瘦果,具宿存长花柱,有长柔毛,密集成头状果序。花期3~5月。

毛茛 *Ranunculus japonicus* Thunb. 毛茛科 Ranunculaceae 毛茛属

原产及栽培地: 原产亚洲北部。中国北京、福建、广东、广西、贵州、黑龙江、湖北、江西、辽宁、四川、浙江等地栽培。**习性**: 喜水边或湿地冷凉湿润环境;耐寒,耐湿,怕旱。**繁殖**: 播种、分株。

特征要点 多年生草本。株高30~70cm。须根多数。茎中空。基生叶多数,叶片圆心形或五角形,常3深裂不达基部,边缘有粗齿或缺刻。聚伞花序有多数花;花直径1.5~2.2cm;萼片椭圆形;花瓣5,黄色。聚合果近球形;瘦果扁平。花果期4~9月。

黑心金光菊 *Rudbeckia hirta* L. 菊科 Asteraceae/Compositae 金光菊属

原产及栽培地: 原产北美。中国北京、福建、广东、广西、海南、黑龙江、湖北、江苏、江西、上海、四川、台湾、新疆、云南、浙江等地栽培。**习性**: 耐寒, 耐旱; 喜向阳通风环境, 对土壤要求不严; 适应性强, 偶能自播繁衍。**繁殖**: 播种、分株、扦插。

特征要点 多年生草本。株高约1m, 全株被粗毛。叶互生, 长椭圆形, 基生叶3~5浅裂, 边缘具粗齿。头状花序, 径10~20cm, 舌状花金黄色, 瓣基部棕红色或无, 管状花古铜色, 半球形。花期5~9月。

地榆 *Sanguisorba officinalis* L. 蔷薇科 Rosaceae 地榆属

原产及栽培地: 原产欧亚大陆。中国北京、浙江等地栽培。**习性**: 喜光; 喜冷凉湿润气候, 耐寒; 喜排水良好的砂质土壤。**繁殖**: 播种、分株。

特征要点 多年生草本。株高30~120cm。基生叶为羽状复叶; 小叶具柄, 小叶片卵形或长圆状卵形, 边缘有粗锯齿。穗状花序顶生, 多数开展, 紫红色, 椭圆形、圆柱形或卵球形, 直立, 长1~3cm, 径0.5~1cm; 萼片4枚; 雄蕊4枚。花果期7~10月。

肥皂草（石碱花） *Saponaria officinalis* L. 石竹科 Caryophyllaceae 肥皂草属

原产及栽培地：原产欧洲及西亚。中国北京、福建、广西、贵州、黑龙江、辽宁、陕西、上海、台湾、云南、浙江等地栽培。**习性**：性强健，耐寒耐热，不择土壤。**繁殖**：播种、分株。

特征要点 多年生草本。株高 30~70cm。根茎横生。叶对生，长圆状披针形，基部半抱茎，无毛，明显 3 脉。聚伞圆锥花序；苞片披针形；花萼筒状，绿色，有时暗紫色；花瓣白色或淡红色，顶端微凹缺；副花冠片线形。蒴果长圆状卵形。花期 6~9 月。

虎耳草 *Saxifraga stolonifera* Curtis 虎耳草科 Saxifragaceae 虎耳草属

原产及栽培地：原产亚洲。中国北京、福建、广东、广西、贵州、湖北、江苏、江西、陕西、上海、四川、台湾、云南、浙江等地栽培。**习性**：喜荫蔽潮湿的环境；喜温暖湿润的气候及肥沃的壤土。**繁殖**：取匍匐枝分株。

特征要点 多年生草本。株高 20~40cm。叶基生，具丝状匍匐枝，枝梢着地可生根另成单株。叶肾脏形，正面绿色，具白色网状脉纹，背面紫红色，两面均生白色伏生毛，叶柄长，多紫红色。圆锥花序，花稀疏，白色，不整齐。蒴果。花期夏季。

黄芩 *Scutellaria baicalensis* Georgi 唇形科 Lamiaceae/Labiatae 黄芩属

原产及栽培地: 原产亚洲北部。中国北京、福建、甘肃、广东、广西、黑龙江、湖北、江苏、江西、陕西、台湾、云南、浙江等地栽培。**习性:** 喜光; 耐寒, 喜温暖干燥气候; 喜排水良好的砂质土壤。**繁殖:** 播种、扦插。

特征要点 多年生草本。株高30~80cm。根茎肥厚, 肉质, 黄色。茎钝四棱形。叶对生, 披针形, 无柄, 全缘。总状花序顶生; 花密集, 偏向一侧生, 花冠紫色、紫红色或蓝色, 冠檐二唇形。花期7~8月, 果期8~9月。

大齿黄芩 *Scutellaria macrodonta* Nevski ex Juz. 唇形科 Lamiaceae/Labiatae 黄芩属

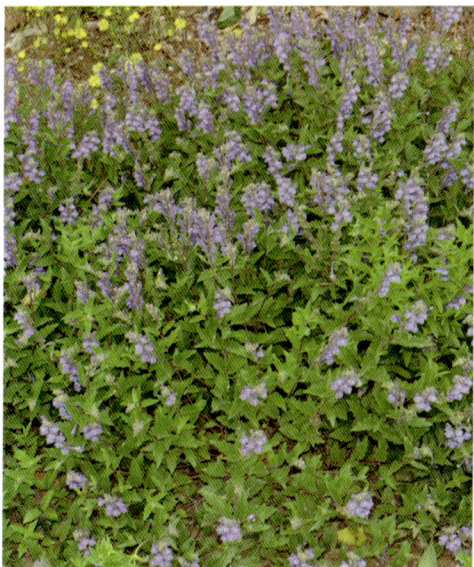

原产及栽培地: 原产中国。北京等地栽培。**习性:** 喜光; 耐寒, 喜温暖干燥气候; 喜排水良好的砂质土壤。**繁殖:** 分株。

特征要点 多年生草本。株高30~40cm。根茎纤细, 匍匐。茎纤细。叶对生, 长圆状卵圆形或长披针形, 边缘具牙齿状粗锯齿。花对生, 排列成顶生长4~8cm的总状花序; 花冠紫红色, 长2.7cm。花期6月, 果期7~8月。

狭叶黄芩 *Scutellaria regeliana* Nakai 唇形科 Lamiaceae/Labiatae 黄芩属

原产及栽培地：原产亚洲北部。中国北京等地栽培。**习性**：喜光；耐寒，喜温暖干燥气候；喜排水良好的砂质土壤。**繁殖**：分株。

特征要点　多年生草本。株高15~30cm。根茎纤细，葡匐。茎纤细，常密集成片生长。叶对生，狭披针形，全缘。花成对单生于茎中部以上的叶腋内，偏向一侧；花冠紫色，长2~2.5cm。花期6~7月，果期7~9月。

并头黄芩 *Scutellaria scordiifolia* Fisch. ex Schrank
唇形科 Lamiaceae/Labiatae 黄芩属

原产及栽培地：原产亚洲。中国北京、辽宁、内蒙古等地栽培。**习性**：喜光；耐寒，喜温暖干燥气候；喜排水良好的砂质土壤。**繁殖**：分株。

特征要点　多年生草本。株高10~40cm。根茎纤细，斜行。茎纤细，常带紫色。叶对生，三角状狭卵形或披针形，边缘大多具浅锐牙齿。花成对单生于茎上部的叶腋内，偏向一侧；花冠蓝紫色，长2~2.2cm。花期6~8月，果期8~9月。

加拿大一枝黄花 *Solidago canadensis* L. 菊科 Asteraceae/Compositae 一枝黄花属

原产及栽培地: 原产北美。中国北京、福建、广西、湖北、江西、辽宁、浙江等地栽培或逸生。**习性**: 性强健，适应性强，对土壤要求不严。**繁殖**: 分株、扦插。

特征要点 多年生草本。株高达 2.5m。有长根状茎。叶互生，披针形或线状披针形，长 5~12cm。圆锥状花序大型，开展；头状花序很小，在花序分枝上单面着生，长 4~6mm；总苞片线状披针形；边缘舌状花很短。花期秋季。

绵毛水苏（毛叶水苏） *Stachys byzantina* K. Koch ex Scheele
唇形科 Lamiaceae/Labiatae 水苏属

原产及栽培地: 原产高加索、伊朗。中国北京、黑龙江、湖北、辽宁、浙江等地栽培。**习性**: 夏季露地栽培，冬季冷床越冬；喜排水良好的砂质壤土。**繁殖**: 播种、分株。

特征要点 多年生草本。株高 30~60cm，全株密被银白色绵毛。具葡匐茎，单一或分枝，近地表处生根。基生叶长圆状椭圆形，具柄，茎生叶无柄，椭圆形，有细锯齿缘。轮伞花序多花，密集成穗状；花冠二唇形，红紫色。花期 7~9 月。

狼毒 *Stellera chamaejasme* L. 瑞香科 Thymelaeaceae 狼毒属

原产及栽培地: 原产亚洲北部。中国甘肃、黑龙江、辽宁、内蒙古、青海、四川、云南、浙江等地栽培。**习性**: 喜光; 耐寒, 喜冷凉干燥的草原或亚高山气候; 喜砂质土壤。**繁殖**: 播种。

特征要点 多年生草本。株高 20~50cm。根茎木质, 粗壮, 圆柱形。茎多数丛生。叶散生, 披针形, 全缘。头状花序顶生, 多花, 圆球形; 花白色、黄色或带紫色, 芳香; 花萼筒细瘦, 裂片 5。花期 4~6 月, 果期 7~9 月。

美国紫菀 *Symphyotrichum novae-angliae* (L.) G. L. Nesom
【*Aster novae-angliae* L.】 菊科 Asteraceae/Compositae 联毛紫菀属 / 紫菀属

原产及栽培地: 原产北美东北部。中国北京、江苏、江西、上海、台湾、浙江等地栽培。**习性**: 耐寒、耐旱, 喜阳光、高燥和通风良好; 要求富含腐殖质的疏松肥沃、排水良好的土壤。**繁殖**: 扦插、分株。

特征要点 多年生草本。株高 60~150cm, 全株被粗毛, 上部呈伞房状分枝。叶披针形或广线形, 全缘, 具黏性茸毛, 叶基稍抱茎。头状花序聚伞状排列, 直径 4~5cm; 舌状花 40~60 个, 深紫色、堇色, 少有红色、粉色及白色等。花期 9~10 月。

荷兰菊 *Symphyotrichum novi-belgii* (L.) G. L. Nesom【*Aster novi-belgii* L.】
菊科 Asteraceae/Compositae 联毛紫菀属 / 紫菀属

原产及栽培地: 原产北美。中国北京、福建、广东、黑龙江、江苏、上海、新疆、浙江等地栽培。**习性**: 耐寒、耐旱,喜阳光、高燥和通风良好;要求富含腐殖质的疏松肥沃、排水良好的土壤。**繁殖**: 播种、扦插、分株。

特征要点 多年生草本。株高可达 100cm,全株光滑。叶互生,长圆形或线状披针形。头状花序集成伞房状,直径 2~3cm;舌状花蓝紫色或白色。花期夏秋季。

聚合草 *Symphytum officinale* L. 紫草科 Boraginaceae 聚合草属

原产及栽培地: 原产欧洲。中国北京、福建、广东、上海、四川、新疆、浙江等地栽培。**习性**: 喜温暖,怕炎热,耐寒、耐旱,要求阳光充足;喜疏松、肥沃及排水良好的砂质壤土。**繁殖**: 播种、分根。

特征要点 多年生草本。株高 30~90cm,全株被白色短硬毛。茎丛生,主根粗壮。基生叶多数,具长柄,带状披针形,长 30~60cm。聚伞花序开展,具多花;花萼裂至近基部;花冠筒状,淡紫色、紫红色或黄白色。小坚果有光泽。花期 6~7 月。

除虫菊 *Tanacetum cinerariifolium* (Trevir.) Sch. Bip.
菊科 Asteraceae/Compositae 菊蒿属

原产及栽培地: 原产欧洲。中国北京、福建、贵州、湖北、江苏、台湾、云南、浙江等地栽培。**习性:** 喜光;不耐严寒,喜冬暖夏凉环境;喜富含腐殖质的疏松、肥沃、排水良好的砂质壤土。**繁殖:** 播种、分株。

特征要点 多年生草本。株高15~45cm,全株被银灰色贴伏绒毛。叶二回羽状全裂,小裂片条形或矩圆状卵形。头状花序顶生,花径3~4cm,具长梗;内层总苞片有宽而亮的膜质边缘;舌状花白色。花期5~6月。

蒲公英 *Taraxacum mongolicum* Hand.-Mazz. 菊科 Asteraceae/Compositae 蒲公英属

原产及栽培地: 原产亚洲北部。中国北京、福建、广东、广西、贵州、湖北、江苏、江西、陕西、四川、云南、浙江等地栽培。**习性:** 性强健,适应性强,对土壤要求不严。**繁殖:** 播种。

特征要点 多年生草本。株高10~40cm。根圆柱状,粗壮。叶全部基生,莲座状,叶片披针形,边缘羽状裂或具齿;叶柄常带红紫色。花葶基生;头状花序直径3~4cm;花冠黄色。果序绒球状;瘦果具小刺;冠毛白色。花期4~9月,果期5~10月。

披针叶野决明 *Thermopsis lanceolata* R.Br.
豆科 / 蝶形花科 Fabaceae/Leguminosae/Papilionaceae 野决明属

原产及栽培地：原产亚洲北部地区。中国甘肃、新疆等地栽培。**习性**：喜光；耐寒，喜冷凉干燥的草原或亚高山气候；喜砂质土壤。**繁殖**：播种。

特征要点 多年生草本。株高 12~40cm。3 小叶复叶互生；托叶叶状，卵状披针形；小叶狭长圆形或倒披针形。总状花序顶生，具花 2~6 轮；花冠黄色，旗瓣近圆形，长 2.5~2.8cm。荚果线形。花期 5~7 月，果期 6~10 月。

无毛紫露草 *Tradescantia × andersoniana* W. Ludw. & Rohweder
鸭跖草科 Commelinaceae 紫露草属

原产及栽培地：原产美国。中国北京、福建、广东、广西、江西、陕西、台湾、浙江等地栽培。**习性**：性强健而耐寒，北京可露地越冬；喜日照充足，但也耐半阴；不择土壤。**繁殖**：分株。

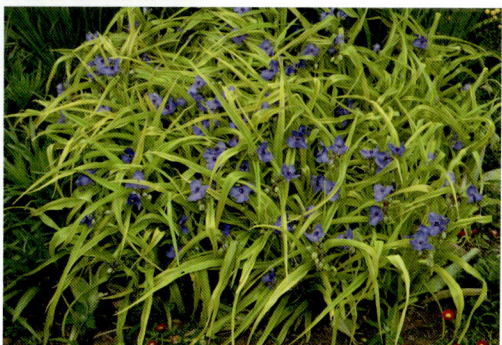

特征要点 多年生草本。株高 30~50cm。茎圆柱形，被白粉。叶广线形，长 30cm，苍绿色，多弯曲，叶面内折，基部鞘状。花多朵簇生枝顶，外被 2 枚长短不等的苞片；花蓝紫色，直径约 2~3cm；萼片 3，绿色；雄蕊 6，花丝具绒毛。花期 5~7 月。

金莲花 *Trollius chinensis* Bunge 毛茛科 Ranunculaceae 金莲花属

原产及栽培地: 原产亚洲北部。中国北京、吉林等地栽培。**习性**: 喜光, 耐半阴; 耐寒, 喜冷凉湿润的草甸气候; 喜深厚肥沃的壤土。**繁殖**: 播种。

特征要点 多年生草本。株高 30~70cm, 全体无毛。具须根。茎不分枝。基生叶有长柄, 叶片五角形, 三全裂, 裂片具锯齿。花多单朵顶生, 直径 4.5cm 左右; 苞片三裂; 萼片花瓣状, 金黄色; 花瓣狭线形。聚合蓇葖果。花期 6~7 月, 果期 8~9 月。

阿尔泰郁金香 *Tulipa altaica* Pall. ex Spreng. 百合科 Liliaceae 郁金香属

原产及栽培地: 原产亚洲北部。中国新疆等地偶有栽培。**习性**: 喜光; 极耐寒, 喜夏季干热、冬季严寒环境; 喜疏松肥沃、排水良好的砂质壤土。**繁殖**: 播种、分鳞茎。

特征要点 多年生草本。株高 10~30cm。鳞茎较大。叶常 3~4 枚, 灰绿色, 边缘平展或呈皱波状。花单朵顶生, 黄色; 花被片长 20~35mm, 宽 5~20mm; 外花被片背面绿紫红色; 6 枚雄蕊等长, 花丝无毛; 几乎无花柱。花期 5 月, 果期 6~7 月。

老鸦瓣 *Amana edulis* (Miq.) Honda 【*Tulipa edulis* (Miq.) Baker】
百合科 Liliaceae 老鸦瓣属 / 郁金香属

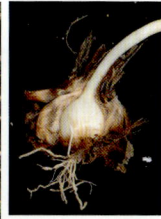

原产及栽培地：原产中国。北京、江苏、江西、上海、浙江等地栽培。**习性**：喜光；极耐寒，喜夏季干热、冬季严寒环境；喜疏松肥沃、排水良好的砂质壤土。**繁殖**：播种、分鳞茎。

特征要点 多年生草本。株高 10~25cm。叶 2 枚，长条形，远比花长。花单朵顶生，具 2 枚狭条形苞片；花被片狭椭圆状披针形，长 20~30mm，宽 4~7mm，白色，背面有紫红色纵条纹；雄蕊 3 长 3 短，花丝无毛。花期 3~4 月，果期 4~5 月。

红冠军郁金香 *Tulipa* Parkiet Group 'Red Champion' 百合科 Liliaceae 郁金香属

原产及栽培地：英国培育品种。中国上海、台湾等地栽培。**习性**：喜光；极耐寒，喜夏季干热、冬季严寒环境；喜疏松肥沃、排水良好的砂质壤土。**繁殖**：播种、分鳞茎。

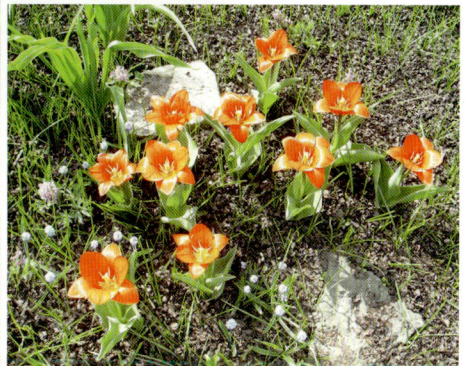

特征要点 多年生草本。株高 20~30cm。叶 2~4 枚，卵状披针形或椭圆形。花大，直立，橘红色。花期春季。

郁金香 *Tulipa gesneriana* L. 百合科 Liliaceae 郁金香属

原产及栽培地：原产地中海及亚洲西部。中国安徽、北京、福建、广东、贵州、黑龙江、湖北、江苏、江西、山东、陕西、上海、四川、台湾、天津、新疆、云南、浙江等地栽培。**习性**：喜光；极耐寒，喜夏季干热、冬季严寒环境；喜疏松肥沃、排水良好的砂质壤土。**繁殖**：播种、分鳞茎。

特征要点 多年生草本。株高 40~80cm。鳞茎扁圆锥形，有淡黄色或棕褐色皮膜。茎叶光滑，被白粉，叶 3~5 枚，披针形或卵状披针形。花大、单生，直立杯形，花色及花型随品种而异，极为丰富多彩。花期春季。

伊犁郁金香 *Tulipa iliensis* Regel 百合科 Liliaceae 郁金香属

原产及栽培地：原产中亚及中国新疆。目前新疆等地栽培。**习性**：喜光；极耐寒，喜夏季干热、冬季严寒环境；喜疏松肥沃、排水良好的砂质壤土。**繁殖**：播种、分鳞茎。

特征要点 多年生草本。株高 40~80cm。茎常有柔毛。叶 3~4 枚，条形或条状披针形。花常单朵顶生，黄色；花被片长 25~35mm，宽 4~20mm；外花被片背面有斑块，内花被片黄色；6 枚雄蕊等长，花丝无毛。花期 3~5 月，果期 5 月。

准噶尔郁金香 *Tulipa suaveolens* Roth 【*Tulipa schrenkii* Regel】
百合科 Liliaceae 郁金香属

原产及栽培地: 原产西亚、中国新疆。中国台湾等地栽培。
习性: 喜光; 极耐寒, 喜夏季干热、冬季严寒环境; 喜疏松肥沃、排水良好的砂质壤土。**繁殖:** 播种、分鳞茎。

特征要点 多年生草本。株高 40~80cm。茎无毛。叶 3~4 枚, 彼此疏离, 披针形或条状披针形。花单朵顶生; 花被片长 25~35mm, 宽 7~15mm, 黄色, 无其他色彩; 6 枚雄蕊等长, 花丝无毛; 几乎无花柱。花期 5 月。

天山郁金香 *Tulipa thianschanica* Regel 【*Tulipa iliensis* Regel】
百合科 Liliaceae 郁金香属

原产及栽培地: 原产中国新疆。新疆等地栽培。**习性:** 喜光; 极耐寒, 喜夏季干热、冬季严寒环境; 喜疏松肥沃、排水良好的砂质壤土。**繁殖:** 播种、分鳞茎。

特征要点 多年生草本。株高 10~15cm。茎无毛。叶 3~4 枚, 彼此紧靠而反曲。花常单朵顶生, 黄色; 花丝中上部多少突然扩大, 向基部逐渐变窄。花期 3~5 月, 果期 5 月。

猫尾草 *Uraria crinita* (L.) Desv.

豆科 / 蝶形花科 Fabaceae/Leguminosae/Papilionaceae 狸尾豆属

原产及栽培地：原产亚洲。中国福建、广东、广西、云南等地栽培。
习性：喜光；喜高温多湿气候。**繁殖**：播种。

特征要点　亚灌木。株高 1~1.5m，被灰色短毛。奇数羽状复叶；托叶长三角形；小叶近革质，长椭圆形或卵形。总状花序顶生，直立，粗壮，密被灰白色长硬毛；花冠蝶形，紫色。荚果荚节 2~4，椭圆形。花果期 4~9 月。

鸡腿堇菜 *Viola acuminata* Ledeb. 堇菜科 Violaceae 堇菜属

原产及栽培地：原产亚洲北部。中国北京、黑龙江、湖北、辽宁、浙江等地栽培。**习性**：喜荫蔽环境；耐寒；喜富含腐殖质的深厚土壤。**繁殖**：分株、播种。

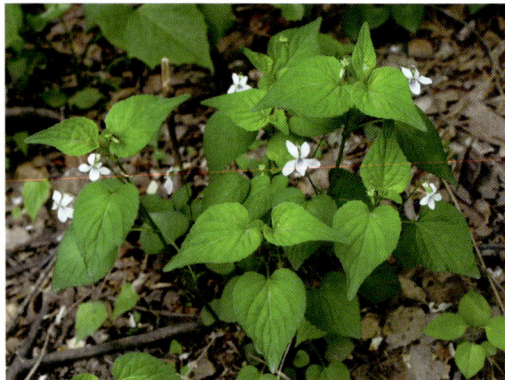

特征要点　多年生草本。株高 10~40cm。茎直立，丛生。叶茎生，叶片心形至卵形，先端尖，基部心形，边缘具钝锯齿及短缘毛；托叶羽状深裂呈流苏状。花具长梗；花冠淡紫色或近白色，两侧对称。蒴果椭圆形。花果期 5~9 月。

香堇菜（香堇） *Viola odorata* L. 堇菜科 Violaceae 堇菜属

原产及栽培地：原产欧洲。中国北京、福建、陕西、台湾、浙江等地栽培。**习性**：喜荫蔽环境；耐寒；喜富含腐殖质的深厚土壤。**繁殖**：分株、播种。

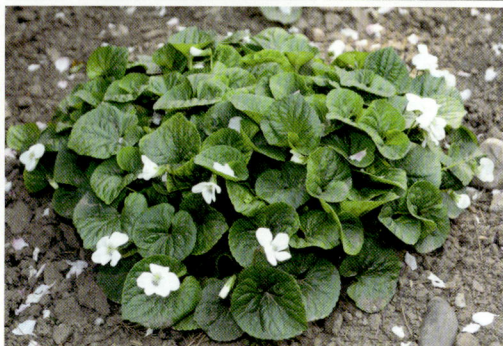

特征要点 多年生草本。株高 10~20cm。有纤匍枝，沿地面生长，无茎。叶心状卵形，被柔毛。花深紫堇色、浅紫堇色、粉红色或纯白色，罕带黄色，直径 2cm，芳香。花期 2~4 月。

紫花地丁 *Viola philippica* Cav. 堇菜科 Violaceae 堇菜属

原产及栽培地：原产东亚、东南亚。中国北京、福建、贵州、黑龙江、湖北、江苏、江西、辽宁、陕西、四川、云南、浙江等地栽培。**习性**：喜光；耐寒；适应性强，对土壤要求不严。**繁殖**：分株、播种。

特征要点 多年生草本。株高 4~20cm。无地上茎。叶基生，莲座状；叶片长圆形或狭卵状披针形，边缘具圆齿，无毛。花中等大，紫堇色或淡紫色。花果期 4~9 月。

早开堇菜 *Viola prionantha* Bunge 堇菜科 Violaceae 堇菜属

原产及栽培地: 原产中国。北京等地栽培。**习性:** 喜光; 耐寒; 适应性强, 对土壤要求不严。**繁殖:** 分株、播种。

特征要点　多年生草本。株高 4~20cm。无地上茎。叶基生, 莲座状; 叶片长圆状卵形或三角状卵形, 边缘密生细圆齿。花大, 紫堇色或淡紫色。花果期 4~9 月。

葱莲(玉帘、葱兰) *Zephyranthes candida* (Lindl.) Herb.
石蒜科 Amaryllidaceae 葱莲属

原产及栽培地: 原产南美洲。中国安徽、北京、福建、广东、广西、海南、湖北、陕西、上海、四川、台湾、云南、浙江等地栽培。**习性:** 喜深厚肥沃、有机质丰富的壤土; 适应性广, 但不耐寒。**繁殖:** 分鳞茎。

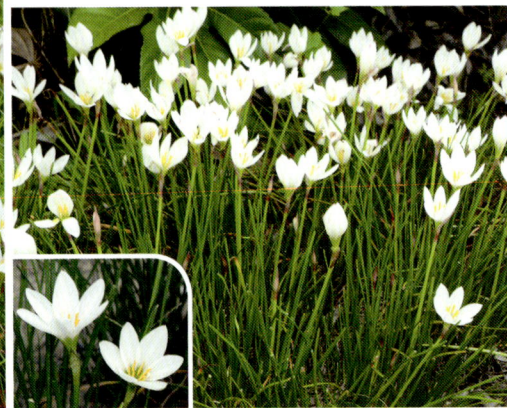

特征要点　多年生草本。株高 15~30cm。鳞茎卵形, 丛生。叶全部基生, 狭线形, 肥厚, 亮绿色, 宽 2~4mm。花单生于花莛顶端; 苞片白色; 花白色, 外面常带淡红色; 花被片 6; 雄蕊 6; 花柱细长。蒴果近球形。花期夏秋季。

韭莲（风雨花）*Zephyranthes carinata* Herb. 石蒜科 Amaryllidaceae 葱莲属

原产及栽培地: 原产中美洲、南美洲。中国北京、福建、广东、广西、海南、湖北、陕西、四川、台湾、云南、浙江等地栽培。**习性**: 喜阳光充足和排水良好、有机质丰富的砂质壤土; 亦可耐半阴和潮湿,性较耐寒。**繁殖**: 分鳞茎。

特征要点 多年生草本。株高 20~40cm。鳞茎卵形有膜, 单生或丛生。叶线形, 扁平, 宽 6~8mm。花单生花莛顶端; 苞片红粉色; 花冠漏斗状, 花被长 5~7cm, 粉红色或淡玫瑰红色。花期 6~9 月。

（三）多年生观叶地被植物

菖蒲 *Acorus calamus* L. 菖蒲科 / 天南星科 Acoraceae/Araceae 菖蒲属

原产及栽培地: 原产中国。北京、福建、广东、湖北、云南、浙江等地栽培。**习性**: 要求水湿地或沼泽环境,适应性强。**繁殖**: 分株。

特征要点 多年生挺水草本。株高 50~100cm。植株具香气。根状茎粗壮。叶基生, 剑状线形, 每侧有 3~5 条平行脉。花茎基生; 佛焰苞叶状; 肉穗花序圆柱形, 黄绿色; 花密集。浆果红色, 长圆形。花期 6~9 月, 果期 8~10 月。

花叶菖蒲 *Acorus calamus* 'Variegata'
菖蒲科 / 天南星科 Acoraceae/Araceae 菖蒲属

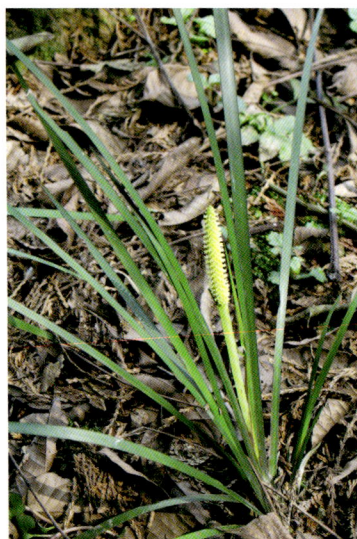

原产及栽培地：栽培起源，中国各地偶有栽培。**习性**：要求水湿地或沼泽环境，适应性强。**繁殖**：分株。

特征要点 叶片具纵向金黄色条纹。其余特征同菖蒲。

金钱蒲 *Acorus gramineus* Sol. ex Aiton
菖蒲科 / 天南星科 Ac oraceae/Araceae 菖蒲属

原产及栽培地：原产中国。南方各地栽培。**习性**：要求水湿地或沼泽环境，适应性强。**繁殖**：分株。

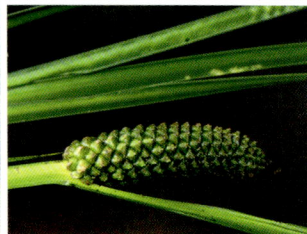

特征要点 多年生草本。株高 20~30cm。根茎横走，芳香。叶基生，质厚，线形，绿色，长 20~30cm，极狭，宽不足 6mm，平行脉多数。花序柄长 2.5~9（~15）cm；叶状佛焰苞短；肉穗花序黄绿色，圆柱形。花期 5~6 月，果期 7~8 月。

金边金钱蒲 *Acorus gramineus* 'Ogon'
菖蒲科 / 天南星科 Acoraceae/Araceae 菖蒲属

原产及栽培地: 栽培起源, 中国南方各地栽培。**习性**: 要求水湿地或沼泽环境, 适应性强。**繁殖**: 分株。

特征要点 叶片具纵向金黄色条纹。其余特征同金钱蒲。

花叶羊角芹 *Aegopodium podagraria* 'Variegatum'
伞形科 Apiaceae/Umbelliferae 羊角芹属

原产及栽培地: 最早培育于欧洲。中国北京、湖北、江苏、陕西、上海、台湾、浙江等地栽培。**习性**: 喜光; 耐寒; 喜排水良好的砂质壤土。**繁殖**: 分株。

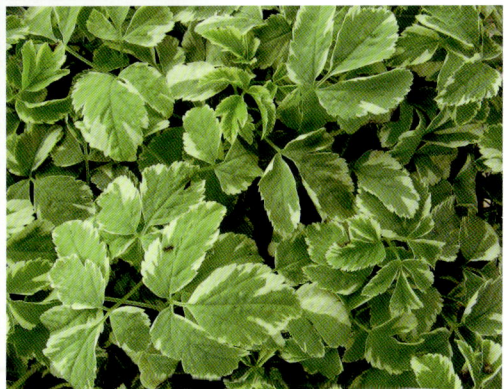

特征要点 多年生草本。株高可达 100cm。地下根茎纤细, 横走。茎直立, 中空, 具槽。叶大多基生, 三出复叶, 小叶宽阔, 边缘具锯齿, 叶面镶嵌有白色斑块。伞形花序顶生; 伞辐 15~20; 小花白色。花期秋季。

蜘蛛抱蛋 *Aspidistra elatior* Blume

天门冬科 / 百合科 Asparagaceae/Liliaceae 蜘蛛抱蛋属

原产及栽培地：原产中国。北京、福建、广东、广西、贵州、湖北、江苏、江西、陕西、上海、四川、台湾、新疆、云南、浙江等地栽培。**习性**：喜荫蔽环境；喜温暖湿润气候，不耐寒；喜富含腐殖质的深厚土壤；忌阳光直射。**繁殖**：分株。

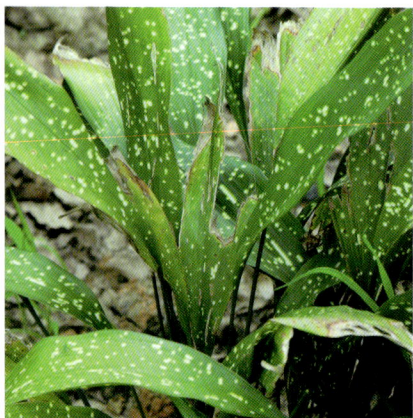

特征要点 多年生常绿草本。株高约 70cm。具粗壮葡匐根状茎。叶基生，质硬，基部狭窄，沟状；叶柄长 12~18cm。花单生短梗上，紧附地面，径约 2.5cm，乳黄或褐紫色。花期春季。

斑叶蜘蛛抱蛋 *Aspidistra elatior* 'Variegata'

天门冬科 / 百合科 Asparagaceae/Liliaceae 蜘蛛抱蛋属

原产及栽培地：最早培育于中国。安徽、北京、福建、广东、广西、贵州、湖北、江苏、江西、陕西、上海、四川、台湾、云南、浙江等地栽培。**习性**：喜荫蔽环境；喜温暖湿润气候，不耐寒；喜富含腐殖质的深厚土壤；忌阳光直射。**繁殖**：分株。

特征要点 叶面具黄白色斑点。其余特征同蜘蛛抱蛋。

236

岩白菜 *Bergenia purpurascens* (Hook. f. & Thomson) Engl.
虎耳草科 Saxifragaceae 岩白菜属

原产及栽培地: 原产喜马拉雅地区。中国福建、江西、陕西、上海、四川、云南等地栽培。**习性:** 要求空气湿润、排水良好的半阴环境。**繁殖:** 播种、扦插根状茎、分株。

特征要点 多年生草本。株高 20~40cm。具地下根状茎,地面茎多匍匐并有分枝。叶基生或生于枝顶,单叶互生,密集成簇生状。花序总状,有花 6~9 朵,花瓣 5 片,玫瑰红色。蒴果 2 裂,种子细小。花期初夏。

鸭儿芹 *Cryptotaenia japonica* Hassk. 伞形科 Apiaceae/Umbelliferae 鸭儿芹属

原产及栽培地: 原产亚洲北部。中国福建、广东、广西、贵州、湖北、江苏、江西、上海、四川、台湾、浙江等地栽培。**习性:** 耐阴;要求温暖湿润的气候。**繁殖:** 播种。

特征要点 多年生草本。株高 20~100cm。基生叶或上部叶有柄,常为 3 小叶复叶;中间小叶片呈菱状倒卵形或心形,两侧小叶片斜倒卵形或长卵形,边缘有不规则的尖锐重锯齿。复伞形花序呈圆锥状;小花白色。分生果线状长圆形。花期 4~5 月,果期 6~10 月。

大叶仙茅（野棕）*Molineria capitulata* (Lour.) Herb.【*Curculigo capitulata* (Lour.) Kuntze】仙茅科 / 石蒜科 Hypoxidaceae/Amaryllidaceae 大叶仙茅属 / 仙茅属

原产及栽培地: 原产中国。北京、福建、广东、广西、贵州、海南、湖北、江苏、江西、陕西、台湾、浙江等地栽培。**习性:** 喜温暖阴湿环境，越冬温度 10℃以上；需土质疏松，适宜富含腐殖质的砂质壤土。**繁殖:** 分株、播种。

特征要点 多年生草本。株高约 1m。具块状根茎。叶基生，具柄，叶片长披针形，具折扇状脉，先端长尖，宽 5~15cm。花梗腋生，比叶柄短；花黄色，聚生成直径 2.5~5cm 的头状花序。花期春季。

庐山楼梯草 *Elatostema stewardii* Merr. 荨麻科 Urticaceae 楼梯草属

原产及栽培地: 原产中国。广东、广西、湖北、江西、浙江等地栽培。**习性:** 喜温暖阴湿环境；适宜富含腐殖质的壤土。**繁殖:** 分株、扦插。

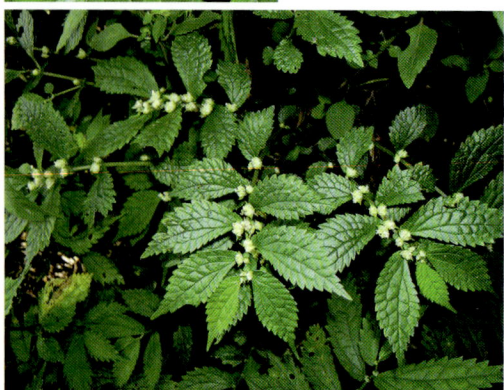

特征要点 多年生草本。株高 24~40cm。有珠芽。叶对生，具短柄；叶片草质或薄纸质，斜椭圆形或斜长圆形，边缘上部有牙齿，叶脉羽状。花序雌雄异株，单生叶腋；花小，黄白色。花期 7~9 月。

半蒴苣苔 *Hemiboea subcapitata* C. B. Clarke 苦苣苔科 Gesneriaceae 半蒴苣苔属

原产及栽培地: 原产中国、越南。中国广东、广西、湖北、上海、四川、浙江等地栽培。**习性**: 喜温暖阴湿环境; 适宜富含腐殖质的壤土。**繁殖**: 分株、扦插。

特征要点　多年生草本。株高 10~40cm。茎具 4~8 节, 肉质。叶对生; 叶片椭圆形, 稍肉质, 无毛, 背面淡绿色或带紫色。聚伞花序假顶生或腋生, 具 3~10 花; 总苞球形; 花冠筒状, 白色, 具紫色斑点。蒴果线状披针形。花期 8~10 月, 果期 9~11 月。

杂种矾根 *Heuchera Hybrid* 虎耳草科 Saxifragaceae 矾根属 / 肾形草属

原产及栽培地: 杂交起源。湖北、浙江等地栽培。**习性**: 喜光, 亦耐阴; 喜温暖湿润气候; 需要排水良好的深厚肥沃壤土。**繁殖**: 分株。

特征要点　多年生草本。株高 20~40cm。叶多数基生, 具细长柄, 叶片轮廓圆形或肾圆形, 具掌状脉, 边缘常具 5 浅裂及多数不规则锯齿, 叶色有黄绿色、金黄色、紫红色、暗紫色、古铜色等变化。花莛自叶丛抽出; 圆锥花序松散, 分枝纤细; 花小。花期夏秋季。

小花肾形草 *Heuchera micrantha* Douglas

虎耳草科 Saxifragaceae 矾根属 / 肾形草属

原产及栽培地: 原产美国。中国北京、江西、台湾、浙江等地栽培。**习性:** 喜光,亦耐阴;喜温暖湿润气候;需要排水良好的深厚肥沃壤土。**繁殖:** 分株。

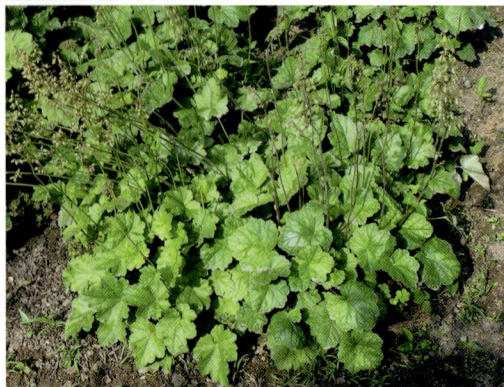

特征要点 多年生草本。株高 10~60cm。浅根性。叶基生,阔心型,深紫色。圆锥花序顶生,分枝纤细;花小,钟状,红色,两侧对称。花期 8~10 月。

红花肾形草(红花矾根) *Heuchera sanguinea* Engelm.

虎耳草科 Saxifragaceae 矾根属 / 肾形草属

原产及栽培地: 原产北美。中国福建、广东、广西、贵州、湖北、江西、上海、四川、云南、浙江等地栽培。**习性:** 喜光,亦耐阴;喜温暖湿润气候;需要排水良好的深厚肥沃壤土。**繁殖:** 分株。

特征要点 多年生草本。株高 10~30cm。叶基生,叶柄暗紫色,具柔毛,叶片绿色,基部心形,边缘具圆齿。花莛自叶丛抽出,花序具少数分枝;花较大,钟状,鲜红色。花期 4~6 月。

240

东北玉簪 *Hosta clausa* Nakai 【*Hosta ensata* F. Maek.】
天门冬科 / 百合科 Asparagaceae/Liliaceae 玉簪属

原产及栽培地: 原产中国、朝鲜。中国北京、黑龙江、辽宁等地栽培。**习性:** 性健壮,耐寒,耐阴,忌强烈日光照射;喜土层深厚、肥沃湿润、排水良好的砂质土壤。**繁殖:** 分株、播种。

特征要点 多年生草本。株高 30~60cm。具长走茎。叶矩圆状披针形或卵状椭圆形,长 10~15cm,宽 2~7cm,先端近渐尖,基部楔形或钝,具 5~8 对侧脉。花葶高 33~55cm;花单生,长 4~4.5cm,紫色。花期 8 月。

玉簪 *Hosta plantaginea* (Lam.) Asch.
天门冬科 / 百合科 Asparagaceae/Liliaceae 玉簪属

原产及栽培地: 原产中国、日本、朝鲜。中国北京、福建、广东、广西、贵州、黑龙江、湖北、江苏、江西、辽宁、陕西、上海、四川、台湾、新疆、云南、浙江等地栽培。**习性:** 性健壮,耐寒,耐阴,忌强烈日光照射;喜土层深厚、肥沃湿润、排水良好的砂质土壤。**繁殖:** 分株、播种。

特征要点 多年生草本。株高 60~100cm。地下茎粗壮。叶基生成丛,卵形或心状卵形,具长柄。顶生总状花序,高出叶面;花被筒长约 13cm,下部细小,形似簪,白色,具浓香气。花期夏秋季。

241

粉叶玉簪 *Hosta sieboldiana* (Hook.) Engl.

天门冬科 / 百合科 Asparagaceae/Liliaceae 玉簪属

原产及栽培地: 原产日本。中国北京、广东、湖北、台湾、云南等地栽培。**习性**: 性健壮,耐寒,耐阴,忌强烈日光照射;喜土层深厚、肥沃湿润、排水良好的砂质土壤。**繁殖**: 分株。

特征要点 多年生草本。株高 60~80cm。根茎粗壮。叶基生,有长柄;叶片大,广卵形,先端尖,基部心脏形,绿色,正面有白粉,蜡质,叶脉明显。总状花序;苞片紫绿色;花白色,漏斗状钟形。花期夏秋季。

紫玉簪(狭叶玉簪) *Hosta sieboldii* (Paxton) J.W.Ingram

天门冬科 / 百合科 Asparagaceae/Liliaceae 玉簪属

原产及栽培地: 原产日本。中国北京、福建、广东、湖北、云南、浙江等地栽培。**习性**: 性健壮,耐寒,耐阴,忌强烈日光照射;喜土层深厚、肥沃湿润、排水良好的砂质土壤。**繁殖**: 分株。

特征要点 多年生草本。株高 40~60cm。根茎粗壮。叶基生成丛,心状卵圆形,具长柄,叶脉弧形,边缘白色。总状花序,着花 9~15 朵;花白色或紫色,有香气,具细长的花被筒。蒴果圆柱形。花期 7~9 月。

242

紫萼 *Hosta ventricosa* Stearn 天门冬科 / 百合科 Asparagaceae/Liliaceae 玉簪属

原产及栽培地: 原产中国、日本。中国北京、福建、广东、广西、贵州、黑龙江、湖北、江西、辽宁、上海、四川、云南、浙江等地栽培。**习性**: 性健壮，耐寒，耐阴，忌强烈日光照射；喜土层深厚、肥沃湿润、排水良好的砂质土壤。**繁殖**: 分株、播种。

特征要点　多年生草本。株高 60~100cm。叶卵状心形至卵圆形，长 8~19cm，宽 4~17cm，先端通常近短尾状或骤尖，基部心形或近截形。花莛具 10~30 朵花；花单生，长 4~5.8cm，紫红色，雄蕊伸出花被之外。花期 6~7 月，果期 7~9 月。

木地肤 *Bassia prostrata* (L.) Beck 【*Kochia prostrata* (L.) Schrad.】
苋科 / 藜科 Amaranthaceae/Chenopodiaceae 沙冰藜属 / 地肤属

原产及栽培地: 原产欧亚大陆。中国甘肃、内蒙古、新疆等地栽培。**习性**: 喜强光；耐寒，喜温暖干燥气候；适宜排水良好的砂质壤土。**繁殖**: 分株、播种。

特征要点　多年生半灌木。株高 10~90cm。多分枝。叶狭条形，长 8~25mm，被柔毛。花腋生或于枝端构成复穗状花序，花被 5 片，密被柔毛。胞果扁球形，紫褐色。种子横生，卵形或近圆形。花期 7 月，果期 9~10 月。

鹿药 *Maianthemum japonicum* (A. Gray) LaFrankie
天门冬科 / 百合科 Asparagaceae/Liliaceae 舞鹤草属

原产及栽培地：原产亚洲北部。中国北京、湖北、陕西、上海、四川、浙江等地栽培。**习性**：耐阴；耐寒，喜冷凉凉湿润气候；喜疏松肥沃的黑色森林壤土。**繁殖**：分株、播种。

特征要点 多年生草本。株高 30~60cm。根茎横走，节膨大。叶互生，椭圆形，长 6~15cm，宽 3~7cm。圆锥花序顶生，长 3~6cm；花密集，白色；花被片 6 枚，椭圆形；雄蕊 6 枚。浆果近球形，红色。花期 5~6 月，果期 8~9 月。

香蜂花 *Melissa officinalis* L. 唇形科 Lamiaceae/Labiatae 蜜蜂花属

原产及栽培地：原产欧洲。中国北京、湖北、江苏、陕西、上海、台湾、浙江等地栽培。**习性**：喜光；耐寒；喜排水良好的砂质壤土。**繁殖**：分株、播种。

特征要点 多年生草本。株高 1m 以上。茎多分枝，四棱形。叶具柄，叶片卵圆形，先端急尖或钝，基部圆形或近心形，边缘具锯齿状圆齿或钝锯齿，被长柔毛。轮伞花序腋生，具短梗，2~14 花；花冠乳白色，二唇形。花期 6~8 月。

薄荷 *Mentha canadensis* L.【*Mentha haplocalyx* Briq.】
唇形科 Lamiaceae/Labiatae 薄荷属

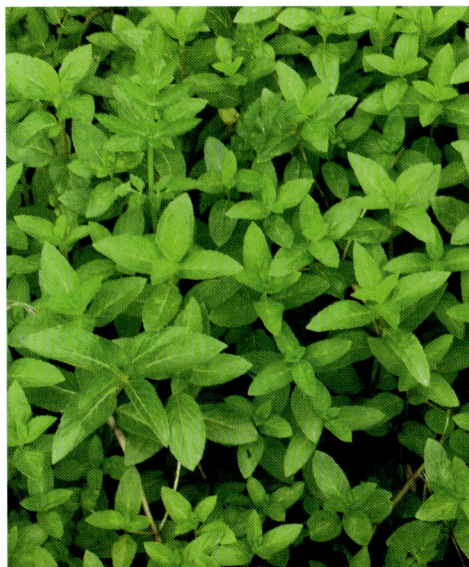

原产及栽培地: 原产北半球温带地区。中国北京、福建、广东、广西、贵州、湖北、江苏、江西、陕西、上海、四川、台湾、新疆、云南、浙江等地栽培。**习性:** 适应性广, 对土壤要求不严, 湿地环境中生长更为茂盛。**繁殖:** 分株、扦插。

特征要点 多年生草本。株高 30~60cm。具匍匐根茎。茎四棱。叶对生, 有柄, 卵形, 叶缘具齿, 具清爽香气。轮伞花序腋生, 球形; 花冠唇形, 上唇顶端 2 裂, 淡蓝紫色。小坚果近圆形或卵圆形。花期 8~9 月。

皱叶留兰香 *Mentha spicata* 'Crispata'【*Mentha crispata* Schrad. ex Willd.】 唇形科 Lamiaceae/Labiatae 薄荷属

原产及栽培地: 最早培育于欧洲。中国北京、江苏、江西、云南、浙江等地栽培。**习性:** 喜温暖湿润气候, 喜阳光及肥沃、湿润、排水良好的砂质壤土; 耐寒, 适应性较强。**繁殖:** 分株、扦插。

特征要点 多年生草本。株高 30~60cm。具匍匐茎。茎钝四棱形, 常带紫色, 无毛。叶对生, 卵形或卵状披针形, 叶面皱波状, 边缘具锯齿。轮伞花序在茎及分枝顶端密集成穗状花序; 花冠淡紫色, 裂片近等大。花期秋季。

欧薄荷 *Mentha longifolia* (L.) L. 唇形科 Lamiaceae/Labiatae 薄荷属

原产及栽培地: 原产欧洲。中国北京、上海等地栽培。**习性**: 喜温暖湿润气候, 喜阳光及肥沃、湿润、排水良好的砂质壤土; 耐寒, 适应性较强。**繁殖**: 分株、扦插。

特征要点 多年生草本。株高达 100cm。根茎匍匐。茎直立, 锐四棱形。叶对生, 披针形, 长达 6cm, 宽 1.5cm, 边缘具粗牙齿。轮伞花序组成穗状花序, 长 3~8cm; 花冠淡紫色, 长 4mm, 冠檐 4 裂。花期 7~9 月。

圆叶薄荷 *Mentha × rotundifolia* (L.) Huds. 唇形科 Lamiaceae/Labiatae 薄荷属

原产及栽培地: 原产中欧。中国北京等地栽培。**习性**: 喜温暖湿润气候, 喜阳光及肥沃、湿润、排水良好的砂质壤土; 耐寒, 适应性较强。**繁殖**: 分株、扦插。

特征要点 多年生草本。株高 30~80cm。茎钝四棱形, 上部分枝呈塔状。叶圆形、卵形或长圆状卵形, 长 2~4.5cm, 宽 1.5~3cm, 边缘具圆齿。轮伞花序密集成圆柱形穗状花序, 长 2~4cm; 花冠白色、淡紫色、淡蓝色或紫色。花期秋季。

留兰香 *Mentha spicata* L. 唇形科 Lamiaceae/Labiatae 薄荷属

原产及栽培地: 原产地不详。中国北京、福建、广东、广西、贵州、海南、湖北、江苏、江西、陕西、台湾、新疆、云南、浙江等地栽培。**习性:** 喜温暖湿润气候,喜阳光及肥沃、湿润、排水良好的砂质壤土;耐寒,适应性较强。**繁殖:** 播种、扦插。

特征要点 多年生草本。高 40~100cm。茎四棱形,绿色。叶对生,具短柄,卵状矩圆形或矩圆状披针形,叶缘有锯齿,叶背脉上带白色明显隆起。轮伞花序组成圆柱形穗状花序;花冠淡紫色。花期 6~9 月。

花点草 *Nanocnide japonica* Blume 荨麻科 Urticaceae 花点草属

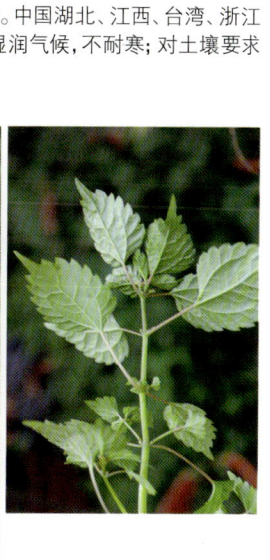

原产及栽培地: 原产东亚。中国湖北、江西、台湾、浙江等地栽培。**习性:** 喜温暖湿润气候,不耐寒;对土壤要求不严。**繁殖:** 分株、扦插。

特征要点 多年生草本。株高 10~25cm。茎直立,半透明,被向上倾的毛。叶互生,三角状卵形或近扇形,具齿。雄花序为多回二歧聚伞花序,长过叶,雄花小,紫红色;雌花序密集成团伞花序,具短梗,雌花被绿色。花期 4~5 月,果期 6~7 月。

247

毛花点草 *Nanocnide lobata* Wedd. 荨麻科 Urticaceae 花点草属

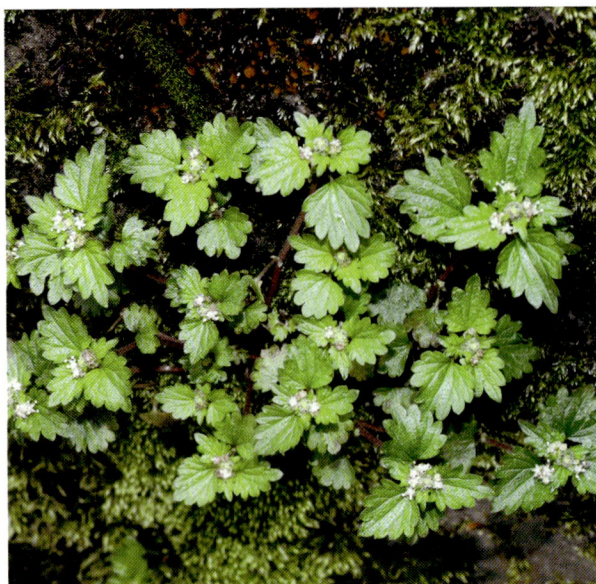

原产及栽培地: 原产亚洲东部。中国北京、湖北、江西、上海、四川、浙江等地栽培。**习性**: 喜温暖湿润气候, 不耐寒; 对土壤要求不严。**繁殖**: 分株、扦插。

特征要点 多年生草本。株高17~40cm。茎较柔软, 常上升或平卧, 被向下倾的毛。叶膜质, 宽卵形或三角状卵形, 具齿。雄花序腋生, 短于叶, 淡绿色; 雌花序由多数花组成团聚伞花序, 具短梗或无梗, 雌花花被片绿色。花期4~6月, 果期6~8月。

皿果草 *Omphalotrigonotis cupulifera* (I. M. Johnst.) W. T. Wang
紫草科 Boraginaceae 皿果草属

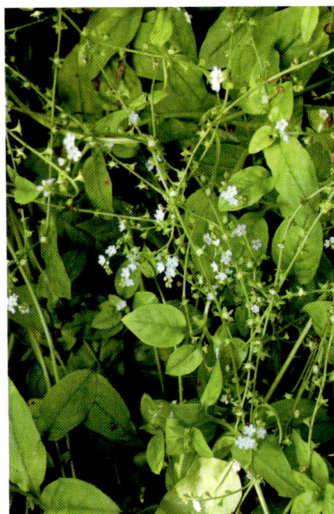

原产及栽培地: 原产中国。湖北、浙江等地栽培。**习性**: 喜温暖湿润气候, 不耐寒; 喜阳光及肥沃、湿润、排水良好的砂质壤土。**繁殖**: 播种。

特征要点 多年生草本。株高20~40cm。基生叶具长柄; 叶片椭圆状卵形或狭椭圆形, 两面均被短伏毛。镰状聚伞花序顶生; 花冠淡蓝色或淡紫红色; 喉部附属物半月形。小坚果淡黄褐色, 平滑, 有光泽, 背面具皿状突起。花果期5~7月。

牛至 *Origanum vulgare* L. 唇形科 Lamiaceae/Labiatae 牛至属

原产及栽培地： 原产欧亚大陆。中国北京、贵州、湖北、江苏、江西、陕西、台湾、云南、浙江等地栽培。**习性：** 喜光；耐寒；喜排水良好的砂质壤土。**繁殖：** 扦插、分株。

特征要点 多年生草本或半灌木，芳香。株高 25~60cm。茎四棱形。叶对生，具柄，卵圆形，长 1~4cm。伞房状圆锥花序开张，多花密集；苞片绿色或带紫晕；花萼钟状；花小，花冠紫红色、淡红色或白色，冠檐二唇形。花期 7~9 月，果期 10~12 月。

七叶一枝花 *Paris polyphylla* Sm. 藜芦科 / 百合科 Melanthiaceae/Liliaceae 重楼属

原产及栽培地： 原产喜马拉雅地区。中国福建、广东、广西、贵州、湖北、江西、上海、四川、云南、浙江等地栽培。**习性：** 喜荫蔽，喜温暖湿润环境；要求深厚肥沃的壤土。**繁殖：** 播种。

特征要点 多年生草本。株高 35~100cm。根状茎粗厚。茎常带紫红色。叶具柄，7~10 枚轮生，叶片矩圆形或倒卵状披针形。花单朵顶生；外轮花被片绿色，4~6 枚，狭卵状披针形；内轮花被片狭条形，比外轮长。花期 4~7 月，果期 8~11 月。

九头狮子草 *Dicliptera japonica* (Thunb.) Makino 【*Peristrophe japonica* (Thunb.) Bremek.】 爵床科 Acanthaceae 狗肝菜属 / 观音草属

原产及栽培地: 原产中国、日本、朝鲜。中国福建、广西、贵州、湖北、江西、上海、四川、云南、浙江等地栽培。**习性**: 喜半阴环境；喜温暖湿润气候；对土壤要求不严。**繁殖**: 分株、扦插。

特征要点 多年生草本。株高 20~50cm。茎绿色，纤细。叶对生，卵状矩圆形。花序顶生或腋生，由 2~8 个聚伞花序组成；总苞状苞片 2 枚，一大一小，卵形；花冠粉红色至微紫色，二唇形；雄蕊 2。花期秋季。

蜂斗菜 *Petasites japonicus* (Siebold & Zucc.) Maxim.
菊科 Asteraceae/Compositae 蜂斗菜属

原产及栽培地: 原产中国、日本、朝鲜等地。中国广东、贵州、湖北、江西、陕西、上海、四川、台湾、浙江等地栽培。**习性**: 喜光；耐寒，喜冷凉湿润气候；喜疏松肥沃、排水良好的砂质壤土。**繁殖**: 分株。

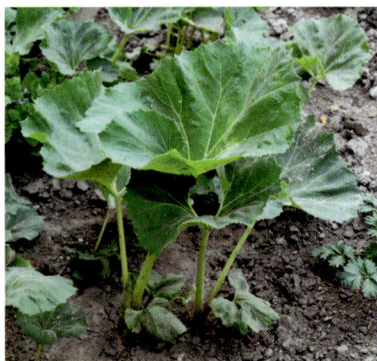

特征要点 多年生草本。株高 30~70cm。根状茎平卧。基生叶具长柄，叶片圆形或肾状圆形，长宽 15~30cm，不分裂，边缘有细齿。雌雄异株。苞叶长圆形，紧贴花莛；头状花序多数，密集成密伞房状；花冠白色。花期 4~5 月，果期 6 月。

250

花叶冷水花 *Pilea cadierei* Gagnep. & Guillaumin 荨麻科 Urticaceae 冷水花属

原产及栽培地: 原产东南亚热带各地。中国北京、福建、广东、广西、上海、四川、台湾、云南、浙江等地栽培。**习性**: 耐阴能力强; 喜温暖湿润环境; 忌夏季暴晒。**繁殖**: 扦插。

特征要点 多年生草本, 常绿。株高不过 50cm。茎、叶肉质多汁。叶交互对生, 广椭圆形或卵状椭圆形, 长 3~6cm, 端尖, 基圆, 叶缘稍具浅齿, 叶面光滑, 叶脉下陷, 脉间具银白色斑纹或斑块。花雌雄异株; 雄花序头状, 常成对生于叶腋。花期 9~11 月。

杜若 *Pollia japonica* Thunb. 鸭跖草科 Commelinaceae 杜若属

原产及栽培地: 原产亚洲南部。中国福建、广西、湖北、江西、上海、四川、云南、浙江等地栽培。**习性**: 耐阴能力强; 喜温暖湿润环境; 忌夏季暴晒。**繁殖**: 分株、播种。

特征要点 多年生草本。株高 30~80cm, 被短柔毛。叶鞘无毛; 叶片长椭圆形, 宽 3~7cm, 正面粗糙。蝎尾状聚伞花序集成圆锥花序, 远超出叶丛, 密被钩状毛; 小花白色。果球状, 果皮黑色。花期 7~9 月, 果期 9~10 月。

小玉竹 *Polygonatum humile* Fisch. ex Maxim.
天门冬科 / 百合科 Asparagaceae/Liliaceae 黄精属

原产及栽培地: 原产亚洲北部。中国北京、广东、台湾、浙江等地栽培。**习性**: 喜半阴环境; 耐寒, 喜温暖湿润气候; 喜排水良好的肥沃砂壤土。**繁殖**: 分株。

特征要点 多年生草本。株高 10~30cm。茎直立, 纤细。叶互生, 椭圆形或卵状椭圆形, 宽 2~4cm。花序腋生, 常仅具 1 花, 下垂; 花筒状, 花被白色, 顶端带绿色。浆果蓝色。花期春夏季。

玉竹 *Polygonatum odoratum* (Mill.) Druce
天门冬科 / 百合科 Asparagaceae/Liliaceae 黄精属

原产及栽培地: 原产欧亚大陆温带。中国北京、福建、广东、广西、贵州、黑龙江、湖北、江苏、江西、辽宁、上海、四川、台湾、云南、浙江等地栽培。**习性**: 耐阴, 全光也可生长; 耐寒, 喜温暖湿润气候; 喜排水良好的肥沃砂壤土。**繁殖**: 分株。

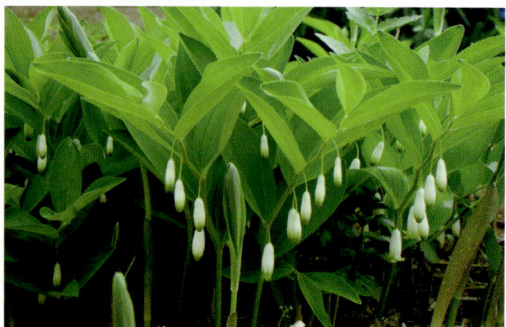

特征要点 多年生草本。株高 20~50cm。根状茎圆柱形, 白色。茎粗壮, 常斜展。叶互生, 椭圆形或卵状矩圆形, 宽 3~16cm。花序腋生, 具 1~4 花; 花被黄绿色或白色。浆果蓝黑色。花期 5~6 月, 果期 7~9 月。

黄精 *Polygonatum sibiricum* F. Delaroche

天门冬科 / 百合科 Asparagaceae/Liliaceae 黄精属

原产及栽培地 原产亚洲北部。中国北京、福建、广东、贵州、黑龙江、湖北、江苏、陕西、上海、四川、浙江等地栽培。**习性**: 耐阴; 耐寒, 喜温暖湿润气候; 喜排水良好的肥沃砂壤土。**繁殖**: 分株。

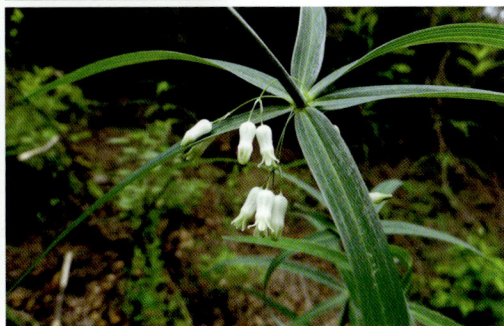

特征要点 多年生草本。株高 50~150cm。根茎圆柱状, 结节膨大。叶轮生, 每轮 4~6 枚, 条状披针形, 先端拳卷或弯曲成钩。花序腋生, 常具 2~4 朵花, 似伞形状, 俯垂; 花被乳白色或淡黄色。浆果黑色。花期 5~6 月, 果期 8~9 月。

万年青 *Rohdea japonica* (Thunb.) Roth

天门冬科 / 百合科 Asparagaceae/Liliaceae 万年青属

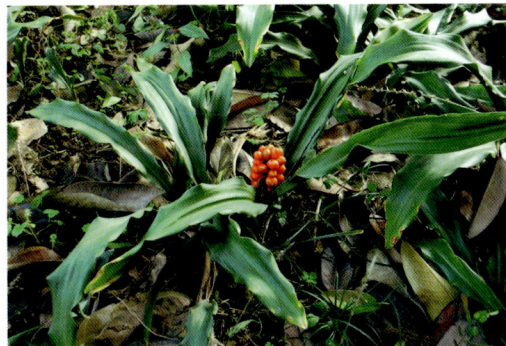

原产及栽培地: 原产中国、日本、朝鲜。中国北京、福建、广东、广西、贵州、湖北、江苏、江西、陕西、上海、四川、台湾、云南、浙江等地栽培。**习性**: 性健壮, 喜温暖、湿润及半阴, 忌强光; 微酸性砂质壤土或黏土均可生长。**繁殖**: 分株、播种。

特征要点 多年生草本, 常绿。株高 30~80cm。根状茎粗。叶密集丛生基部, 矩圆状披针形, 3~6 枚, 纸质。穗状花序长 3~4cm, 无柄, 花数 10 朵密集于花莛上部; 花被合生, 球状钟形, 淡黄色或乳白色。浆果球形, 橘红色。花期夏季。

三白草 *Saururus chinensis* (Lour.) Baill. 三白草科 Saururaceae 三白草属

原产及栽培地：原产东亚、东南亚。中国北京、福建、广东、广西、湖北、江苏、江西、四川、台湾、云南、浙江等地栽培。**习性**：喜水边或湿地环境；不耐寒，耐湿，怕旱。**繁殖**：分株、扦插。

特征要点　多年生湿生草本。株高约1m余。茎粗壮，常带白色。叶互生，纸质，密生腺点，阔卵形或卵状披针形，茎顶端的2~3片于花期常为白色，呈花瓣状。花序白色，长12~20cm；苞片近匙形。果近球形。花期4~6月。

费菜 *Phedimus aizoon* (L.)'t Hart【*Sedum aizoon* L.】
景天科 Crassulaceae 费菜属 / 景天属

原产及栽培地：原产亚洲北部。中国北京、甘肃、江苏、辽宁、山西、陕西、四川等地栽培。**习性**：喜光，亦耐阴；耐寒；耐旱，怕涝，需要排水良好的砂质土壤。**繁殖**：分株、扦插。

特征要点　多年生草本，肉质。株高20~50cm。根状茎短。叶互生，狭披针形或卵状倒披针形，边缘有不整齐的锯齿。聚伞花序水平分枝，平展；萼片5，线形；花瓣5，黄色，长圆形；雄蕊10；鳞片5，近正方形。蓇葖果星芒状排列。花期6~7月，果期8~9月。

凹叶景天 *Sedum emarginatum* Migo 景天科 Crassulaceae 景天属

原产及栽培地: 原产中国。北京、广东、广西、贵州、湖北、江西、上海、四川、云南、浙江等地栽培。**习性:** 耐寒,喜半阴环境。**繁殖:** 茎段扦插、分株。

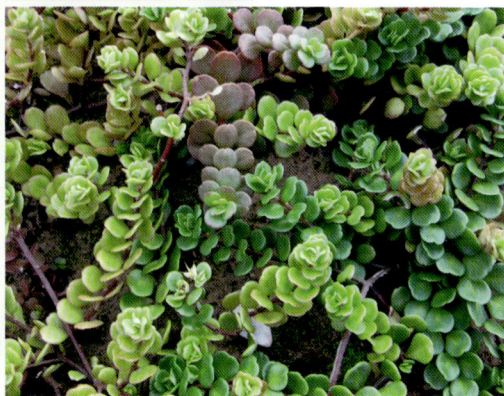

特征要点 多年生草本,肉质。株高 10~15cm。茎细弱。叶对生,匙状倒卵形或宽卵形,长 1~2cm,宽 5~10mm,先端圆,有微缺。花序聚伞状,顶生,常有 3 个分枝;花小,黄色。花期 5~6 月,果期 6 月。

佛甲草 *Sedum lineare* Thunb. 景天科 Crassulaceae 景天属

原产及栽培地: 原产中国、日本。中国安徽、北京、福建、广东、广西、贵州、湖北、江西、上海、四川、台湾、云南、浙江等地栽培。**习性:** 喜光照,对土质要求不严;北京可露地越冬,具有一定的耐寒性。**繁殖:** 分株、扦插。

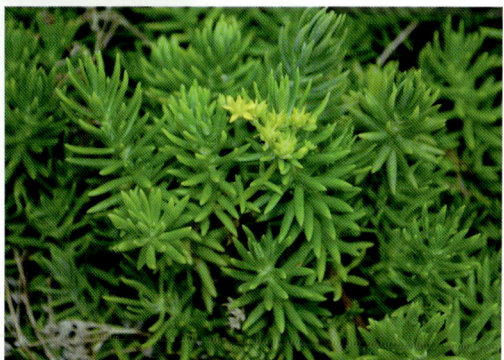

特征要点 多年生草本,肉质。株高 5~15cm。茎初生时直立,后下垂。叶轮生,无柄,线状或线状披针形,长 2.5cm。聚伞花序顶生,着花 10 多朵,中心有一个具短柄的花,花瓣 5,黄色,披针形;雄蕊 10,短于花瓣。花期 5~6 月。

金圆叶景天 *Sedum makinoi* 'Limelight' 景天科 Crassulaceae 景天属

原产及栽培地: 最早培育于日本。中国北京、上海、杭州等地栽培。**习性:** 喜强光; 对土壤要求不严; 不耐涝。**繁殖:** 分株、扦插。

特征要点　多年生草本,肉质。株高5~15cm。茎匍匐。叶小,对生,卵圆形,先端钝圆,金黄色。聚伞状花序,花枝二歧分枝; 花小,黄色。蓇葖果。花期6~7月。

垂盆草 *Sedum sarmentosum* Bunge 景天科 Crassulaceae 景天属

原产及栽培地: 原产东亚地区。中国安徽、北京、福建、广东、广西、黑龙江、湖北、江西、辽宁、陕西、上海、四川、新疆、云南、浙江等地栽培。**习性:** 喜光,稍耐阴; 耐寒, 耐旱; 对土壤要求不严。**繁殖:** 分株、扦插。

特征要点　多年生草本,肉质。株高5~15cm。茎匍匐生长。叶3枚轮生, 线形,微扁。聚伞状花序顶生,花枝二歧分枝; 花鲜黄色,径约1cm。花期春夏季。

256

松塔景天 *Petrosedum sediforme* (Jacq.) Grulich【*Sedum sediforme* (Jacq.) Pau】景天科 Crassulaceae 云杉草属 / 景天属

原产及栽培地: 原产欧洲。中国北京等地栽培。**习性**: 喜光; 耐旱; 对土壤要求不严。**繁殖**: 分株、扦插。

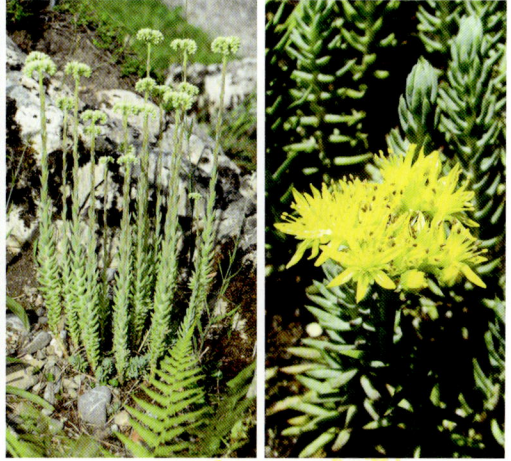

特征要点 多年生草本, 肉质。株高 10~30cm。茎早期直立, 后倒卧地面, 老茎由绿色变为浅暗红色。叶三枚轮生, 排列紧密, 顶部呈密集的开裂松塔状, 叶长 3~5mm, 叶色蓝绿。聚伞状花序顶生; 花白色。花期 5 月。

六棱景天 *Sedum sexangulare* L. 景天科 Crassulaceae 景天属

原产及栽培地: 原产欧洲。中国北京、上海等地栽培。**习性**: 喜光; 耐旱; 对土壤要求不严。**繁殖**: 分株、扦插。

特征要点 多年生草本, 肉质, 常绿。株高 5~10cm。茎葡匐, 上部直立。叶在茎上密集排列成六棱; 叶片较小, 棍棒状, 长 2~3mm, 浅绿色, 花期常变为红色。聚伞花序顶生, 狭窄, 具少数花; 花色亮黄。花期 6~7 月。

胭脂红假景天（小球玫瑰） *Phedimus spurius* 'Coccineum'【*Sedum spurium* 'Coccineum'】景天科 Crassulaceae 费菜属 / 景天属

原产及栽培地: 最早培育于亚洲北部。中国安徽、北京、台湾、云南等地栽培。**习性:** 喜光；耐旱；对土壤要求不严。**繁殖:** 分株、扦插。

特征要点 多年生草本，肉质。株高 10cm 左右。植株低矮，茎匍匐，光滑。叶对生，卵形或楔形，叶缘上部锯齿状，叶片深绿色后变胭脂红色，冬季为紫红色。聚伞花序顶生；花深粉色。花期 6~9 月。

白花紫露草 *Tradescantia fluminensis* Vell.
鸭跖草科 Commelinaceae 紫露草属

原产及栽培地: 原产巴西、乌拉圭。中国北京、福建、广东、湖北、上海、四川、台湾、云南、浙江等地栽培。**习性:** 喜温暖与排水良好、不过肥的土壤环境；喜光，可耐半阴，不耐霜寒。**繁殖:** 分株、扦插。

特征要点 多年生草本，常绿。茎匍匐，光滑，长可达 60cm，带紫红色晕，节处易生根。叶互生，长圆形或卵状长圆形，先端尖，背面深紫堇色，具白色条纹。花小，多朵聚生成伞形花序，白色，为 2 叶状苞片所包被。花期几乎全年。

紫竹梅 *Tradescantia pallida* (Rose) D. R. Hunt
鸭跖草科 Commelinaceae 紫露草属

原产及栽培地: 原产美洲热带地区。中国北京、福建、广东、海南、湖北、四川、台湾、云南、浙江等地栽培。**习性:** 喜温暖、湿润,不耐寒,忌阳光暴晒,喜半阴;极耐旱,适宜肥沃、湿润的壤土。**繁殖:** 分株、扦插。

特征要点 多年生草本。株高 20~30cm。茎紫褐色,初始直立,后倒地葡匐状。叶披针形,略有卷曲,紫红色,被细绒毛。花生于茎顶,具线状披针形苞片;萼片 3;花瓣 3,紫红色;雄蕊 6。蒴果椭圆形。花期夏秋季。

吉林延龄草 *Trillium camschatcense* Ker Gawl.
藜芦科 / 百合科 Melanthiaceae/Liliaceae 延龄草属

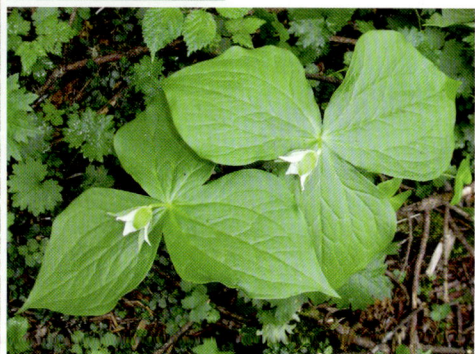

原产及栽培地: 原产亚洲。中国广东、江西、陕西、四川、云南、浙江等地栽培。**习性:** 耐阴;喜冷凉湿润气候;要求深厚肥沃的壤土。**繁殖:** 播种、分株。

特征要点 多年生草本。株高 15~50cm。根状茎粗短。叶 3 枚轮生于茎顶,菱状圆形或菱形,宽 5~15cm,近无柄。花单生于叶轮中央,具柄;外轮花被片卵状披针形,绿色,内轮花被片白色,卵状披针形。浆果圆球形。花期 4~6 月,果期 7~8 月。

藜芦 *Veratrum nigrum* L. 藜芦科／百合科 Melanthiaceae/Liliaceae 藜芦属

原产及栽培地：原产欧亚大陆。中国北京、广东、湖北、江苏、江西、陕西等地栽培。**习性：**喜冷凉湿润气候及排水良好的砂质土壤。**繁殖：**播种、分株。

特征要点 多年生草本。株高可达 2m，粗壮，基部具黑色纤维网。叶簇生基部，椭圆形或卵状披针形，叶面显著褶皱，叶脉显著。圆锥花序高大，顶生，密生黑紫色花；花被片 6，矩圆形。蒴果。花果期7~9 月。

（四）蔓生草本地被植物

红尾铁苋 *Acalypha chamaedrifolia* (Lam.) Müll. Arg.
大戟科 Euphorbiaceae 铁苋菜属

原产及栽培地：原产新几内亚。中国北京、福建、贵州、陕西、浙江等地栽培。**习性：**喜温暖湿润的热带亚热带气候。**繁殖：**扦插、分株。

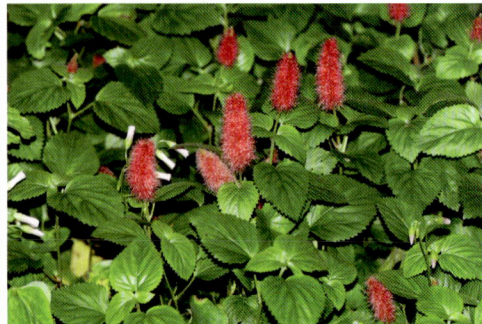

特征要点 多年生草本。株高 20~30cm。茎纤细，匍匐地面。叶对生，有柄，狭卵圆形，边缘具锯齿。穗状花序顶生，长 2~6cm；小花多数，密集，鲜红色。花期春夏季。

匍匐筋骨草 *Ajuga reptans* L. 唇形科 Lamiaceae/Labiatae 筋骨草属

原产及栽培地：原产欧洲。中国北京、广东、云南、浙江等地栽培。**习性**：喜温暖湿润气候及排水良好的砂质土壤。**繁殖**：分株、扦插。

特征要点 多年生草本。株高 10~30cm。叶对生；叶片椭圆状卵圆形，纸质，绿色。轮伞花序 6 朵以上，密集成顶生穗状花序，花淡红色或蓝色。花期 6~7 月。

落葵薯 *Anredera cordifolia* (Tenore) Steenis 落葵科 Basellaceae 落葵薯属

原产及栽培地：原产美洲热带地区。中国北京、福建、广东、广西、贵州、湖北、四川、台湾、云南、浙江等地栽培或逸生。**习性**：耐阴；喜温暖湿润气候；适应性强，对土壤要求不严。**繁殖**：分株、块茎、扦插。

特征要点 常绿缠绕藤本。茎长可达数米。根状茎粗壮。叶互生，具短柄，叶片卵形或近圆形，肉质。总状花序具多花，花序轴纤细，下垂；小花密集，白色。花期 6~10 月。

261

打碗花 *Calystegia hederacea* Wall. ex Roxb. 旋花科 Convolvulaceae 打碗花属

原产及栽培地：原产亚洲。中国北京、贵州、湖北、江西、四川、浙江等地栽培。**习性**：喜光；耐寒；喜排水良好的砂质壤土。**繁殖**：播种。

特征要点 一年生草本。株高8~40cm，无毛。茎细，平卧。叶互生，具柄，叶片3裂，基部心形或戟形。花腋生，1朵；苞片宽卵形；萼片长圆形；花冠淡紫色或淡红色，钟状。蒴果卵球形。花期夏季。

肾叶打碗花 *Calystegia soldanella* (L.) Roem. & Schult.
旋花科 Convolvulaceae 打碗花属

原产及栽培地：原产东亚。中国福建、上海、浙江等地栽培。**习性**：喜光；耐寒；喜排水良好的砂质壤土。**繁殖**：播种、分株。

特征要点 多年生草本。株高5~20cm。茎平卧。叶互生，具柄，肾状圆形，边缘浅波状。花单朵腋生；花冠直径3.5~5cm，边缘5浅裂，淡粉红色。花期5~6月。

乌蔹莓 *Causonis japonica* (Thunb.) Raf. 【*Cayratia japonica* (Thunb.) Gagnep.】 葡萄科 Vitaceae 乌蔹莓属

原产及栽培地: 原产亚洲。中国北京、福建、广东、广西、贵州、湖北、江苏、江西、陕西、上海、四川、云南、浙江等地栽培。**习性**: 喜光耐半阴，喜湿耐旱，不甚耐寒，黄河以北常变为冬枯春生宿根草本。**繁殖**: 播种。

特征要点　多年生缠绕草本。茎长 1~2m。茎蔓具卷须，缠绕他物上升。掌状复叶互生，具 5 枚小叶，呈鸟爪状，顶端小叶大，其他 4 片小叶披针形。聚伞花序腋生或与叶对生，花小，黄色。浆果卵形，紫黑色，浆汁紫红色。花期 6~7 月，果期 9~10 月。

绣球小冠花（多变小冠花） *Securigera varia* (L.) Lassen【*Coronilla varia* L.】 豆科 / 蝶形花科 Fabaceae/Leguminosae/Papilionaceae 斧荚豆属 / 小冠花属

原产及栽培地: 原产欧洲。中国北京、甘肃、江苏、辽宁、山西、陕西、四川等地栽培。**习性**: 生活力强，适应性广；耐旱、抗寒，耐瘠薄；3 月返青，12 月仍能保持绿色。**繁殖**: 播种、扦插、分根。

特征要点　多年生草本。茎蔓生，葡葡向上伸，长可达 180cm。奇数羽状复叶互生；小叶 11~17，椭圆形或长圆形；托叶小，膜质。伞形花序腋生，总花梗长于叶；小花 5~15 朵，花冠蝶形，紫色、淡红色或白色，有明显紫色条纹。花期 6~9 月。

白首乌 *Cynanchum bungei* Decne.

夹竹桃科 / 萝藦科 Apocynaceae/Asclepiadaceae 鹅绒藤属

原产及栽培地：原产亚洲北部。中国北京等地栽培。**习性**：喜温暖湿润环境；要求排水良好的深厚土壤。**繁殖**：播种、分根。

特征要点　多年生草本，具白色乳汁。茎纤细，长可达 2m。块根粗壮。叶对生，具柄，叶片戟形，长 3~8cm，基部心形。伞形聚伞花序腋生；花萼裂片披针形；花冠白色，裂片长圆形；副花冠 5 深裂。菁荚果单生或双生，披针形。花期 6~7 月，果期 7~10 月。

鹅绒藤 *Cynanchum chinense* R. Br.

夹竹桃科 / 萝藦科 Apocynaceae/Asclepiadaceae 鹅绒藤属

原产及栽培地：原产亚洲北部。中国北京等地栽培。**习性**：喜光；耐寒；喜排水良好的砂质壤土。**繁殖**：播种。

特征要点　多年生草本，被灰白色短柔毛。根圆柱形。茎缠绕。叶对生，宽三角状心形，长 3~7cm，基部心形。伞状聚伞花序腋生；花冠白色，辐状，具 5 深裂；副花冠杯状，外轮 5 浅裂，裂片间具 5 条丝状体。菁荚果圆柱形。花期 6~7 月，果期 8~9 月。

马蹄金 *Dichondra micrantha* Urb. 旋花科 Convolvulaceae 马蹄金属

原产及栽培地：原产亚洲地区。中国北京、福建、广东、广西、贵州、湖北、江苏、江西、山东、四川、台湾、云南、浙江等地栽培。**习性：**喜荫蔽或半阴环境，富含腐殖质的湿润土壤。**繁殖：**分栽匍匐茎。

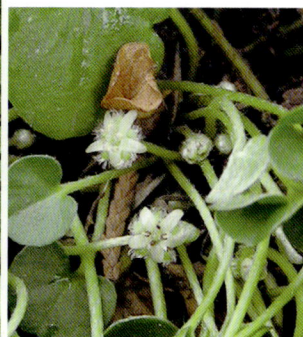

特征要点　多年生草本。株高3~5cm。茎匍匐地面。节上生根，被短柔毛。叶互生，心形或肾形，全缘。花单生叶腋，小形、黄色，花冠钟状。蒴果近球形；种子1~2粒。花期春夏季。

蛇莓 *Potentilla indica* (Andrews) Th. Wolf 【*Duchesnea indica* (Andrews) Focke】 蔷薇科 Rosaceae 委陵菜属 / 蛇莓属

原产及栽培地：原产亚洲。中国北京、福建、广东、广西、贵州、黑龙江、湖北、江西、辽宁、四川、台湾、云南、浙江等地栽培。**习性：**对土壤适应性强，喜半阴半阳或偏阴的生活环境，在全阴下长势较差。**繁殖：**分栽、播种。

特征要点　多年生草本。株高5~10cm。茎匍匐。掌状复叶有长柄；小叶三出，边缘有粗锯齿。花单生叶腋；花梗3~6cm，花托扁平，果期膨大为半圆形，红色。副萼5，萼片较副萼小，均有柔毛；花瓣黄色。瘦果小。花期3~12月。

265

何首乌 *Reynoutria multiflora* (Thunb.) Moldenke 【*Fallopia multiflora* (Thunb.) Haraldson】蓼科 Polygonaceae 虎杖属 / 何首乌属

原产及栽培地: 原产东亚。中国安徽、北京、福建、甘肃、广东、广西、贵州、河南、湖北、江苏、江西、山西、陕西、四川、台湾、云南、浙江等地栽培。**习性:** 喜光; 较不耐寒; 喜排水良好的砂质壤土。**繁殖:** 播种、扦插、分根。

特征要点　多年生草本。茎长 1~3m。根细长, 末端膨大成黑褐色肉质块根, 内部紫红色。茎缠绕, 中空, 多分枝。叶互生, 有柄, 叶片卵形。圆锥花序大而开展; 花小, 白色。花期秋季。

东方草莓 *Fragaria orientalis* Losinsk. 蔷薇科 Rosaceae 草莓属

原产及栽培地: 原产亚洲北部。中国黑龙江、湖北、吉林、辽宁、内蒙古、山西、云南等地栽培。**习性:** 喜半阴半阳或偏阴的生活环境,在强阴下长势较差。**繁殖:** 分株。

特征要点　多年生草本。株高 5~30cm。茎被开展柔毛。三出复叶基生; 小叶几乎无柄, 倒卵形或菱状卵形, 边缘有缺刻状锯齿。花序聚伞状, 有花 1~6 朵; 花两性, 直径 1~1.5cm; 花冠白色。聚合果半圆形, 成熟后为紫红色。花期 5~7 月, 果期 7~9 月。

草莓 *Fragaria* × *ananassa* Duch. 蔷薇科 Rosaceae 草莓属

原产及栽培地：原产欧洲。中国大部分地区均有栽培。**习性**：适应性较强，要求疏松、深厚肥沃的土壤。**繁殖**：分株。

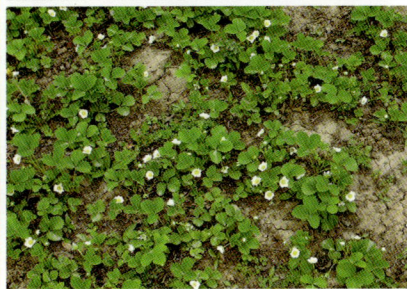

特征要点 多年生草本。株高 10~40cm。叶基生，三出，小叶具短柄，质地较厚，倒卵形或菱形，边缘具缺刻状锯齿。聚伞花序有花 5~15 朵；花两性，直径 1.5~2cm；花冠白色。聚合果大，直径达 3cm，鲜红色。花期 4~5 月，果期 6~7 月。

活血丹（连钱草）*Glechoma longituba* (Nakai) Kuprian.
唇形科 Lamiaceae/Labiatae 活血丹属

原产及栽培地：原产亚洲北部。中国北京、福建、广东、广西、贵州、海南、黑龙江、湖北、江苏、江西、辽宁、陕西、上海、四川、云南、浙江等地栽培。**习性**：喜半阴环境；对土壤要求不严，凡在湿润之地均可生长。**繁殖**：分株、扦插。

特征要点 多年生草本。株高 10~30cm。匍匐茎长可达 1m 以上。茎四棱。叶对生，草质，心形或肾形，叶缘有钝齿，叶柄长。轮伞花序，花少；花冠二唇形，淡蓝色或紫色，下唇具深色斑点。花期 4~5 月，果期 5~6 月。

267

绞股蓝 *Gynostemma pentaphyllum* (Thunb.) Makino
葫芦科 Cucurbitaceae 绞股蓝属

原产及栽培地：原产亚洲。中国北京、福建、广东、广西、贵州、海南、湖北、江西、四川、台湾、云南、浙江等地栽培。**习性**：喜半阴环境；对土壤要求不严，凡在湿润之地均可生长。**繁殖**：播种。

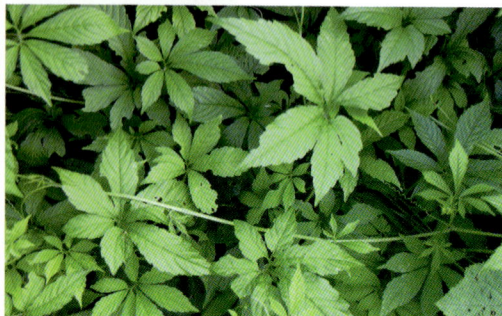

特征要点　草质攀缘植物。茎细弱，长可达数米。叶互生，鸟足状，具 3~9 小叶，小叶片边缘具波状齿或圆齿状牙齿；卷须纤细，二歧。雌雄异株。雄花圆锥花序多分枝，雄花花冠淡绿色或白色；雌花圆锥花序较小。果实球形。花期 3~11 月，果期 4~12 月。

紫鹅绒 *Gynura aurantiaca* 'Sarmentosa'　菊科 Asteraceae/Compositae 菊三七属

原产及栽培地：最早培育于亚洲。中国北京、福建、广东、湖北、江苏、上海、台湾、云南、浙江等地栽培。**习性**：喜荫蔽或半阴环境，富含腐殖质的湿润土壤。**繁殖**：扦插。

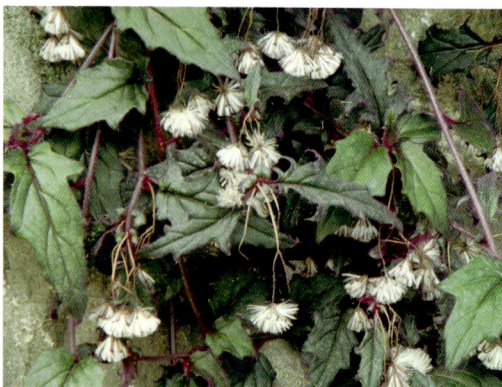

特征要点　多年生草本植物。茎长可达 2m 以上。茎叶密被紫红色绒毛。叶互生，长圆形或披针形，边缘具浅裂和粗锯齿；幼叶呈紫红色，长大后呈深绿色。头状花序多数顶生，橙黄色。花期 4~5 月。

番薯 *Ipomoea batatas* (L.) Poir. 旋花科 Convolvulaceae 番薯属

原产及栽培地: 原产美洲。中国安徽、北京、福建、广东、广西、贵州、海南、河北、河南、黑龙江、湖北、湖南、吉林、江苏、江西、辽宁、山东、山西、陕西、上海、四川、台湾、云南、浙江、重庆等地栽培。**习性**: 适应性强,对土壤要求不严;耐旱,怕涝。**繁殖**: 扦插。

特征要点 多年生草本。茎长可达 1m 以上。块根大,椭圆形、圆形或纺锤形。茎平卧。叶互生,具长柄,叶片宽阔,形状、颜色常因品种不同而异。聚伞花序腋生,花 1 朵或数朵;花冠粉红色、白色、淡紫色或紫色,钟状或漏斗状。花期夏秋季。

圆叶茑萝(橙红茑萝) *Ipomoea cholulensis* Kunth 【*Quamoclit cholulensis* (Kunth) G.Don】 旋花科 Convolvulaceae 番薯属 / 茑萝属

原产及栽培地: 原产美洲。中国北京、福建、贵州、陕西、浙江等地栽培。**习性**: 喜温暖,喜阳,喜疏松肥沃的深厚壤土。**繁殖**: 播种。

特征要点 一年生草本。茎缠绕,长 1~2m。叶具柄,叶片心形,长 3~5cm,宽 2.5~4cm,全缘。聚伞花序腋生,有花 3~6 朵;花冠高脚碟状,橙红色,喉部带黄色。花期秋季。

茑萝（羽叶茑萝） *Ipomoea quamoclit* L.【*Quamoclit pennata* (Desr.) Boj.】
旋花科 Convolvulaceae 番薯属 / 茑萝属

原产及栽培地: 原产美洲热带地区。中国北京、福建、广东、广西、贵州、海南、黑龙江、湖北、江苏、江西、陕西、四川、台湾、新疆、云南、浙江等地栽培。**习性:** 喜温暖，喜阳，不择土壤，华北地区常见自播繁衍。**繁殖:** 播种。

特征要点　一年生草本。茎缠绕，长可达6m。叶羽状分裂，裂片纤细。花腋生，直立，高出叶面；花冠筒长4cm，花冠高脚碟状，洋红色。花期7~10月。

槭叶茑萝 *Ipomoea × multifida* (Raf.) Shinners【*Ipomoea × sloteri* (House) Ooststr.】旋花科 Convolvulaceae 番薯属

原产及栽培地: 杂交起源。中国各地均有栽培。**习性:** 喜温暖，喜阳，喜疏松肥沃的深厚壤土。**繁殖:** 播种。

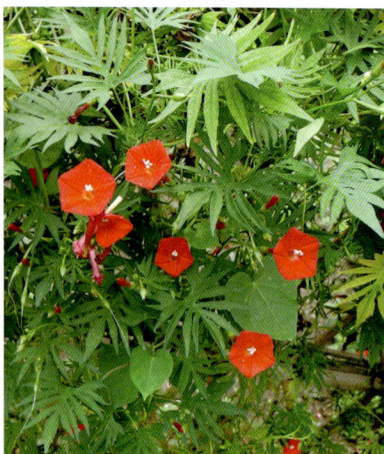

特征要点　一年生草本。茎缠绕，长可达4m。叶片宽卵圆形，呈7~5掌状裂，裂片长而锐尖。花腋生，直径2~2.5cm，漏斗状，大红色或深红色。花期9~10月。

过路黄 *Lysimachia christiniae* Hance 报春花科 Primulaceae 珍珠菜属

原产及栽培地：原产中国。中国北京、福建、广东、广西、贵州、海南、湖北、江西、陕西、上海、四川、云南、浙江等地栽培。**习性**：喜温暖湿润气候；对土壤要求不严。**繁殖**：分株、扦插。

特征要点 多年生草本。茎长 20~60cm，柔弱，平卧延伸。叶对生，卵圆形、近圆形以及肾圆形。花单生叶腋；花梗长 1~5cm；花冠钟形，黄色，裂片狭卵形以及近披针形。蒴果球形。花期 5~7 月，果期 7~10 月。

临时救 *Lysimachia congestiflora* Hemsl. 报春花科 Primulaceae 珍珠菜属

原产及栽培地：原产喜马拉雅地区。中国广东、广西、湖北、江西、上海、四川、云南、浙江等地栽培。**习性**：喜温暖湿润气候；对土壤要求不严。**繁殖**：分株、扦插。

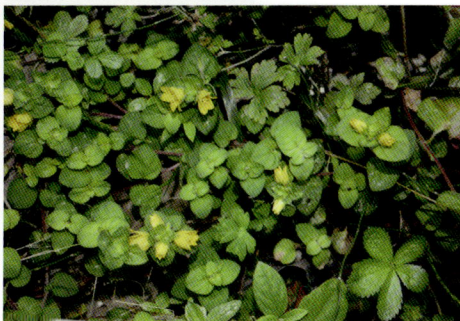

特征要点 多年生草本。茎长 6~50cm，下部匍匐，节上生根。叶对生，卵形或近圆形，背面有时沾染紫红色，两面多少被具节糙伏毛。花 2~4 朵集生茎端和枝端成近头状的总状花序；花冠黄色，内面基部紫红色，裂片具腺点。花期 5~6 月，果期 7~10 月。

金圆叶过路黄 *Lysimachia nummularia* 'Aurea'
报春花科 Primulaceae 珍珠菜属

原产及栽培地：最早培育于美国。中国北京、湖北、四川、云南、浙江等地栽培。**习性**：喜温暖湿润气候；对土壤要求不严。**繁殖**：分株、扦插。

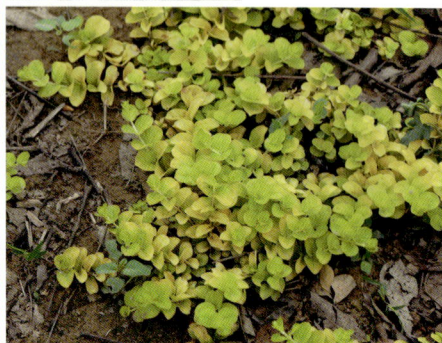

特征要点　多年生草本。茎长 10~50cm，匍匐，节处生根。叶对生，近正圆形，长约 2.5cm，黄色，略肉质。花单生叶腋；花冠黄色。花期夏季。

蝙蝠葛 *Menispermum dauricum* DC. 防己科 Menispermaceae 蝙蝠葛属

原产及栽培地：原产亚洲北部。中国北京、福建、广东、黑龙江、湖北、江西、陕西、云南、浙江等地栽培。**习性**：喜湿润、耐半阴，喜通气及排水良好的砂质土壤，短期水浸亦无碍生存。**繁殖**：分株、播种。

特征要点　多年生草质藤本。茎长 30~100cm。根茎粗壮。叶互生，具柄，叶片盾形、卵圆形，长 6~12cm，边缘有 3~7 角裂或有时全缘。花序圆锥状腋生，雌雄异株；花小，黄白色。核果黑色，扁圆形，直径 7~10mm。花期 4~5 月，果期 9~10 月。

千叶兰 *Muehlenbeckia complexa* Meisn. 蓼科 Polygonaceae 千叶兰属

原产及栽培地：原产大洋洲。中国北京、台湾、浙江等地栽培。**习性**：耐阴；喜温暖气候，不耐寒；喜肥沃湿润、排水良好的土壤。**繁殖**：扦插、分株。

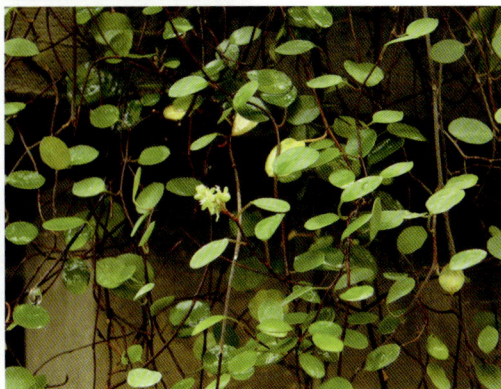

特征要点 多年生藤本。茎长 30~100cm。茎细长，葡匐丛生或呈悬垂状生长，红褐色。小叶互生，叶片心形或圆形。穗状花序腋生或顶生；花小，白色。果实具白色增大的肉质花被片；种子黑色。花期秋季。

鸡屎藤（鸡矢藤） *Paederia foetida* L. 茜草科 Rubiaceae 鸡屎藤属

原产及栽培地：原产亚洲。中国北京、广东、福建、广西、贵州、湖北、江西、海南、江苏、陕西、四川、台湾、云南、浙江等地栽培。**习性**：适应性强，对土壤要求不严，近杂草。**繁殖**：播种。

特征要点 多年生草质藤本。茎长 1~3m。叶对生，膜质，卵形或披针形，基部浑圆，揉捻具有臭味；托叶小，三角形。圆锥花序腋生或顶生，长 6~18cm，扩展；花冠筒状，粉红色，长 12~16mm，通常被绒毛，裂片短。果阔椭圆形，光亮。花期5~6月。

火炭母 *Persicaria chinensis* (L.) H. Gross 【*Polygonum chinense* L.】
蓼科 Polygonaceae 蓼属

原产及栽培地: 原产亚洲。中国福建、广东、广西、贵州、海南、黑龙江、湖北、江西、上海、四川、台湾、云南、浙江等地栽培。**习性:** 喜阳光充足、温暖湿润的环境,对土壤要求不严。**繁殖:** 分株。

特征要点 多年生草本。茎长 70~100cm。根状茎粗壮。叶互生,具短柄;叶片卵形或长卵形,全缘,两面无毛;托叶鞘膜质。花序头状,通常数个排成圆锥状,顶生或腋生;花小,白色或淡红色。花期7~9月,果期8~10月。

头花蓼 *Persicaria capitata* (Buch. -Ham. ex D. Don) H. Gross 【*Polygonum capitatum* Buch. -Ham. ex D. Don】 蓼科 Polygonaceae 蓼属

原产及栽培地: 原产亚洲。中国福建、广东、广西、贵州、海南、四川、云南等地栽培。**习性:** 喜光;喜温暖湿润气候,对土壤要求不严。**繁殖:** 分株。

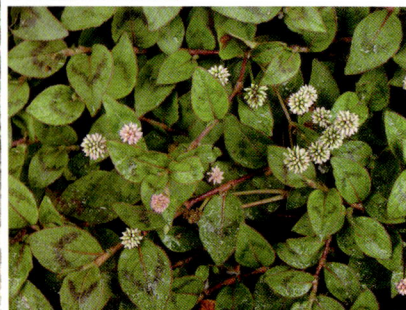

特征要点 多年生草本。株高 20~40cm。茎匍匐,丛生。叶卵形或椭圆形,基部楔形,全缘,边缘具腺毛;托叶鞘筒状,膜质,具腺毛。花序头状,直径6~10mm,顶生;花小,淡红色。花期6~9月,果期8~10月。

小头蓼（赤胫散）*Persicaria runcinata* var. *sinensis* (Hemsl.) B. Li
【*Polygonum microcephalum* D. Don】蓼科 Polygonaceae 蓼属

原产及栽培地：原产喜马拉雅地区。中国福建、广西、贵州、湖北、四川、浙江等地栽培。**习性**：喜光，亦耐阴；喜温暖湿润气候，对土壤要求不严。**繁殖**：分株、播种。

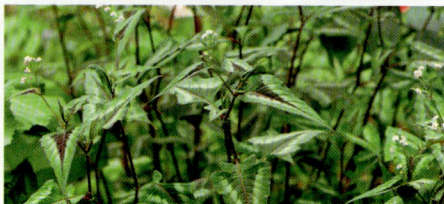

特征要点　多年生草本。株高 30~60cm。叶羽裂，顶生裂片较大，三角状卵形，侧生裂片 1~3 对，叶面常有白色斑块和紫色条纹；托叶鞘膜质，筒状，有柔毛。花序头状，紧密，直径 1~1.5cm；花小，淡红色或白色。花期 4~8 月，果期 6~10 月。

蕨麻 *Argentina anserina* (L.) Rydb. 【*Potentilla anserina* L.】
蔷薇科 Rosaceae 蕨麻属 / 委陵菜属

原产及栽培地：原产欧亚大陆。中国北京等地栽培。**习性**：喜光；耐寒；喜潮湿的草甸或沙地环境。**繁殖**：分株。

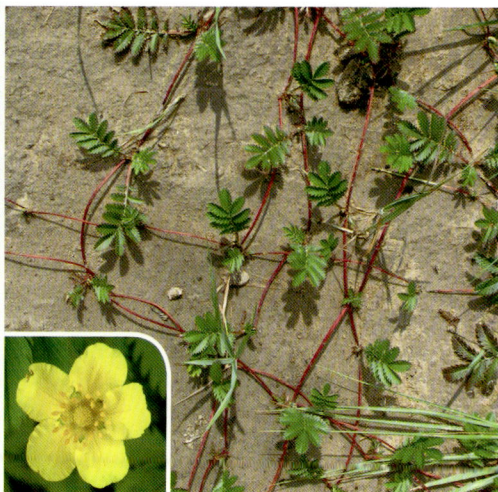

特征要点　多年生草本。株高 5~20cm。匍匐茎纤细，红色。间断羽状复叶基生，小叶 6~11 对，椭圆形，背面密被紧贴银白色绢毛。单花腋生，具长花梗；花黄色。花期夏季。

二裂委陵菜 *Sibbaldianthe bifurca* (L.) Kurtto & T. Erikss. 【*Potentilla bifurca* L.】蔷薇科 Rosaceae 毛莓草属 / 委陵菜属

原产及栽培地: 原产欧亚大陆。中国北京等地栽培。**习性:** 喜光;耐寒;喜排水良好的沙地环境。**繁殖:** 分株。

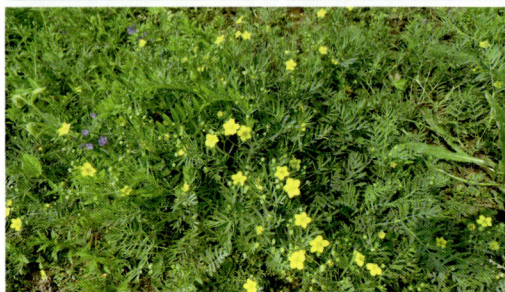

特征要点 多年生草本。株高10~40cm。茎纤细,直立或上升。羽状复叶;小叶5~8对,椭圆形或长圆形,顶端常二裂。近伞房状聚伞花序顶生,疏散;花直径0.7~1cm;花黄色。花果期5~9月。

匍枝委陵菜 *Potentilla flagellaris* D. F. K. Schltdl. 蔷薇科 Rosaceae 委陵菜属

原产及栽培地: 原产亚洲北部。中国北京、黑龙江等地栽培。**习性:** 喜光,耐阴;耐寒;喜排水良好的壤土,耐旱。**繁殖:** 分株。

特征要点 多年生草本。匍匐枝长8~60cm,被柔毛。基生叶为五出掌状复叶,小叶片披针形,卵状披针形或长椭圆形,边缘具尖锯齿。单花与叶对生,花梗长1.5~4cm;花直径1~1.5cm;花黄色。花果期5~9月。

莓叶委陵菜 *Potentilla fragarioides* L. 蔷薇科 Rosaceae 委陵菜属

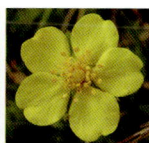

原产及栽培地: 原产亚洲北部。中国北京、广西、黑龙江、江苏、辽宁、云南、浙江等地栽培。
习性: 喜光, 耐阴; 耐寒; 喜排水良好的土壤, 耐旱。**繁殖**: 分株。

特征要点 多年生草本。株高 10~60cm。羽状复叶大多基生, 花后显著增大; 小叶 2~3 对, 倒卵形或长椭圆形, 边缘具锯齿, 两面绿色。伞房状聚伞花序侧生, 多花, 松散; 花黄色。花期 4~6 月, 果期 6~8 月。

绢毛匍匐委陵菜 *Potentilla reptans* var. *sericophylla* Franch.
蔷薇科 Rosaceae 委陵菜属

原产及栽培地: 原产亚洲北部。中国北京、广东等地栽培。**习性**: 喜光, 耐阴; 耐寒; 喜排水良好的土壤, 耐旱。**繁殖**: 分株。

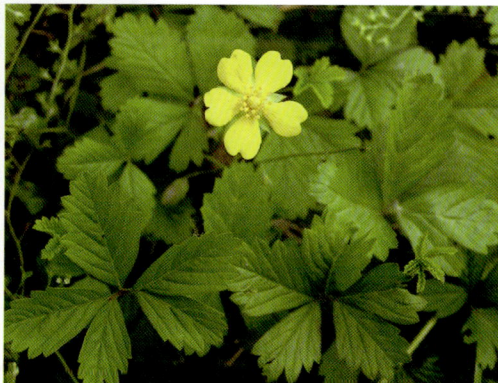

特征要点 多年生匍匐草本。匍匐枝长 20~100cm。基生叶为三出掌状复叶, 边缘两个小叶浅裂至深裂, 具锯齿, 背面及叶柄伏生绢状柔毛。单花腋生; 花直径 1.5~2.2cm; 花黄色。花果期 4~9 月。

蛇含委陵菜 *Potentilla sundaica* Wight & Arn. 蔷薇科 Rosaceae 委陵菜属

原产及栽培地：原产亚洲东部及南部。中国福建、广东、湖北、江西、台湾、云南、浙江等地栽培。**习性**：喜光，耐阴；喜温暖湿润气候，较不耐寒；喜排水良好的土壤，耐旱。**繁殖**：分株。

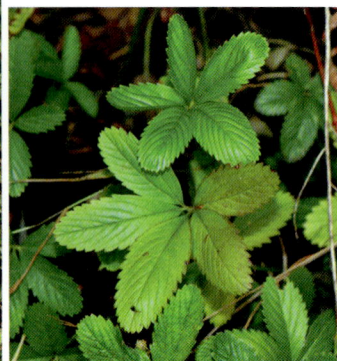

特征要点 多年生草本。茎匍匐，长 10~50cm。基生叶为近于鸟足状 5 小叶；小叶片倒卵形或长圆状倒卵形，边缘有多数急尖或圆钝锯齿。聚伞花序密集枝顶如假伞形；花直径 0.8~1cm；花黄色。花果期 4~9 月。

扬子毛茛 *Ranunculus sieboldii* Miq. 毛茛科 Ranunculaceae 毛茛属

原产及栽培地：原产中国、日本。中国北京、贵州、湖北、江西、四川、台湾、浙江等地栽培。**习性**：耐阴；喜温暖湿润环境，对土壤要求不严。**繁殖**：分株。

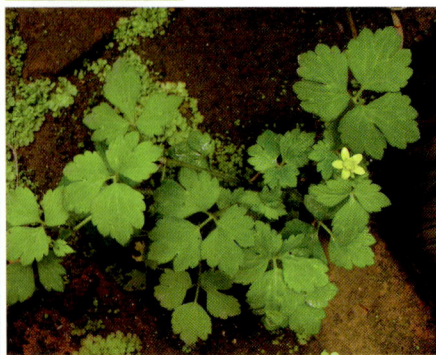

特征要点 多年生草本。茎长 20~50cm，铺散，斜升，密被柔毛。三出复叶；叶片圆肾形或宽卵形，基部心形，边缘有锯齿。花与叶对生，直径 1.2~1.8cm；萼片狭卵形；花瓣 5，黄色或上面变白色。花果期 5~10 月。

金线吊乌龟 *Stephania cephalantha* Hayata 防己科 Menispermaceae 千金藤属

原产及栽培地: 原产中国。福建、广东、广西、贵州、湖北、江西、上海、四川、云南、浙江等地栽培。**习性**: 耐阴; 喜温暖湿润环境，要求排水良好的疏松深厚土壤。**繁殖**: 播种、分株。

特征要点 多年生草质藤本。茎长 1~2m 或过之。块根团块状或不规则。叶互生，具柄，叶片三角状扁圆形或近圆形，全缘; 掌状脉 7~9 条。雌雄花序同形，均为头状花序; 花小，黄绿色。核果阔倒卵圆形，熟时红色。花期 4~5 月，果期 6~7 月。

千金藤 *Stephania japonica* (Thunb.) Miers 防己科 Menispermaceae 千金藤属

原产及栽培地: 原产亚洲。中国北京、福建、湖北、江苏、江西、上海、四川、云南、浙江等地栽培。**习性**: 耐阴; 喜温暖湿润环境，要求排水良好的疏松深厚土壤。**繁殖**: 播种、分株。

特征要点 多年生稍木质藤本。茎长 1~2m，全株无毛。根条状，褐黄色。叶片三角状近圆形，长 6~15cm，背面粉白色; 叶柄明显盾状着生。复伞形聚伞花序腋生，小聚伞花序近无柄，密集呈头状; 花小，黄色。果倒卵形或近圆形，熟时红色。花果期夏秋季。

279

吊竹梅 *Tradescantia zebrina* Heynh. 鸭跖草科 Commelinaceae 紫露草属

原产及栽培地: 原产墨西哥。中国北京、福建、广东、广西、贵州、海南、湖北、江苏、江西、陕西、四川、台湾、云南、浙江等地栽培。**习性:** 喜温暖、耐半阴。**繁殖:** 扦插、分株。

特征要点 多年生草本。茎匍匐,长可达 1m,多分枝。叶卵形或长椭圆形,先端渐尖,具紫色及灰白色条纹,背紫红色,叶鞘上下两端均有毛。花簇生于 2 个无柄的苞片内,萼管与花冠管白色,花被裂片玫瑰色,花柱丝状。花期夏季。

栝楼 *Trichosanthes kirilowii* Maxim. 葫芦科 Cucurbitaceae 栝楼属

原产及栽培地: 原产中国、朝鲜、日本。中国北京、福建、广东、广西、贵州、湖北、江苏、江西、陕西、上海、四川、云南、浙江等地栽培。**习性:** 适应性强,耐寒,生长健壮。**繁殖:** 播种、分株。

特征要点 多年生攀缘草本。茎蔓长达 10m 以上;根肥厚粗壮;卷须分 2~5 叉。雌雄异株,雄花数朵生总梗上,雌花单生;花冠白色,花瓣边缘呈流苏状,花期 6~8 月。果实圆球形,直径约 10cm,9~10 月成熟后,呈橙黄色或赭黄色。

草莓车轴草 *Trifolium fragiferum* L.

豆科 / 蝶形花科 Fabaceae/Leguminosae/Papilionaceae 车轴草属

原产及栽培地：原产欧洲、中亚。中国北京、新疆等地栽培。**习性**：喜光；耐寒；要求排水良好的疏松肥沃砂质壤土。**繁殖**：分株、播种。

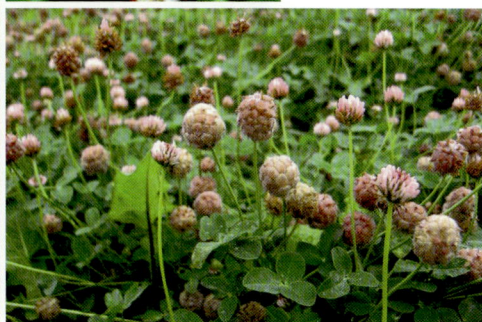

多年生草本。茎长 10~30cm，平卧或匍匐。三出掌状复叶；叶柄细长；小叶倒卵形或倒卵状椭圆形，苍白色。花序半球形或卵形，直径约 1cm，花后增大；花 10~30 朵，密集；花冠淡红色或黄色。荚果长圆状卵形。花果期 5~8 月。

杂种车轴草 *Trifolium hybridum* L.

豆科 / 蝶形花科 Fabaceae/Leguminosae/Papilionaceae 车轴草属

原产及栽培地：原产亚洲北部。中国北京、甘肃、江苏、台湾、云南、浙江等地栽培。**习性**：喜光；耐寒；要求排水良好的疏松肥沃砂质壤土。**繁殖**：分株、播种。

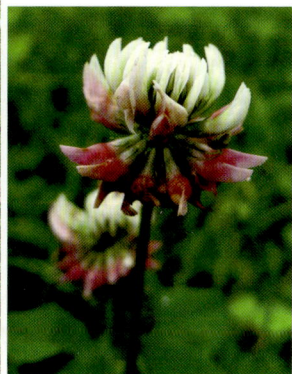

多年生草本。株高 30~60cm。茎直立或上升。三出掌状复叶；小叶阔椭圆形，边缘具不整齐细锯齿。花序球形，直径 1~2cm，着生上部叶腋；花密集；花冠淡红色或白色。荚果椭圆形。花果期 6~10 月。

绛车轴草 *Trifolium incarnatum* L.

豆科 / 蝶形花科 Fabaceae/Leguminosae/Papilionaceae 车轴草属

原产及栽培地: 原产欧洲。中国北京、江苏、四川、台湾、新疆、浙江等地栽培。**习性:** 喜光; 耐寒; 要求排水良好的疏松肥沃砂质壤土。**繁殖:** 分株、播种。

特征要点 多年生草本。株高 30~100cm。茎直立或上升, 粗壮。三出掌状复叶; 小叶阔倒卵形或近圆形, 边缘具波状钝齿, 两面疏生长柔毛。花序圆筒状顶生, 花期继续伸长, 长 3~5cm; 花 50~80 朵, 甚密集; 花冠深红色或朱红色。花果期 5~7 月。

野火球 *Trifolium lupinaster* L.

豆科 / 蝶形花科 Fabaceae/Leguminosae/Papilionaceae 车轴草属

原产及栽培地: 原产欧亚大陆。中国北京、黑龙江、吉林、辽宁等地栽培。**习性:** 喜光; 耐寒; 要求排水良好的疏松肥沃砂质壤土。**繁殖:** 分株、播种。

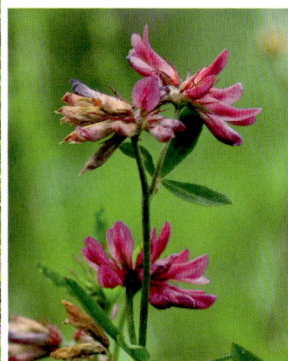

特征要点 多年生草本。株高 30~60cm。茎直立, 单生。掌状复叶, 通常小叶 5 枚; 叶柄几乎全部与托叶合生; 小叶披针形或线状长圆形, 具细锯齿。头状花序着生顶端和上部叶腋, 具花 20~35 朵; 花冠淡红色或紫红色。荚果长圆形。花果期 6~10 月。

红车轴草（红三叶草） *Trifolium pratense* L.

豆科 / 蝶形花科 Fabaceae/Leguminosae/Papilionaceae 车轴草属

原产及栽培地：原产亚洲。中国北京、甘肃、广东、贵州、黑龙江、湖北、江苏、江西、辽宁等地栽培。**习性：**喜光；耐寒；要求排水良好的疏松肥沃砂质壤土。**繁殖：**分株、播种。

特征要点　多年生草本。株高30~90cm。植株丛生。三出掌状复叶，叶柄细长，小叶卵形或长椭圆形，边缘具细锯齿；托叶阔大。总状花序呈头状，花梗长；花冠蝶形，红色或紫色。荚果小，横裂，每荚内含种子1粒。花果期5~9月。

白车轴草（白三叶草、荷兰三叶草） *Trifolium repens* L.

豆科 / 蝶形花科 Fabaceae/Leguminosae/Papilionaceae 车轴草属

原产及栽培地：原产中亚。中国北京、福建、甘肃、广东、贵州、黑龙江、湖北、江苏、江西、辽宁、山东、山西、上海、四川、台湾、新疆、云南、浙江等地栽培。**习性：**适应性强；喜湿润，较耐阴；耐干旱、耐寒、耐瘠薄；不耐践踏，茎易倒。**繁殖：**分株、播种。

特征要点　多年生草本。株高10~30cm。根状茎葡匍，无地上茎。三出掌状复叶基生；叶柄细长；小叶倒卵形或倒心脏形，边缘具细锯齿。总状花序呈头状，生于基生花莛顶端；花多数，密集；花冠白色或淡红色。花期春夏季。

蔓长春花 *Vinca major* L. 夹竹桃科 Apocynaceae 蔓长春花属

原产及栽培地: 原产地中海地区。中国北京、福建、广东、广西、贵州、湖北、江苏、江西、陕西、上海、四川、云南、浙江等地栽培。**习性**: 喜温暖湿润气候，不耐寒；对土壤要求不严。**繁殖**: 扦插、分株。

特征要点　蔓性半灌木。株高 10~30cm。茎绿色，蔓生，花茎直立。叶对生，椭圆形，长 2~6cm，宽 1.5~4cm，先端急尖，基部下延。花单朵腋生，具长花梗；花冠蓝色，花冠筒漏斗状，花冠裂片倒卵形。蓇葖果。花期 3~5 月。

花叶蔓长春花 *Vinca major* 'variegata' 夹竹桃科 Apocynaceae 蔓长春花属

原产及栽培地: 栽培起源，中国各地栽培。**习性**: 喜温暖湿润气候，不耐寒；对土壤要求不严。**繁殖**: 扦插、分株。

特征要点　叶具白色斑块。其余特征同蔓长春花。

（五）水生地被植物

泽泻 *Alisma plantago-aquatica* L. 泽泻科 Alismataceae 泽泻属

原产及栽培地： 原产欧亚大陆、北美洲、大洋洲等地。中国北京、福建、广西、湖北、云南等地栽培。**习性：** 要求水边或湿地沼泽环境，适应性广。**繁殖：** 分株、播种。

特征要点　多年生水生或沼生草本。株高 60~150cm。具块茎。叶全部基生，具长柄，叶片宽披针形、椭圆形或卵形，叶脉通常 5 条。花葶高大；花序多轮分枝，宽大，开展；花小，两性，白色、粉红色或浅紫色。瘦果扁平椭圆形。花果期 5~10 月。

南美天胡荽 *Hydrocotyle verticillata* Thunb.
五加科 / 伞形科 Araliaceae/Umbelliferae 天胡荽属

原产及栽培地： 原产欧洲。中国北京、福建、云南、浙江等地栽培。**习性：** 要求水边或湿地沼泽环境，适应性广。**繁殖：** 分株。

特征要点　多年生挺水或湿生草本。株高 5~15cm。地下茎蔓生，节上常生根。叶基生，具长柄，叶片圆盾形，直径 2~4cm，缘波状，草绿色，辐射脉 15~20 条。伞形花序藏于叶丛下面；花小，两性，白色。花期 6~8 月。

黄菖蒲 *Iris pseudacorus* L. 鸢尾科 Iridaceae 鸢尾属

原产及栽培地：原产亚欧大陆。中国安徽、北京、福建、广东、广西、贵州、黑龙江、湖北、江苏、江西、辽宁、上海、四川、云南、浙江等地栽培。**习性**：要求水边或湿地沼泽环境，适应性广。**繁殖**：分株、播种。

特征要点 多年生挺水或湿生草本。株高 60~100cm。根状茎粗壮。基生叶灰绿色，宽剑形。花茎粗壮，具纵棱；苞片 3~4 枚，膜质；花黄色，直径 10~11cm；外花被裂片卵圆形，内花被裂片较小，倒披针形，直立。花期 5 月，果期 6~8 月。

紫苏草 *Limnophila aromatica* (Lam.) Merr.
车前科 / 玄参科 Plantaginaceae/Scrophulariaceae 石龙尾属

原产及栽培地：原产亚洲。中国广东、台湾、云南等地栽培。**习性**：要求温暖湿润地区的水边或湿地沼泽环境。**繁殖**：分株。

特征要点 多年生水生草本。株高 30~70cm，无毛。叶无柄，对生或三枚轮生，披针形，具细齿。总状花序顶生或腋生；花具梗；小苞片条形；花冠白色、蓝紫色或粉红色。蒴果卵珠形。花果期 3~9 月。

286

丁香蓼 *Ludwigia prostrata* Roxb. 柳叶菜科 Onagraceae 丁香蓼属

原产及栽培地：原产亚洲北部。中国福建、广东、湖北、江西、台湾、云南、浙江等地栽培。
习性：要求水边或湿地沼泽环境，适应性广。
繁殖：播种。

特征要点　一年生水生草本。株高 25~60cm。茎上部四棱形，常淡红色。叶互生，狭椭圆形，全缘。花单朵腋生，近无柄；萼片 4；花瓣 4，黄色，匙形；雄蕊 4；柱头近卵状或球状。蒴果四棱形。花期 6~7 月，果期 8~9 月。

千屈菜 *Lythrum salicaria* L. 千屈菜科 Lythraceae 千屈菜属

原产及栽培地：原产亚欧大陆温带。中国广西、安徽、北京、福建、甘肃、广东、贵州、黑龙江、湖北、江西、辽宁、陕西、四川、云南、浙江等地栽培。**习性**：耐寒，喜光；要求土壤湿润，在浅水及通风好的环境生长良好。**繁殖**：播种、分株、扦插。

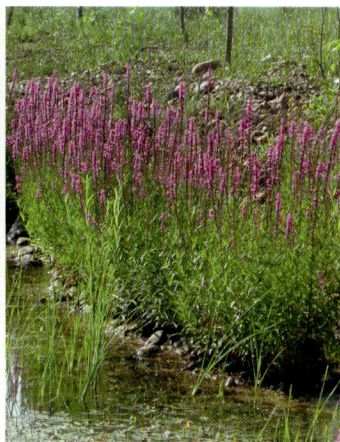

特征要点　多年生湿地草本。株高 80~120cm。茎四棱形，叶对生，披针形或窄卵状长圆形，长 2~5cm，全缘。长穗状顶生花序；花小，多而密集；花萼筒长管状，上端 4~6 齿裂，裂片间各具一附属体；花冠紫红色，花瓣 6 片，直径约 2cm。花期 6~8 月。

水芹 *Oenanthe javanica* (Blume) DC. 伞形科 Apiaceae/Umbelliferae 水芹属

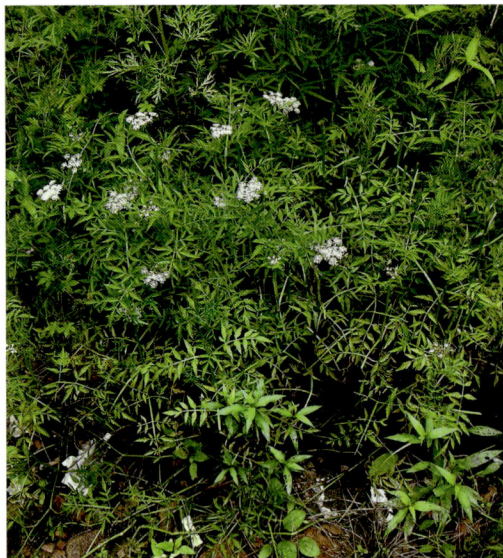

原产及栽培地: 原产亚洲。中国安徽、北京、福建、广东、广西、贵州、海南、河南、黑龙江、湖北、湖南、江苏、江西、山东、上海、四川、台湾、云南、浙江等地栽培。**习性:** 要求水边或湿地沼泽环境,适应性广。
繁殖: 分株、播种。

特征要点 多年生湿生草本。株高15~80cm。茎直立或基部匍匐。叶片轮廓三角形,一至二回羽状分裂,末回裂片卵形或菱状披针形,边缘有牙齿或圆齿状锯齿。复伞形花序顶生;花白色。果椭圆形,侧棱较背棱和中棱隆起。花期6~7月,果期8~9月。

野慈姑 *Sagittaria trifolia* L. 泽泻科 Alismataceae 慈姑属

原产及栽培地: 原产亚洲。中国安徽、北京、福建、广东、广西、贵州、河北、河南、黑龙江、湖北、江苏、江西、辽宁、上海、四川、台湾、云南、浙江等地栽培。**习性:** 喜阳,适应性较强,多生于稻田或沼泽地,在富含有机质的黏质壤土上生长最好。**繁殖:** 分株、播种。

特征要点 多年生水生植物。株高40~100cm。有纤匍枝,枝端膨大成球茎。叶具长柄,叶形变化极大,通常呈剪刀状或戟形。圆锥花序三出,轮生;雌雄同株异花;花白色,雄花生花序上部,雌花生下部。花期夏季,果熟期8~9月。

细叶地榆 *Sanguisorba tenuifolia* Korsh. 蔷薇科 Rosaceae 地榆属

原产及栽培地：原产亚洲北部。中国北京等地栽培。**习性**：要求冷凉湿润地区的水边或湿地沼泽环境。**繁殖**：分株、播种。

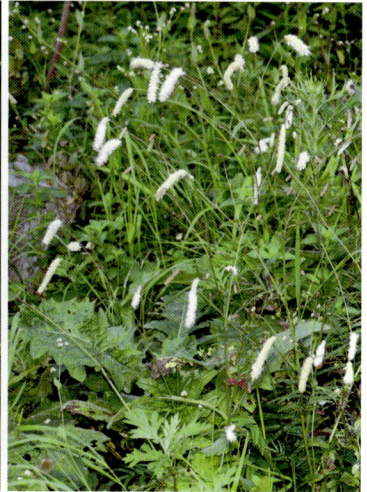

特征要点　多年生湿生草本。株高可达 150cm。基生叶为羽状复叶；小叶带形或带状披针形，边缘有多数缺刻状急尖锯齿。穗状花序长圆柱形，通常下垂，长 2~7cm，直径 0.5~0.8cm；花白色，花丝比萼片长 1~2 倍。花果期 8~9 月。

田菁 *Sesbania cannabina* (Retz.) Poir.
豆科 / 蝶形花科 Fabaceae/Leguminosae/Papilionaceae 田菁属

原产及栽培地：原产亚洲东部。中国安徽、北京、福建、甘肃、广东、广西、贵州、湖北、江苏、江西、辽宁、山东、陕西、上海、台湾、天津、新疆、云南、浙江等地栽培。**习性**：要求水边或湿地沼泽。**繁殖**：播种。

特征要点　一年生湿生草本。株高 1~3.5m。茎单生，粗壮，分枝。羽状复叶互生；小叶 20~40 对，对生，线状长圆形，两面被紫色小腺点。总状花序腋生；花 2~6 朵，疏松，下垂；花冠黄色，散生紫黑点和线。荚果细长，长圆柱形。花果期 7~12 月。

泽芹 *Sium suave* Walter 伞形科 Apiaceae/Umbelliferae 泽芹属

原产及栽培地：原产亚洲北部。中国北京、黑龙江、湖北、江西、四川、台湾等地栽培。**习性：**要求冷凉湿润地区的水边或湿地沼泽环境。**繁殖：**分株、播种。

特征要点 多年生沼生草本。株高60~120cm。一回羽状分裂；羽片3~9对，披针形或线形，边缘有细锯齿或粗锯齿。复伞形花序顶生和侧生；花白色。果实卵形，分生果的果棱肥厚。花期8~9月，果期9~10月。

水竹芋（再力花） *Thalia dealbata* Fraser 竹芋科 Marantaceae 水竹芋属

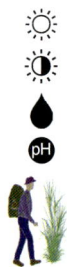

原产及栽培地：原产美国。中国安徽、北京、福建、广东、海南、湖北、四川、云南、浙江等地栽培。**习性：**要求温暖湿润地区的水边或湿地沼泽环境。**繁殖：**分株。

特征要点 多年生挺水草本。株高100~200cm，全株被白粉。叶大部分基生；叶鞘互相叠套；叶柄细长；叶片卵状披针形。花莛细长坚挺；圆锥花序多花，密集成穗状；花小，紫堇色或蓝色。花期夏秋季。

蕨类地被植物

楔叶铁线蕨 *Adiantum raddianum* C. Presl

凤尾蕨科 / 铁线蕨科 Pteridaceae/Adiantaceae 铁线蕨属

原产及栽培地: 原产亚洲。中国北京、福建、甘肃、广东、广西、贵州、河北、吉林、陕西、上海、四川、台湾、云南、浙江等地栽培。**习性**: 喜温暖湿润和半阴环境; 多生长于阴湿的沟边、溪旁及岩壁上。**繁殖**: 分株。

特征要点 多年生蕨类植物, 常绿。株高 15~40cm。根状茎横生。叶薄草质, 无毛; 叶柄栗黑色; 叶片卵状三角形, 鲜绿色, 中部以下二回羽裂, 小羽片斜扇形或斜方形, 外缘浅裂至深裂, 叶脉扇状分叉。孢子囊群生于变形裂片顶端。

金毛狗 *Cibotium barometz* (L.) J. Sm.

金毛狗科 / 蚌壳蕨科 Cibotiaceae/Dicksoniaceae 金毛狗属

原产及栽培地: 原产亚洲南部地区。中国安徽、北京、福建、广东、广西、湖北、江西、上海、四川、台湾、云南、浙江等地栽培。**习性**: 喜荫蔽环境及温暖湿润气候。**繁殖**: 孢子繁殖。

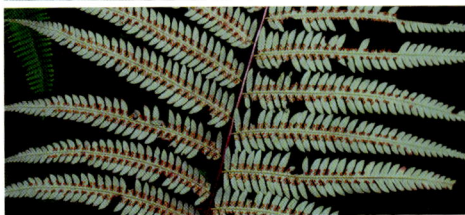

特征要点 大型树状陆生蕨类植物。株高可达 3m。根状茎粗大直立, 密被金黄色长绒毛, 形如金毛狗头。顶端有叶丛生, 叶片三回羽裂; 末端裂片镰状披针形, 尖头, 边缘有浅锯齿。孢子囊群生于小脉顶端, 囊群盖两瓣, 形如蚌壳。

线蕨 *Leptochilus ellipticus* (Thunb.) Noot.【*Colysis elliptica* (Thunb.) Ching】
水龙骨科 Polypodiaceae 薄唇蕨属 / 线蕨属

原产及栽培地: 原产中国、日本和越南。中国福建、广东、广西、贵州、海南、湖南、江苏、江西、上海、四川、台湾、浙江等地栽培。**习性:** 喜温暖湿润和半阴环境;多生长于阴湿的土壤中。**繁殖:** 分株。

特征要点 多年生蕨类植物。株高 20~60cm。根状茎长而横走。叶远生,近二型;不育叶长圆状卵形或卵状披针形,一回羽裂深达叶轴,羽片狭长披针形或线形;能育叶和不育叶近同形,但叶柄较长,羽片极狭窄。孢子囊群线形;无囊群盖。

渐尖毛蕨 *Cyclosorus acuminatus* (Houtt.) Nakai
金星蕨科 Thelypteridaceae 毛蕨属

原产及栽培地: 原产中国、日本、朝鲜。中国北京、广东、广西、贵州、湖北、江西、上海、台湾、云南、浙江等地栽培。**习性:** 喜温暖湿润和半阴环境;多生长于阴湿的土壤中。**繁殖:** 分株。

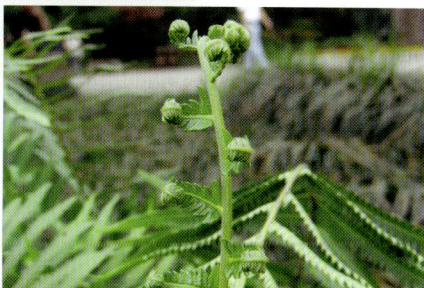

特征要点 多年生蕨类植物。株高 70~80cm。根状茎长而横走。叶二列远生;叶片长圆状披针形,先端尾状渐尖并羽裂,基部植物不变狭,二回羽裂;羽片13~18 对,上面被极短的糙毛。孢子囊群圆形,生于侧脉中部以上。

293

贯众 *Cyrtomium fortunei* J. Sm. 鳞毛蕨科 Dryopteridaceae 贯众属

原产及栽培地: 原产东亚。中国北京、福建、广东、广西、贵州、湖北、江苏、江西、陕西、上海、四川、云南、浙江等地栽培。**习性:** 喜凉爽湿润环境; 常生于石灰岩缝中。**繁殖:** 分株、孢子繁殖。

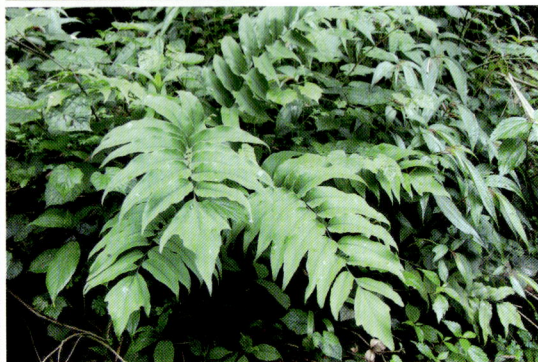

特征要点 　多年生蕨类植物。株高 40~100cm。根状茎短, 被黑褐色大鳞片。叶簇生, 奇数一回羽状分裂, 羽片镰刀状披针形, 边缘有缺刻状细锯齿。孢子囊群生于内藏小脉顶端, 囊群盖大, 圆盾形。

骨碎补 *Davallia trichomanoides* Blume 骨碎补科 Davalliaceae 骨碎补属

原产及栽培地: 原产中国。辽宁、山东、台湾等地栽培。**习性:** 喜潮湿、较喜光亦较耐寒; 常附生于石上或树上。**繁殖:** 分切根状茎繁殖。

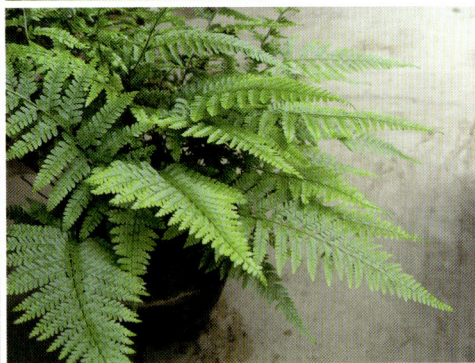

特征要点 　多年生蕨类植物。株高 15~20cm。根状茎长而横走。叶远生, 叶片五角形, 四回羽状细裂, 裂片有粗钝齿, 每齿有小脉 1 条。孢子囊群生于小脉顶端; 囊群盖盅状, 成熟时孢子囊突出口外, 覆盖裂片顶部, 仅露出外侧的长钝齿。

芒萁 *Dicranopteris pedata* (Houtt.) Nakaike 里白科 Gleicheniaceae 芒萁属

原产及栽培地: 原产亚洲。中国福建、广东、广西、贵州、海南、江西、上海、四川、云南、台湾、浙江等地栽培。**习性**: 喜温暖湿润气候，需要酸性土壤，适应性广。**繁殖**: 分株。

特征要点　多年生蕨类植物。株高 45~90cm。根状茎横走。叶远生；叶轴一至二回二叉分枝；羽片篦齿状深裂几达羽轴；裂片线状披针形，正面黄绿色或绿色，背面灰白色。孢子囊群圆形，一列，着生于裂片背面，由 5~8 个孢子囊组成。

里白 *Diplopterygium glaucum* (Thunb. ex Houtt.) Nakai
里白科 Gleicheniaceae 里白属

原产及栽培地: 原产东亚、东南亚。中国福建、广东、贵州、湖北、江西、上海、四川、浙江等地栽培。**习性**: 喜温暖湿润气候，需要酸性土壤，适应性广。**繁殖**: 分株。

特征要点　多年生蕨类植物。株高约 1.5m。根状茎横走，被鳞片。柄光滑，暗棕色；一回羽片对生，具短柄；小羽片线状披针形，羽状深裂；裂片宽披针形，全缘，正面绿色，背面灰白色。孢子囊群圆形，中生，生于上侧小脉上，由 3~4 个孢子囊组成。

槲蕨 *Drynaria roosii* Nakaike

水龙骨科 / 槲蕨科 Polypodiaceae / Drynariaceae 槲蕨属

原产及栽培地: 原产中国南部及中南半岛地区。中国北京、福建、广东、广西、贵州、江西、上海、四川、台湾、浙江等地栽培。**习性**: 喜潮湿、较喜光亦较耐阴; 常附生于石上或树上。**繁殖**: 分株。

特征要点 多年生蕨类植物。株高 40~150cm。根状茎附生岩石或树干上, 匍匐生长。叶二型; 基生不育叶小, 圆形, 浅裂; 能育叶长而大, 具狭翅, 深羽裂到距叶轴 2~5mm 处; 裂片互生, 披针形。孢子囊群圆形、椭圆形, 密布于能育叶下面。

蛇足石杉 *Huperzia serrata* (Thunb.) Rothm.

石松科 / 石杉科 Lycopodiaceae/Huperziaceae 石杉属

原产及栽培地: 原产亚洲。中国福建、广东、广西、贵州、湖北、江西、上海、四川、浙江等地栽培。**习性**: 喜温暖湿润的荫蔽环境以及疏松肥沃的深厚壤土。**繁殖**: 分株。

特征要点 多年生土生蕨类植物。株高 10~30cm。茎直立或斜生, 二至四回二叉分枝。叶螺旋状排列, 疏生, 平伸, 狭椭圆形, 长 1~3cm, 宽 1~8mm, 边缘有尖齿, 两面光滑, 薄草质。孢子囊生于孢子叶的叶腋, 两端露出, 肾形, 黄色。

垂穗石松 *Palhinhaea cernua* (L.) Vasc. & Franco【*Lycopodium cernuum* L.】
石松科 Lycopodiaceae 垂穗石松属 / 石松属

原产及栽培地: 原产亚洲热带、大洋洲、中南美洲。中国南方地区栽培。**习性:** 喜通风开阔的潮湿土坡或石头环境。**繁殖:** 分株。

特征要点 多年生土生石松类植物。株高可达 60cm。茎圆柱形,多回不等位二叉分枝。叶螺旋状排列,稀疏,钻形或线形。孢子囊穗单生于小枝顶端,短圆柱形,下垂,淡黄色,无柄;孢子叶卵状菱形,覆瓦状排列;孢子囊生于孢子叶腋,内藏,圆肾形,黄色。

石松 *Lycopodium japonicum* Thunb. 石松科 Lycopodiaceae 石松属

原产及栽培地: 原产亚洲。中国福建、广西、湖北、江西、上海、浙江等地栽培。**习性:** 喜通风开阔的潮湿土坡或石头环境。**繁殖:** 分株。

特征要点 多年生土生石松类植物。株高可达 40cm。匍匐茎细长横走,二至三回分叉,绿色;侧枝直立,多回二叉分枝。叶螺旋状排列,密集,上斜,披针形。孢子囊穗 4~8 个集生于长达 30cm 的总柄;苞片叶状;孢子囊穗直立,圆柱形。

普通针毛蕨 *Macrothelypteris torresiana* (Gaudich.) Ching
金星蕨科 Thelypteridaceae 针毛蕨属

原产及栽培地: 原产亚洲。中国北京、福建、广东、江西、上海、台湾、云南等地栽培。**习性**: 喜温暖湿润气候，需要酸性土壤，适应性广。**繁殖**: 分株、孢子繁殖。

特征要点 多年生土生蕨类植物。株高 60~150cm。根状茎短。叶簇生；叶柄灰绿色，被短毛；叶片三角状卵形，三回羽状；羽片长圆状披针形；小羽片披针形，羽状分裂；裂片披针形，下面被细长针状毛和头状短腺毛。孢子囊群小，圆形。

东方荚果蕨 *Pentarhizidium orientale* (Hook.) Hayata 【*Matteuccia orientalis* (Hook.) Trevis.】 球子蕨科 Onocleaceae 东方荚果蕨属 / 荚果蕨属

原产及栽培地: 原产亚洲南部地区。中国四川、云南等地栽培。**习性**: 喜温暖湿润气候，需要酸性土壤，适应性广。**繁殖**: 分株、孢子繁殖。

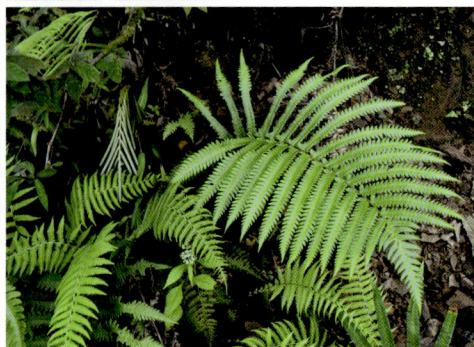

特征要点 多年生土生蕨类植物。株高 60~100cm。根状茎粗短。叶簇生，二形；不育叶椭圆形，宽 20~40cm，二回深羽裂；能育叶宽仅 5~11cm，一回羽状，羽片线形，两侧强度反卷成荚果状，不呈念珠形，深紫色，有光泽，幼时完全包被孢子囊群。

荚果蕨 *Matteuccia struthiopteris* (L.) Tod. 球子蕨科 Onocleaceae 荚果蕨属

原产及栽培地: 原产欧亚大陆。中国北京、广东、黑龙江、湖北、江苏、辽宁、上海、四川、台湾、云南等地栽培。**习性**: 喜冷凉湿润气候; 要求疏松深厚的肥沃壤土。**繁殖**: 分株、孢子繁殖。

特征要点　多年生土生蕨类植物。株高 70~110cm。根状茎粗短。叶簇生, 二形: 不育叶椭圆状披针形, 宽 17~25cm, 二回深羽裂; 能育叶较不育叶短, 宽 4~8cm, 一回羽状, 羽片线形, 两侧强度反卷成荚果状, 呈念珠形, 深褐色, 包裹孢子囊群。

卵叶盾蕨（盾蕨） *Lepisorus ovatus* (Wall. ex Bedd.) C. F. Zhao, R. Wei & X. C. Zhang【*Neolepisorus ovatus* Ching】水龙骨科 Polypodiaceae 瓦韦属 / 盾蕨属

原产及栽培地: 原产东亚、东南亚。中国北京、广东、广西、贵州、湖北、江西、上海、四川、云南、浙江等地栽培。**习性**: 喜温暖湿润和半阴环境; 多生长于阴湿的土壤中。**繁殖**: 分株、孢子繁殖。

特征要点　多年生蕨类植物。株高 20~40cm。根状茎横走, 密生鳞片。叶远生; 叶柄长 10~20cm, 密被鳞片; 叶片卵状, 基部圆形, 渐尖头。孢子囊群圆形, 沿主脉两侧排成不整齐的多行, 幼时被盾状隔丝覆盖。

肾蕨 *Nephrolepis cordifolia* (L.) C. Presl 肾蕨科 Nephrolepidaceae 肾蕨属

原产及栽培地：原产东亚、东南亚。中国北京、福建、广东、广西、贵州、湖北、江苏、上海、四川、台湾、云南、浙江等地栽培。**习性**：适应性广，对土壤要求不严。**繁殖**：分株、块茎、孢子繁殖等。

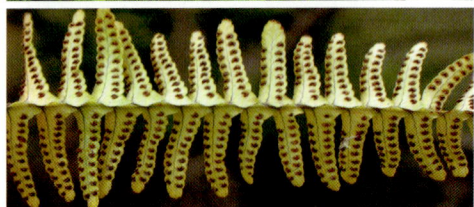

特征要点 多年生蕨类植物。株高 40~100cm。根状茎短而直立，具长匍匐茎及圆形块茎。叶草质，披针形，长 30~70cm，一回羽状分裂，羽片以关节着生叶轴上。孢子囊群着生于侧小脉顶端，肾形。

野雉尾金粉蕨 *Onychium japonicum* Blume
凤尾蕨科 / 中国蕨科 Pteridaceae/Sinopteridaceae 金粉蕨属

原产及栽培地：原产东亚、东南亚。中国北京等地栽培。**习性**：喜温暖湿润和半阴环境；常生于石灰岩缝中。**繁殖**：分株。

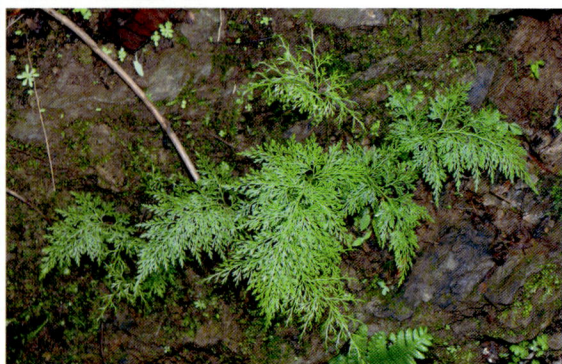

特征要点 多年生蕨类植物。株高 40~60cm，无毛，被白粉。根状茎长而横走。叶散生，四回羽状细裂，末回能育小羽片或裂片长 5~7mm，宽 1.5~2mm，线状披针形。孢子囊群长 5~6mm；囊群盖线形或短长圆形，膜质，灰白色，全缘。

紫萁 *Osmunda japonica* Thunb. 紫萁科 Osmundaceae 紫萁属

原产及栽培地：原产亚洲北部。中国北京、福建、广东、广西、贵州、湖北、江西、上海、四川、云南、浙江等地栽培。**习性：**多生于山地林缘、坡地草丛中；高山区酸性土冷湿气候地带分布茂密。**繁殖：**分株、孢子繁殖。

特征要点　多年生蕨类植物。根状茎粗壮，斜生。叶簇生，二型；不育叶三角状阔卵形，二回羽状，小羽片矩圆形，边缘有钝锯齿；孢子叶深棕色，卷缩，小羽片条形。沿主脉两侧密生孢子囊，春夏抽出，孢子成熟后即枯萎。

延羽卵果蕨 *Phegopteris decursive-pinnata* (H. C. Hall) Fée
金星蕨科 Thelypteridaceae 卵果蕨属

原产及栽培地：原产亚洲东部。中国北京、广东、贵州、湖北、江西、上海、四川、台湾、云南、浙江等地栽培。**习性：**喜温暖湿润的亚热带气候；生长于湿润半阴环境。**繁殖：**分株、孢子繁殖。

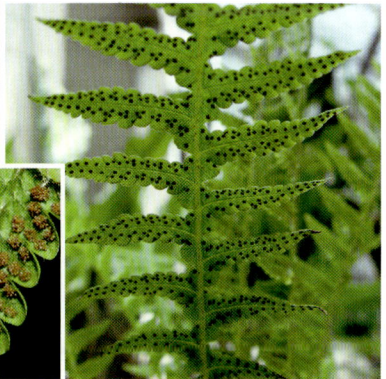

特征要点　多年生蕨类植物。植株高 30~60cm。根状茎短。叶簇生；叶片长 20~50cm，披针形，二回羽裂，最终裂片斜展，卵状三角形，钝头，全缘，被灰白色的单细胞针状短毛，背面被混生顶端分叉或呈星状的毛。孢子囊群近圆形，背生于侧脉的近顶端。

蕨 *Pteridium latiusculum* Hieron.【*Pteridium aquilinum* var. *latiusculum* (Desv.) Underw. ex A. Heller】碗蕨科 / 蕨科 Dennstaedtiaceae/Pteridiaceae 蕨属

原产及栽培地: 原产亚洲。中国福建、广东、浙江等地栽培。**习性:** 适应性广，对土壤要求不严。**繁殖:** 分株、孢子繁殖。

特征要点 多年生蕨类植物。株高可达 1m。根状茎长而横走。叶远生；叶片阔三角形或长圆状三角形，三回羽状，最终裂片长圆形，全缘。孢子囊群沿叶边成线形分布，着生于叶边内的一条连结脉上；囊群盖双层。

白玉凤尾蕨 *Pteris cretica* 'Albo-lineata' 凤尾蕨科 Pteridaceae 凤尾蕨属

原产及栽培地: 最早培育于欧洲。中国各大城市常有栽培。**习性:** 喜温暖湿润和半阴环境；常生长于石灰岩缝中。**繁殖:** 分株。

特征要点 多年生蕨类植物。株高 20~50cm。根状茎短小葡匐。一回奇数羽状复叶丛生，长 15~40cm；每羽叶有小叶 5~7 片，叶片宽阔，中间有一纵向的白斑条，十分醒目。孢子囊群线形，沿叶缘连续延伸。

井栏边草 *Pteris multifida* Poir. 凤尾蕨科 Pteridaceae 凤尾蕨属

原产及栽培地: 原产中国、朝鲜和日本。中国北京、福建、广东、广西、贵州、海南、河北、湖北、江苏、江西、上海、四川、台湾、云南、浙江等地栽培。**习性**: 喜温暖、湿润、阴暗的环境，忌涝。**繁殖**: 分株、孢子繁殖。

特征要点 多年生蕨类植物。株高 30~40cm。根状茎直立。叶多数簇生，分不育叶和孢子叶二型，柄细，具 3 棱，黄褐色，叶椭圆形或卵状椭圆形，一回羽裂；羽片常 4~6 对，条形，宽 3~7mm，有细锯齿。孢子囊群沿叶边呈连续性细线状排列。

蜈蚣凤尾蕨（蜈蚣草） *Pteris vittata* L. 凤尾蕨科 Pteridaceae 凤尾蕨属

原产及栽培地: 原产亚洲。中国北京、福建、广东、广西、湖北、台湾、云南、浙江等地栽培。**习性**: 喜温暖湿润和半阴环境；常生长于石灰岩缝中。**繁殖**: 分株、孢子繁殖。

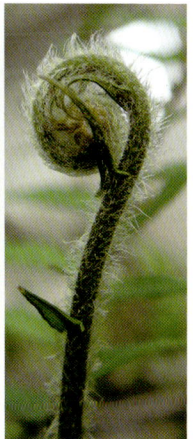

特征要点 多年生蕨类植物。株高 30~100cm。根状茎粗短。叶簇生，倒披针状长圆形，一回羽状；羽片狭线形，叶缘有微细而均匀的密锯齿。孢子囊群沿叶边呈连续性细线状排列。

石韦 *Pyrrosia lingua* (Thunb.) Farw. 水龙骨科 Polypodiaceae 石韦属

原产及栽培地：原产东亚、东南亚。中国北京、福建、广东、广西、贵州、湖北、江苏、江西、上海、四川、台湾、云南、浙江等地栽培。**习性**：喜温暖、湿润、疏松、肥沃、排水良好、较充足散射光环境；须设立附着物。**繁殖**：分株。

特征要点 多年生蕨类植物，常绿。株高 10~30cm。根状茎细长坚硬，横生。叶近二型，革质，披针形或矩圆状披针形，长 8~18cm，宽 2~2.5cm，背面密覆灰棕色星状毛，叶柄基部有关节。孢子囊群在侧脉间紧密整齐排列，无盖。

小翠云 *Selaginella kraussiana* (Kunze) A. Braun
卷柏科 Selaginellaceae 卷柏属

原产及栽培地：原产非洲。中国北京、广东、江苏、台湾、云南等地栽培。**习性**：喜温暖湿润的气候及疏松肥沃、排水良好的土壤。**繁殖**：分株。

特征要点 多年生蕨类植物，常绿。茎伏地蔓生，多回分叉，长可达 1m，节处有不定根。营养叶二型，细小，鲜绿色，背腹各二列，腹叶长卵形，背叶矩圆形，全缘，向两侧平展。孢子叶穗四棱形，孢子叶卵状三角形，四列呈覆瓦状排列。

江南卷柏 *Selaginella moellendorffii* Hieron. 卷柏科 Selaginellaceae 卷柏属

原产及栽培地: 原产亚洲南部。中国北京、福建、广东、广西、贵州、江西、上海、四川、台湾、浙江等地栽培。**习性:** 喜温暖湿润的气候及疏松肥沃、排水良好的土壤。**繁殖:** 分株。

特征要点 多年生蕨类植物,常绿。株高 20~55cm。具一横走的地下根状茎和游走茎。侧枝 5~8 对,二至三回羽状分枝,排成一个平面。叶交互排列,二形,具白边,绿色、黄色或红色,边缘有细齿。孢子叶穗紧密,四棱柱形,单生于小枝末端。

翠云草 *Selaginella uncinata* (Desv. ex Poir.) Spring
卷柏科 Selaginellaceae 卷柏属

原产及栽培地: 原产中国、印度等地。中国福建、广东、广西、海南、湖北、上海、四川、台湾、云南、浙江等地栽培。**习性:** 喜温暖湿润的气候及疏松肥沃、排水良好的土壤。**繁殖:** 分株。

特征要点 多年生蕨类植物。茎长 50~100cm 或更长。茎圆柱状,侧枝 5~8 对,二回羽状分枝,小枝排列紧密,背腹压扁。叶全部交互排列,二形,草质,全缘,明显具白边,表面光滑,常具蓝色光泽。叶穗紧密,四棱柱形,单生于小枝末端。

灌木地被植物

（一）落叶灌木类地被植物

黄芦木 *Berberis amurensis* Rupr. 小檗科 Berberidaceae 小檗属

原产及栽培地: 原产亚洲北部。中国北京、黑龙江、湖北、江苏、辽宁、内蒙古、陕西、上海、新疆、云南等地栽培。**习性:** 喜光；耐寒、耐旱；喜肥沃而排水良好的砂质壤土。**繁殖:** 播种、扦插、压条。

特征要点 落叶灌木。株高 0.6~2m。内皮鲜黄色。茎刺三分叉。叶较大，每边具 40~60 细刺齿。总状花序具 10~25 朵花，下垂；花黄色。浆果长圆形，红色。花期 5~6 月，果期 8~9 月。

细叶小檗 *Berberis poiretii* C. K. Schneid. 小檗科 Berberidaceae 小檗属

原产及栽培地: 原产亚洲北部。中国北京、海南、黑龙江、江西、辽宁、内蒙古、新疆、浙江等地栽培。**习性:** 喜光；耐寒、耐旱；喜肥沃而排水良好的砂质壤土。**繁殖:** 播种、扦插、压条。

特征要点 落叶灌木。株高 0.6~1.5m。茎刺缺或单一。叶倒披针形，近全缘。穗状总状花序具 8~15 朵花，下垂；花黄色。浆果长圆形，红色。花期 5~6 月，果期 8~9 月。

日本小檗 *Berberis thunbergii* DC. 小檗科 Berberidaceae 小檗属

原产及栽培地: 原产日本。中国北京、福建、广东、广西、湖北、江苏、江西、辽宁、陕西、上海、四川、台湾、浙江等地栽培。**习性:** 喜光,稍耐阴;耐寒;对土壤要求不严,但喜肥沃而排水良好的砂质壤土;萌芽力强。**繁殖:** 扦插、分株、播种。

特征要点 落叶灌木。株高1~2m。幼枝紫红色,刺细小,单一。叶簇生,基部楔形,全缘。花序伞形或近簇生,花2~5朵,下垂;花黄白色,萼片6,花瓣6,雄蕊6,胚珠2。浆果长椭圆形,红色。花期4~5月,果期9~10月。

紫叶小檗(小檗、山石榴) *Berberis thunbergii* ‘Atropurpurea’
小檗科 Berberidaceae 小檗属

原产及栽培地: 最早培育于日本。中国北京、福建、广东、广西、湖北、江苏、江西、辽宁、陕西、上海、四川、台湾、浙江等地栽培。**习性:** 喜光,在荫蔽条件下叶子变绿;喜肥沃而排水良好的砂质壤土。**繁殖:** 扦插、分株。

特征要点 叶为紫红色或深紫色。其余特征同日本小檗。

互叶醉鱼草（白芨梢） *Buddleja alternifolia* Maxim.

玄参科 / 醉鱼草科 Scrophulariaceae/Buddlejaceae 醉鱼草属

原产及栽培地：原产中国和蒙古。中国北京、甘肃、江苏、辽宁、内蒙古、宁夏、山西、陕西、上海、台湾、云南等地栽培。**习性**：喜光；耐寒，耐旱；喜排水良好的砂质壤土。**繁殖**：扦插。

特征要点　落叶灌木。株高 1~4m。长枝细弱，短枝簇生。叶在长枝上互生，在短枝上簇生；叶片披针形，宽 2~10mm，背面密被灰白色星状短绒毛。花多朵组成簇生状或圆锥状聚伞花序；花序较短，密集；花冠筒状，淡紫色。花期 5~7 月，果期 7~10 月。

大叶醉鱼草 *Buddleja davidii* Franch.

玄参科 / 醉鱼草科 Scrophulariaceae/Buddlejaceae 醉鱼草属

原产及栽培地：原产业洲南部。中国北京、福建、贵州、湖北、江苏、江西、辽宁、上海、四川、台湾、云南、浙江等地栽培。**习性**：喜光；喜温暖湿润的气候，抗寒性强；喜肥沃而排水良好的土壤，不耐水湿。**繁殖**：分株、扦插。

特征要点　落叶灌木。株高 1~2m。小枝略呈四棱形。叶披针形，疏生细锯齿，背面密被白色星状绒毛。多数小聚伞花序集成穗状圆锥花枝；花萼 4 裂；花冠淡紫色，口部橙黄色，4 裂；雄蕊 4。蒴果长圆形。花期 7~8 月，果期 9~10 月。

醉鱼草 *Buddleja lindleyana* Fortune

玄参科 / 醉鱼草科 Scrophulariaceae/Buddlejaceae 醉鱼草属

原产及栽培地：原产亚洲南部。中国北京、福建、广东、广西、湖北、江苏、江西、陕西、上海、四川、云南、浙江等地栽培。**习性：**喜光；喜温暖湿润的气候，不耐寒；喜肥沃而排水良好的土壤，不耐水湿。**繁殖：**分蘖、压条、扦插、播种。

特征要点 落叶灌木。株高 1~2m。小枝四棱。单叶对生，卵形或卵状披针形，长 5~10cm，全缘或有齿。花序穗状，顶生，扭向一侧；花萼 4 裂；花冠紫色，稍弯曲，筒内面白紫色；雄蕊 4。蒴果长圆形，被鳞片。花期 4~10 月。

白棠子树（小紫珠）*Callicarpa dichotoma* (Lour.) Raeusch.

唇形科 / 马鞭草科 Lamiaceae/Verbenaceae 紫珠属

原产及栽培地：原产中国。安徽、北京、福建、广西、湖北、湖南、江苏、江西、上海、台湾、云南、浙江等地栽培。**习性：**喜光，亦耐阴；喜温暖湿润气候，耐寒；喜肥沃湿润土壤。**繁殖：**扦插、播种。

特征要点 落叶灌木。株高 1~3m。小枝纤细。叶对生，倒卵形或披针形，先端尖，基部楔形，边缘仅上半部具数个粗锯齿。聚伞花序腋生，细弱，宽 1~2.5cm，2~3 次分歧；花萼杯状；花冠紫色。果实球形，紫色，直径约 2mm。花期 5~6 月，果期 7~11 月。

柠条锦鸡儿 *Caragana korshinskii* Kom. 豆科 / 蝶形花科 Fabaceae/Leguminosae/Papilionaceae 锦鸡儿属

原产及栽培地：原产亚洲北部。中国北京、甘肃、江西、辽宁、内蒙古、宁夏、陕西、新疆等地栽培。**习性**：喜光；耐寒，适应性强；耐干旱瘠薄，喜排水良好的砂质壤土。**繁殖**：播种、扦插。

特征要点 落叶灌木。株高 1~3m。一回羽状复叶，托叶宿存并硬化成针刺，小叶 6~8 对，灰绿色，两面密被白色伏贴柔毛。花单生；花冠蝶形，黄色；雄蕊二体（9+1）。荚果披针形，扁。花期 5 月，果期 6 月。

红花锦鸡儿 *Caragana rosea* Turcz. ex Maxim.
豆科 / 蝶形花科 Fabaceae/Leguminosae/Papilionaceae 锦鸡儿属

原产及栽培地：原产中国、蒙古。中国北京、甘肃、黑龙江、辽宁、新疆等地栽培。**习性**：喜光；很耐寒；耐干旱瘠薄。**繁殖**：播种、分蘖。

特征要点 落叶灌木。株高 1~2m。小枝细长，灰色。三出掌状复叶互生，小叶全缘，背面被贴伏短柔毛。总状花序腋生；花冠蝶形，鲜黄色；雄蕊单体；花柱细长，伸出花冠。荚果扁平，阔线形。花期 4~5 月，果期 6~7 月。

锦鸡儿 *Caragana sinica* (Buc' hoz) Rehder
豆科 / 蝶形花科 Fabaceae/Leguminosae/Papilionaceae 锦鸡儿属

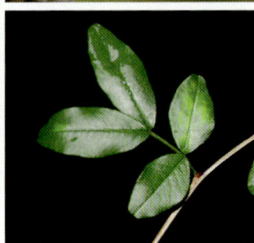

原产及栽培地: 原产东亚。中国北京、福建、广东、广西、贵州、河北、河南、黑龙江、湖北、江苏、江西、陕西、上海、四川、台湾、云南、浙江等地栽培。**习性:** 喜光; 耐寒, 适应性强; 不择土壤, 耐干旱瘠薄, 能生长于岩石缝隙中。**繁殖:** 播种、分株、压条、根插。

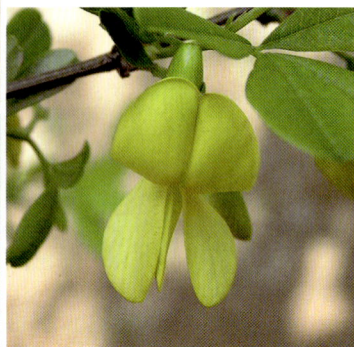

特征要点 落叶灌木。株高 1~2m。枝有角棱。托叶针刺状。小叶 4 枚, 成远离的 2 对, 倒卵形, 长叶端圆而微凹。花单生, 红黄色, 长 2.5~3cm, 中部有关节。荚果长 3~3.5cm。花期 3~4 月, 果期 5~6 月。

金雀儿 *Cytisus scoparius* (L.) Link
豆科 / 蝶形花科 Fabaceae/Leguminosae/Papilionaceae 金雀儿属

原产及栽培地: 原产欧洲。中国北京、福建、江苏、宁夏、上海、台湾、新疆、云南、浙江等地栽培。**习性:** 喜光; 喜冷凉气候, 耐寒; 耐干旱、瘠薄。**繁殖:** 播种。

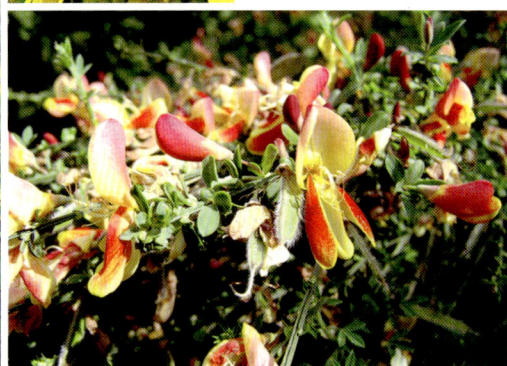

特征要点 落叶灌木。株高 1~2m。小枝细长, 灰色。掌状三出复叶互生, 小叶全缘, 背面被贴伏短柔毛。总状花序腋生; 花冠蝶形, 鲜黄色; 雄蕊单体; 花柱细长, 伸出花冠。荚果扁平, 阔线形。花期 5~6 月, 果期 8~9 月。

兰香草（莸） *Caryopteris incana* (Thunb. ex Houtt.) Miq.

唇形科 / 马鞭草科 Lamiaceae / Verbenaceae 莸属

原产及栽培地：原产东亚。中国北京、福建、广东、广西、湖北、江西、陕西、上海、台湾、云南、浙江等地栽培。**习性：**喜光；喜凉爽干燥气候，耐寒；耐旱，耐瘠薄，不耐积水，喜排水良好的砂质壤土。**繁殖：**扦插、播种。

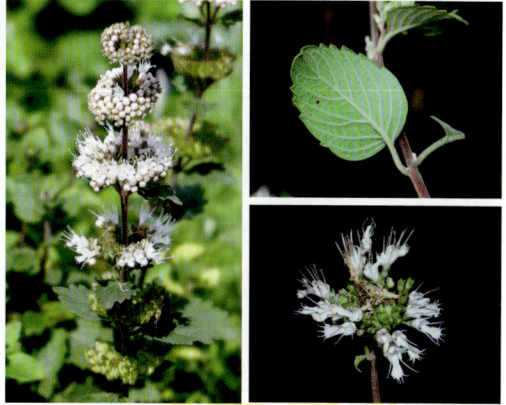

特征要点 落叶灌木。株高 0.6~1.5m。全株具灰色绒毛。叶卵状披针形，长 3~6cm，边缘有粗齿。聚伞花序紧密，腋生于枝上部；花萼钟状，5 深裂；花冠淡紫色或淡蓝色，二唇裂，下唇中裂片大，边缘流苏状。蒴果倒卵状球形。花果期 9~11 月。

蒙古莸 *Caryopteris mongholica* Bunge

唇形科 / 马鞭草科 Lamiaceae / Verbenaceae 莸属

原产及栽培地：原产亚洲北部。中国甘肃、辽宁、内蒙古、山西、陕西、新疆等地栽培。**习性：**喜光；耐寒；耐旱，不耐涝，喜疏松肥沃、排水良好的砂质壤土。**繁殖：**扦插、分株。

特征要点 落叶小灌木。株高 0.3~1m。嫩枝纤细，紫褐色。叶对生，线状披针形或线状长圆形，全缘，宽 2~7mm。聚伞花序腋生；花萼钟状，裂片阔线形；花冠蓝紫色，5 裂；雄蕊 4 枚，与花柱均伸出花冠管外。花果期 6~8 月。

313

金叶莸 *Caryopteris* × *clandonensis* 'Worcester Gold'
唇形科 / 马鞭草科 Lamiaceae / Verbenaceae 莸属

原产及栽培地: 杂交起源。中国各地均有栽培。**习性**: 喜光; 耐寒; 耐旱, 不耐涝, 喜疏松肥沃、排水良好的砂质壤土。**繁殖**: 扦插、分株。

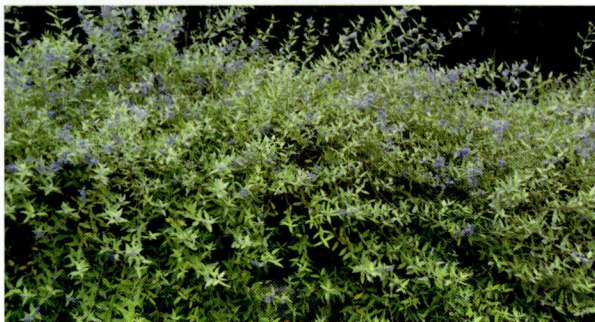

特征要点 落叶灌木。株高 50~60cm。单叶对生, 长卵形, 长 3~6cm, 叶端尖, 基部圆形, 边缘有粗齿, 叶面光滑, 鹅黄色。聚伞花序腋生; 花萼钟状; 花冠淡蓝色。花期 7~9 月。

日本木瓜 *Chaenomeles japonica* (Thunb.) Lindl. ex Spach
蔷薇科 Rosaceae 木瓜海棠属

原产及栽培地: 原产日本。中国安徽、北京、福建、湖北、江西、辽宁、山东、上海、四川、台湾、云南、浙江等地栽培。**习性**: 喜光; 耐寒; 喜排水良好的肥厚壤土, 忌低洼积水。**繁殖**: 播种、扦插、压条。

特征要点 落叶灌木。株高常不及 1m。枝有刺。叶广卵形、倒卵形或匙形, 先端钝或短急尖, 叶缘具圆钝锯齿, 两面无毛。花 3~5 朵簇生, 砖红色; 果近球形, 直径 3~4cm, 黄色。花期 5 月, 果期 8~9 月。

匍匐栒子 *Cotoneaster adpressus* Bois 蔷薇科 Rosaceae 栒子属

原产及栽培地：原产喜马拉雅地区。中国北京、贵州、湖北、上海、四川、云南等地栽培。**习性**：喜光；耐寒；喜排水良好的壤土，可在石灰质土壤中生长；性强健。**繁殖**：扦插、播种、压条。

特征要点　落叶灌木。株高 0.1~0.2m。茎平铺地面。叶广卵形或倒卵形，先端圆钝，全缘。花 1~2 朵，粉红色；花瓣倒卵形，直立。果近球形，鲜红色，直径 6~7mm，常有 2 小核。花期 5~6 月，果期 8~9 月。

散生栒子 *Cotoneaster divaricatus* Rehder & E. H. Wilson
蔷薇科 Rosaceae 栒子属

原产及栽培地：原产中国。中国北京、江苏、江西、台湾、浙江等地栽培。**习性**：喜光；耐寒；喜排水良好的壤土，耐干旱、瘠薄，不耐湿热，怕积水。**繁殖**：扦插、播种。

特征要点　落叶灌木。株高 1~2m。枝条细瘦开张，暗红褐色或暗灰褐色。叶片椭圆形，长 7~20mm，宽 5~10mm，全缘。花 2~4 朵，直径 5~6mm；萼筒钟状；花瓣直立，粉红色。果实椭圆形，直径 5~7mm，红色。花期 4~6 月，果期 9~10 月。

平枝枸子 *Cotoneaster horizontalis* Decne. 薔薇科 Rosaceae 枸子属

原产及栽培地: 原产中国、尼泊尔。中国北京、福建、广东、贵州、湖北、江苏、辽宁、陕西、上海、四川、台湾、云南、浙江等地栽培。**习性**: 喜半阴; 喜温暖湿润的气候, 耐寒; 耐干旱、瘠薄, 不耐湿热, 怕积水。**繁殖**: 扦插、播种、压条。

特征要点　落叶灌木。株高 1~2m。分枝平展。叶近圆形或宽椭圆形, 先端急尖, 背面有稀疏平贴柔毛。花 1~2 朵簇生, 近无梗; 花瓣粉红色。梨果近球形, 鲜红色, 常具 3 小核。花期 5 月, 果期 9~11 月。

大花溲疏 *Deutzia grandiflora* Bunge 绣球科 Hydrangeaceae 溲疏属

原产及栽培地: 原产亚洲北部。中国北京、黑龙江、湖北、辽宁等地栽培。**习性**: 喜光, 稍耐阴; 耐寒, 耐旱; 对土壤要求不严。**繁殖**: 播种、分株等。

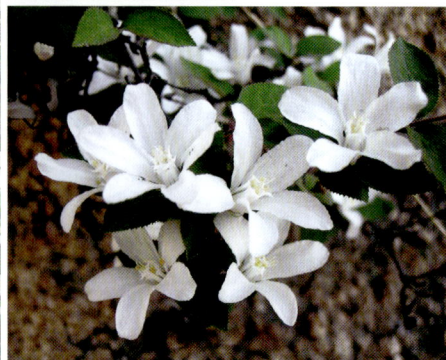

特征要点　落叶灌木。株高 0.6~1.5m。叶较小, 边缘具小牙齿, 背面密被白色星状短绒毛。聚伞花序生侧枝顶端, 有 1~3 花; 花瓣 5, 白色, 长 1~1.5cm; 雄蕊 10, 花丝上部具 2 长齿。蒴果半球形。花期 4~5 月, 果期 7~8 月。

小花溲疏 *Deutzia parviflora* Bunge 绣球科 Hydrangeaceae 溲疏属

原产及栽培地：原产亚洲北部。中国北京、湖北、辽宁、上海等地栽培。**习性**：喜光，稍耐阴；耐寒性强；对土壤要求不严。**繁殖**：播种、分株等。

特征要点 落叶灌木。株高 1~2m。叶较大，边缘具小锯齿，两面疏被星状毛。花序伞房状，具多数花；花瓣长约 6mm；雄蕊 10，花丝无齿或上部具短钝齿。花期 6~7 月，果期 9~10 月。

齿叶溲疏 *Deutzia crenata* Siebold. & Zucc. 绣球科 Hydrangeaceae 溲疏属

原产及栽培地：原产日本。中国北京、福建、广东、广西、湖北、江苏、江西、辽宁、陕西、上海、四川、台湾、浙江等地栽培。**习性**：喜光，稍耐阴；喜温暖气候，稍耐寒；喜富含腐殖质的微酸性和中性土壤。**繁殖**：扦插、播种、压条、分株等。

特征要点 落叶灌木。株高 1~2m。叶对生，长卵状椭圆形，具刺尖状齿，两面有星状毛，粗糙。直立圆锥花序；花白色，花柱 3。蒴果近球形，顶端截形。花期 5 月，果期 9~10 月。

结香 *Edgeworthia chrysantha* Lindl. 瑞香科 Thymelaeaceae 结香属

原产及栽培地：原产东亚。中国安徽、北京、福建、广东、广西、贵州、湖北、江苏、江西、陕西、四川、台湾、云南、浙江等地栽培。**习性**：喜半阴；喜温暖湿润气候，耐寒性不强；喜肥沃而排水良好的砂质壤土，过干和积水处都不相宜。**繁殖**：分株、扦插。

特征要点 落叶灌木。株高 1~2m。叶互生，两面均被银灰色绢状毛。头状花序成绒球状；花芳香，无梗，黄色，4 裂。核果椭圆形，绿色。花期冬末春初，果期春夏间。

连翘 *Forsythia suspensa* (Thunb.) Vahl 木樨科 Oleaceae 连翘属

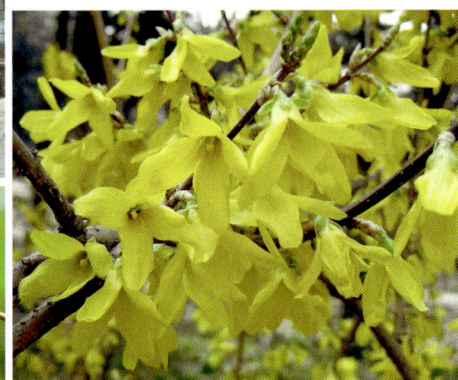

原产及栽培地：原产亚洲北部。中国北京、福建、甘肃、广西、贵州、黑龙江、湖北、吉林、江苏、江西、辽宁、陕西、上海、四川、台湾、新疆、云南、浙江等地栽培。**习性**：喜光，耐阴；耐寒；耐干旱瘠薄，怕涝，不择土壤；抗病虫害能力强。**繁殖**：扦插、压条、分株、播种。

特征要点 落叶灌木。株高 1~2m。小枝黄褐色，髓中空。叶对生，边缘具粗锯齿，部分形成羽状三出复叶。单花腋生，先叶开放；花冠黄色，裂片 4；雄蕊 2。蒴果卵球状，具瘤点，熟时开裂为 2 瓣。花期 4~5 月，果期 9~10 月。

金钟花 *Forsythia viridissima* Lindl. 木樨科 Oleaceae 连翘属

原产及栽培地：原产中国、日本、朝鲜。中国北京、福建、广东、贵州、湖北、江西、辽宁、陕西、上海、四川、新疆、云南、浙江等地栽培。**习性**：喜光,耐阴;耐寒;耐干旱瘠薄,怕涝,不择土壤;抗病虫害能力强。**繁殖**：扦插、压条、分株、播种。

特征要点 落叶灌木。株高 1~2m。小枝四棱形,具片状髓。叶对生,上半部具锯齿,无毛。花 1~3 朵腋生,先叶开放;花冠深黄色,裂片长圆形;雄蕊 2。蒴果卵球状,熟时开裂为 2 瓣。花期 4~5 月,果期 9~10 月。

金缕梅 *Hamamelis mollis* Oliv. 金缕梅科 Hamamelidaceae 金缕梅属

原产及栽培地：原产中国。安徽、北京、福建、广西、湖北、湖南、江苏、江西、上海、台湾、云南、浙江等地栽培。**习性**：喜光,耐半阴;喜温暖湿润气候,畏炎热,稍耐寒;喜排水良好、富含腐殖质的土壤。**繁殖**：播种、压条、嫁接。

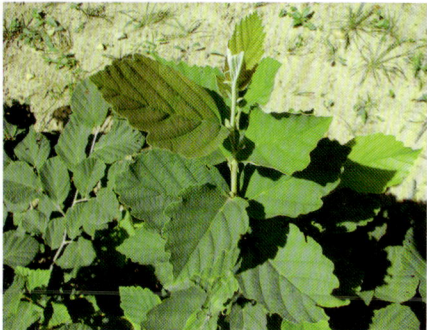

特征要点 落叶灌木。株高 1~2m。幼枝密生星状绒毛。叶倒卵圆形,缘有波状齿,背面密生绒毛。花瓣 4 枚,狭长如带,长淡黄色,基部带红色,芳香。蒴果卵球形。花期 3~4 月,果期 9~10 月。

间型金缕梅 *Hamamelis* × *intermedia* Rehder
金缕梅科 Hamamelidaceae 金缕梅属

原产及栽培地: 杂交起源，中国北京等地栽培。**习性**: 喜光，耐半阴；喜温暖湿润气候，畏炎热，稍耐寒；喜排水良好、富含腐殖质的土壤。**繁殖**: 扦插、压条、嫁接。

特征要点 金缕梅与日本金缕梅的杂交种。花更大，更鲜艳，颜色有变异。其余特征近似金缕梅。

中国绣球 *Hydrangea chinensis* Maxim. 绣球科 Hydrangeaceae 光绣球属 / 绣球属

原产及栽培地: 原产中国、日本。中国福建、广东、湖北、江西、上海、台湾、浙江等地栽培。**习性**: 喜阴；喜温暖气候，不耐寒；喜湿润、富含腐殖质而排水良好的酸性土壤。**繁殖**: 扦插、压条、分株等。

特征要点 落叶灌木。株高 0.5~2m。叶对生，长圆形或狭椭圆形，先端渐尖，边缘具齿，背面脉腋间常有簇毛。伞形状或伞房状聚伞花序顶生；不育花萼片 3~4，椭圆形，宽 1~3cm；孕性花小，黄色。蒴果卵球形。花期 5~6 月，果期 9~10 月。

微绒绣球 *Hydrangea heteromalla* D. Don

绣球科 Hydrangeaceae 光绣球属 / 绣球属

产及栽培地: 原产喜马拉雅地区。中国北京、台湾、云南等地栽培。**习性**: 喜阴; 喜温暖气候, 耐寒; 喜湿润、富含腐殖质而排水良好的酸性壤。**繁殖**: 扦插、压条、分株等。

特征要点 落叶灌木或小乔木。株高 3~5m。叶对生, 椭圆形或长卵形, 边缘有密集小锯齿, 背面密被灰白色微绒毛。伞房状聚伞花序径约 15cm; 不育花萼片通常 4, 阔卵形或椭圆形; 孕性花小, 淡黄色。蒴果卵球形或近球形。花期 6~7 月, 果期 9~10 月。

绣球（八仙花） *Hydrangea macrophylla* (Thunb.) Ser.

绣球科 Hydrangeaceae 光绣球属 / 绣球属

原产及栽培地: 原产喜马拉雅地区。中国安徽、北京、福建、广东、广西、贵州、海南、河北、湖北、江苏、江西、陕西、上海、四川、台湾、云南、浙江等地栽培。**习性**: 喜阴; 喜温暖气候, 不耐寒; 喜湿润、富含腐殖质而排水良好的酸性土壤。**繁殖**: 扦插、压条、分株等。

特征要点 落叶灌木。株高 0.6~1.5m。小枝粗壮, 光滑。叶肉质, 卵圆形, 顶端钝, 无毛。伞房状聚伞花序近球形; 不育花密集多数, 萼片 4, 大型, 花瓣状, 卵圆形, 粉红色、淡蓝色或白色。花期夏秋季。

圆锥绣球 *Hydrangea paniculata* Siebold 绣球科 Hydrangeaceae 光绣球属 / 绣球属

原产及栽培地：原产亚洲北部。中国北京、广东、广西、河北、湖北、江苏、江西、辽宁、山东、上海、台湾、浙江等地栽培。**习性**：耐阴；喜温暖湿润的气候，不耐旱，稍耐寒；喜排水良好的砂质土壤。**繁殖**：扦插、压条、分株、播种等。

特征要点 落叶灌木。株高 0.5~1m。叶对生或 3 叶轮生，具柄，边缘具细密锯齿，背面疏被紧贴长柔毛。圆锥状聚伞花序尖塔形；不育花较多，萼片 4，白色，不等大；孕性花小，白色。蒴果椭圆形。花期 8~10 月。

蜡莲绣球 *Hydrangea strigosa* Rehder 绣球科 Hydrangeaceae 光绣球属 / 绣球属

原产及栽培地：原产中国。广东、贵州、湖北、江西、上海、四川、浙江等地栽培。**习性**：耐阴；喜温暖湿润的气候，不耐旱，稍耐寒；喜排水良好的砂质土壤。**繁殖**：扦插、压条、分株等。

特征要点 落叶灌木。株高 1~3m。叶对生，长圆形或倒卵状倒披针形，具小齿，背面密被灰棕色颗粒状腺体和灰白色糙伏毛。伞房状聚伞花序大；不育花萼片 4~5，阔卵形，白色或淡紫红色；孕性花淡紫红色。蒴果坛状。花期 7~8 月，果期 11~12 月。

花木蓝 *Indigofera kirilowii* Maxim. ex Palibin
豆科 / 蝶形花科 Fabaceae/Leguminosae/Papilionaceae 木蓝属

原产及栽培地: 原产东亚。中国北京、黑龙江、辽宁、新疆、浙江等地栽培。**习性:** 喜光,亦耐阴;适应性强;对土壤要求不严,耐贫瘠,耐干旱,也较耐水湿。**繁殖:** 播种。

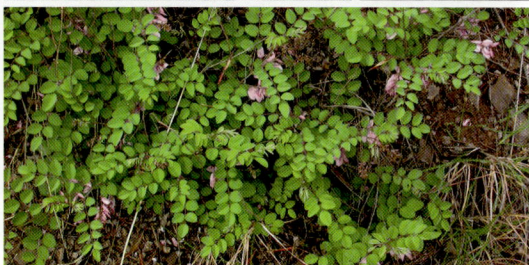

特征要点 落叶灌木。株高 0.5~1.5m。羽状复叶,小叶对生,阔卵形至椭圆形。总状花序腋生;花较大,花冠蝶形,淡红色;雄蕊二体(9+1)。荚果圆柱形,熟时棕褐色。花期 4~5 月,果期 9~10 月。

北美鼠刺(鞣木) *Itea virginica* L. 鼠刺科 Iteaceae 鼠刺属

原产及栽培地: 原产美国。中国北京、上海等地栽培。**习性:** 耐旱,耐寒,稍耐阴,对土壤要求不严,适应能力较强。**繁殖:** 扦插、播种。

特征要点 半常绿灌木。株高 1~1.5m。小枝纤细,下垂。叶互生,长圆形或披针形,叶片春、夏季呈现绿色,秋、冬季呈现鲜红色和橙色。穗状花序顶生,长 5~15cm;花微小,黄白色,有蜂蜜香味。花期 4~5 月。

野迎春 *Jasminum mesnyi* Hance 木樨科 Oleaceae 素馨属

原产及栽培地：原产中国、缅甸。中国北京、福建、广东、广西、湖北、江西、四川、台湾、云南、浙江等地栽培。**习性**：似迎春；耐寒性不强，北方常于温室盆栽。**繁殖**：扦插、压条、分株。

特征要点 半常绿灌木。株高1~3m。小枝四棱形。三出复叶对生，近革质，长卵形，边反卷，先端钝圆。花常单生叶腋；花萼裂片5~8；花冠黄色，漏斗状，裂片6~8或重瓣；雄蕊2。浆果椭圆形。花期早春。

迎春花 *Jasminum nudiflorum* Lindl. 木樨科 Oleaceae 素馨属

原产及栽培地：原产中国、朝鲜。中国北京、福建、甘肃、贵州、海南、湖北、江苏、江西、辽宁、陕西、上海、四川、台湾、新疆、云南、浙江等地栽培。**习性**：喜光，稍耐阴；喜温暖气候，较耐寒；耐旱，怕涝，对土壤要求不严，耐碱。**繁殖**：扦插、压条、分株。

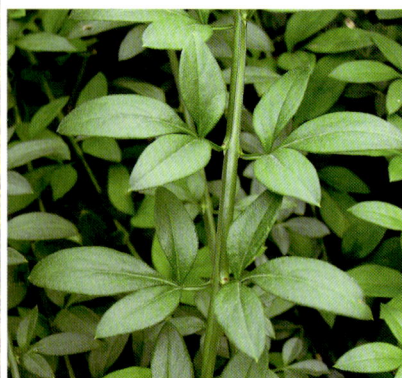

特征要点 半常绿灌木。株高1~1.5m。小枝四棱形，绿色。叶对生，小叶3，全缘。花单生于无叶老枝叶腋，先叶开放；花萼钟状，裂片5~6；花冠黄色，裂片通常6枚。花期3~4月。

棣棠花 *Kerria japonica* (L.) DC. 蔷薇科 Rosaceae 棣棠属

原产及栽培地: 原产东亚。中国北京、福建、广东、广西、贵州、河北、黑龙江、湖北、江苏、辽宁、山东、陕西、上海、四川、台湾、天津、新疆、云南、浙江等地栽培。**习性**: 喜半阴; 喜温暖湿润气候, 北方须选背风向阳或建筑物前栽种; 对土壤要求不严。**繁殖**: 分株、扦插、播种。

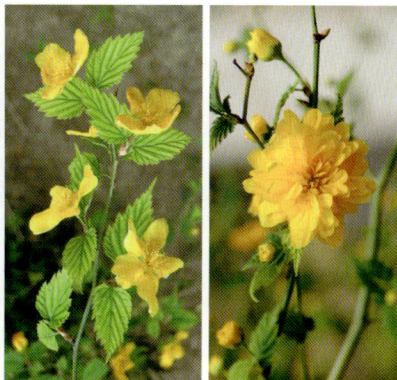

特征要点 半常绿灌木。株高 0.8~1.5m。枝条绿色, 光滑。叶三角状卵圆形, 顶端长渐尖, 有尖锐重锯齿。单花生侧枝顶端; 花瓣黄色; 雌蕊 5~8, 分离。花期 5~6 月。

矮生紫薇 *Lagerstroemia* Nana Group 千屈菜科 Lythraceae 紫薇属

原产及栽培地: 原产中国。中国北京、上海、杭州等地栽培。**习性**: 喜光; 不耐寒, 冬季需防寒越冬; 喜深厚肥沃、排水良好的砂质壤土。**繁殖**: 扦插。

特征要点 落叶灌木。株高 0.5~1m。小枝纤细, 具 4 棱。叶互生或有时对生, 椭圆形。圆锥花序顶生, 大型; 花紫红色, 直径 3~4cm; 萼裂片 6, 三角形, 直立; 花瓣 6, 皱缩; 雄蕊多数。蒴果椭圆状球形或阔椭圆形。花期 6~9 月, 果期 9~12 月。

马缨丹（五色梅） *Lantana camara* L. 马鞭草科 Verbenaceae 马缨丹属

原产及栽培地：原产美洲热带地区。中国云南、福建、北京、广东、广西、贵州、海南、湖北、江苏、江西、陕西、上海、四川、台湾、浙江、重庆等地栽培。**习性：**喜光；喜温暖湿润气候，华东、华北地区仅作盆栽；喜排水良好的酸性壤土。**繁殖：**播种、扦插。

特征要点 落叶灌木。株高 0.5~1.5m。茎枝均呈四方形，具短倒钩状刺。单叶对生，卵形或卵状长圆形，长 3~9cm，揉捻后有强烈的气味。头状花序腋生；花冠黄色、橙黄色、粉红色或深红色。果圆球形，熟时紫黑色。花果期全年。

长叶胡枝子 *Lespedeza caraganae* Bunge

豆科 / 蝶形花科 Fabaceae/Leguminosae/Papilionaceae 胡枝子属

原产及栽培地：原产中国、蒙古。中国北京、四川等地栽培。**习性：**喜光；喜温暖干燥气候；土壤以沙石土为宜。**繁殖：**播种、扦插。

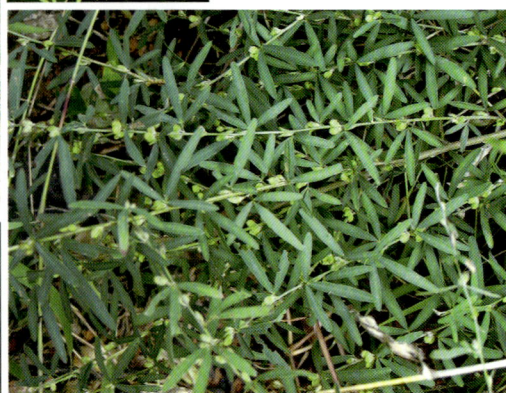

特征要点 落叶灌木。株高约 0.5m。茎纤细，多分枝。羽状复叶互生，具 3 小叶；小叶长圆状线形，长 2~4cm，宽 2~4mm。总状花序腋生，多花；花冠白色或黄色。荚果长圆状卵形。具闭锁花，结倒卵状圆形荚果。花期 6~9月，果期 10 月。

多花胡枝子 *Lespedeza floribunda* Bunge
豆科 / 蝶形花科 Fabaceae/Leguminosae/Papilionaceae 胡枝子属

原产及栽培地：原产亚洲北部。中国北京、福建、江西、辽宁、陕西、上海、四川等地栽培。**习性**：喜光；喜温暖干燥气候；土壤以沙石土为宜。**繁殖**：播种、扦插。

特征要点 落叶灌木。株高 0.3~1m。茎纤细，多分枝。羽状复叶互生，具 3 小叶；小叶具柄，倒卵形，长 1~1.5cm，宽 6~9mm，先端微凹。总状花序腋生；花多数，密集；花冠紫红色。荚果宽卵形。花期 6~9 月，果期 9~10 月。

金叶女贞 *Ligustrum* × *vicaryi* Rehder 木樨科 Oleaceae 女贞属

原产及栽培地：杂交起源，中国各地栽培。**习性**：适应性广，对土壤要求不严。**繁殖**：扦插。

特征要点 落叶灌木。株高 0.5~2m。枝纤细，多分枝。单叶对生，椭圆形或卵状椭圆形，长 2~5cm，宽 1~2cm，嫩叶亮金黄色，渐变绿色。圆锥花序顶生，多花密集；小花白色。核果阔椭圆形，紫黑色。花期 5~6 月，果期 8~9 月。

327

枸杞 *Lycium chinense* Mill. 茄科 Solanaceae 枸杞属

原产及栽培地：原产喜马拉雅地区。中国大部分地区均有栽培。**习性**：喜光，稍耐阴；喜温暖，较耐寒；对土壤要求不严。**繁殖**：播种、扦插、压条、分株。

特征要点 落叶灌木。株高 0.5~1.5m。小枝灰白色，具棘刺。叶卵形或卵状披针形。花具梗，花萼 3 中裂或 4~5 齿裂，花冠漏斗状，淡紫色，5 深裂。浆果红色，卵状，种子扁肾脏形，黄色。花期 5~7 月，果期 8~10 月。

杜茎山 *Maesa japonica* (Thunb.) Zipp. ex Scheff.
报春花科 / 紫金牛科 Primulaceae/Myrsinaceae 杜茎山属

原产及栽培地：原产亚洲南部。中国福建、广东、广西、贵州、湖北、江西、上海、四川、云南、浙江等地栽培。**习性**：喜温暖湿润的热带亚热带气候。**繁殖**：扦插、播种。

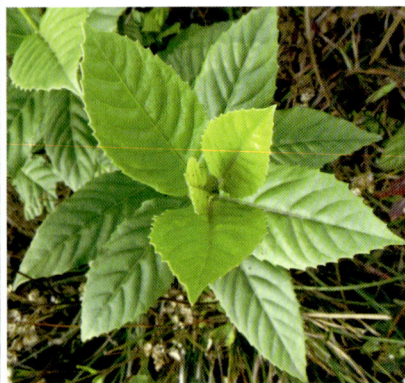

特征要点 落叶灌木。株高 1~3m。叶互生，革质，椭圆形，顶端尖，基部楔形，无毛。总状花序或圆锥花序腋生，长 1~3cm；花冠白色，长钟形。果球形，直径 4~5mm，肉质，具宿存花柱。花期 1~3 月，果期 5~10 月。

地菍 *Melastoma dodecandrum* Lour. 野牡丹科 Melastomataceae 野牡丹属

原产及栽培地: 原产中国、越南。中国福建、广东、广西、贵州、湖北、江西、云南、浙江等地栽培。**习性**: 喜光，耐半阴；喜高温湿润气候；喜肥沃疏松、富含有机质而排水良好的壤土。**繁殖**: 扦插、播种。

特征要点 落叶小灌木。株高 0.1~0.2m。茎匍匐贴地而生。叶对生，卵形或椭圆形，长 1~4cm，主脉 3~5 条。花 1~5 朵生于枝端，淡紫色，雄蕊 10 枚，二型，5 大 5 小。蒴果稍肉质，卵球形，紫黑色。花期春夏季，果期秋冬季。

小果白刺 *Nitraria sibirica* Pall.
白刺科 / 蒺藜科 Nitrariaceae/Zygophyllaceae 白刺属

原产及栽培地: 原产亚洲北部。中国甘肃、内蒙古、新疆等地栽培。**习性**: 喜光；耐寒，耐旱，怕涝；喜深厚的沙土层，不易栽培。**繁殖**: 播种、扦插。

特征要点 落叶灌木。株高 0.5~1m。分枝多，小枝灰白色，尖端刺状。叶在嫩枝上 4~6 个簇生，条形，肉质，全缘。花小，黄绿色，蝎尾状花序。果锥状卵形，顶端尖，长 4~5mm。花期 5~6 月，果期 7~8 月。

白刺 *Nitraria tangutorum* Bobrov

白刺科 / 蒺藜科 Nitrariaceae/Zygophyllaceae 白刺属

原产及栽培地：原产中国、蒙古。中国甘肃、内蒙古、宁夏、青海、陕西、新疆等地栽培。**习性**：喜光；耐寒，耐旱，怕涝；喜深厚的沙土层，不易栽培。**繁殖**：播种、扦插。

特征要点 落叶灌木。株高 1~2m。不孕枝先端针刺状；嫩枝白色。叶簇生，宽倒披针形，宽 6~8mm，全缘。花排列较密集。核果卵形，有时椭圆形，熟时深红色。果核狭卵形。花期 5~6 月，果期 7~8 月。

金叶风箱果 *Physocarpus opulifolius* 'Luteus'【*Physocarpus opulifolius* f. *luteus* (hort. ex Petz. & G. Kirchn.) Zabel】蔷薇科 Rosaceae 风箱果属

原产及栽培地：最早培育于北美。中国江西、浙江等地栽培。**习性**：喜光；耐寒；喜排水良好的肥沃壤土。**繁殖**：扦插。

特征要点 落叶灌木。株高 1~2m。嫩枝黄绿色。叶互生，三角形，具浅裂，基部广楔形，边缘有复锯齿，叶片生长期金黄色，落前黄绿色。顶生伞形总状花序，直径 0.5~1cm；小花多数，白色。菁葖果形似风箱。花期 5 月。果期 7~8 月。

金露梅 *Dasiphora fruticosa* (L.) Rydb. 【*Potentilla fruticosa* L.】
蔷薇科 Rosaceae 金露梅属 / 委陵菜属

原产及栽培地: 原产欧亚大陆。中国辽宁、台湾、浙江等地栽培。**习性:** 强喜光；喜冷凉气候，不耐热；耐旱，适宜生长于多石砾的砂质土上。**繁殖:** 播种。

特征要点 落叶灌木。株高 0.5~1m。羽状复叶密集，小叶 3~7，长椭圆形或披针形，全缘；托叶膜质。花单生或数朵成伞房状；花黄色。瘦果近卵形，棕褐色，密生长柔毛。花期 7~8 月，果期 9~10 月。

银露梅 *Dasiphora glabra* (G. Lodd.) Soják 【*Potentilla glabra* G. Lodd.】
蔷薇科 Rosaceae 金露梅属 / 委陵菜属

原产及栽培地: 原产亚洲北部。中国北京、甘肃、辽宁、内蒙古、云南等地栽培。**习性:** 喜光；喜高山冷凉气候，耐寒，怕热；耐干旱，怕积水。**繁殖:** 播种。

特征要点 落叶灌木。株高 0.5~1m。小叶长 1cm，叶面疏生丝状毛；托叶褐色，具膜质缘，顶具丛毛。花单生，白色；萼广卵形；副萼小，倒卵形。花期 7~8 月，果期 9~10 月。

紫叶矮樱 *Cerasus × cistena* N. E. Hansen ex Koehne 【*Prunus × cistena* N. E. Hansen ex Koehne】蔷薇科 Rosaceae 樱属 / 李属

原产及栽培地: 杂交起源, 中国北京等地栽培。**习性**: 喜光; 耐寒; 喜排水良好的砂质壤土。**繁殖**: 扦插。

特征要点 落叶灌木或小乔木。株高达 2.5m 左右。嫩枝紫褐色。叶互生, 长卵形或卵状长椭圆形, 长 4~8cm, 叶缘有细钝齿, 叶面红色或紫色, 背面色彩更红。花单生, 具花梗, 中等偏小, 淡粉红色, 花瓣 5 片, 微香。花期 4~5 月。

火棘 *Pyracantha fortuneana* (Maxim.) H. L. Li 蔷薇科 Rosaceae 火棘属

原产及栽培地: 原产中国。中国北京、福建、甘肃、广东、广西、贵州、海南、河南、湖北、湖南、江苏、江西、辽宁、陕西、上海、四川、西藏、云南、浙江等地栽培。**习性**: 喜光; 喜温暖湿润的气候, 不耐寒; 要求排水良好的土壤。**繁殖**: 播种、扦插。

特征要点 落叶灌木。株高 1~2m。小枝先端成刺状。叶簇生, 倒卵形或倒卵状长圆形, 边缘有钝锯齿。花集成复伞房花序; 花白色。梨果近球形, 橘红色或深红色。花期 4~5 月, 果期 9~11 月。

羊踯躅 *Rhododendron molle* (Blume) G. Don 杜鹃花科 Ericaceae 杜鹃花属

原产及栽培地: 原产中国。福建、广东、广西、贵州、湖北、江苏、江西、上海、四川、云南、浙江等地栽培。**习性:** 喜半阴;喜凉爽湿润气候,忌酷热干燥;喜富含腐殖质、疏松湿润的酸性土壤。**繁殖:** 播种、扦插、压条、靠接等。

特征要点 落叶灌木。株高 0.6~1.5m。叶纸质,长椭圆形或椭圆状倒披针形,叶缘有睫毛。顶生伞形总状花序可多达 9 朵,花金黄色,直径 5~6cm;雄蕊 5,与花冠等长。子房有柔毛。蒴果圆柱形。花期 4~5 月,果期 10~11 月。

白花杜鹃 *Rhododendron mucronatum* (Blume) G. Don
杜鹃花科 Ericaceae 杜鹃花属

原产及栽培地: 原产东亚。中国福建、广东、贵州、江西、四川、台湾、云南、浙江等地栽培。**习性:** 喜半阴;喜凉爽湿润气候,忌酷热干燥;喜富含腐殖质、疏松湿润的酸性土壤。**繁殖:** 播种、扦插、压条、靠接等。

特征要点 落叶灌木。株高 0.6~1.5m。小枝有密柔毛及黏质腺毛。叶长椭圆形,长 3~6cm,叶背有黏质腺毛。花白色,芳香,1~3 朵簇生枝端,直径约 5cm;花梗及花萼上都混生有腺毛;雄蕊 10。蒴果长卵形。花期 4~5 月,果期 10~11 月。

迎红杜鹃 *Rhododendron mucronulatum* Turcz. 杜鹃花科 Ericaceae 杜鹃花属

原产及栽培地: 原产亚洲北部。中国北京、黑龙江、辽宁、内蒙古、山西等地栽培。**习性:** 喜光;喜冷凉湿润气候,耐寒,耐旱,怕热;喜深厚肥沃而排水良好的酸性土壤。**繁殖:** 播种、扦插、压条、靠接等。

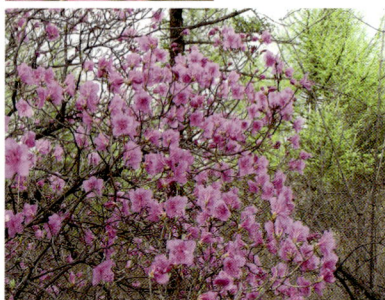

特征要点 落叶灌木。株高 1~2m。叶质薄,椭圆形或椭圆状披针形,背面被褐色鳞片。花先叶开放,伞形着生;花冠宽漏斗状,直径 3~4cm,淡红紫色。蒴果长圆形。花期 4~5 月,果期 10~11 月。

马银花 *Rhododendron ovatum* (Lindl.) Planch. ex Maxim.
杜鹃花科 Ericaceae 杜鹃花属

原产及栽培地: 原产中国。安徽、福建、广东、广西、贵州、湖北、湖南、江苏、江西、上海、四川、浙江等地栽培。**习性:** 喜半阴;喜凉爽湿润气候,忌酷热干燥;喜富含腐殖质、疏松湿润的酸性土壤。**繁殖:** 播种、扦插、压条、靠接等。

特征要点 落叶灌木。株高 0.5~1.5m。叶互生,革质,卵形,基部圆形,无鳞片。花单一;花冠辐状,5 深裂,淡紫色或粉红色。蒴果宽卵形,有短刚毛,宿存花萼增大。花期 3~5 月,果期 9~10 月。

杜鹃 *Rhododendron simsii* Planch. 杜鹃花科 Ericaceae 杜鹃花属

原产及栽培地: 原产喜马拉雅地区。中国安徽、北京、福建、广东、广西、贵州、海南、湖北、江苏、江西、山东、山西、上海、四川、台湾、云南、浙江等地栽培。**习性**: 喜半阴;喜凉爽湿润气候,忌酷热干燥;喜富含腐殖质、疏松湿润的酸性土壤。**繁殖**: 播种、扦插、压条、靠接等。

特征要点 落叶灌木。株高 1~2m。小枝被红褐色糙伏毛。叶集生枝端,近革质,披针形,两面散生红褐色糙伏毛。花 1~3 朵生于枝顶;花冠鲜红色,阔漏斗形,直径 3~5cm。蒴果长圆状卵球形。花期 4~5 月,果期 9~10 月。

丰花月季 *Rosa* Floribundas Group 蔷薇科 Rosaceae 蔷薇属

原产及栽培地: 欧洲培育。中国北京、福建、广东、河北、湖北、江苏、江西、山东、陕西、上海、台湾、云南、浙江等地栽培。**习性**: 喜光;喜温暖气候;喜富含有机质、排水良好而微酸性的土壤;适应性强。**繁殖**: 扦插。

特征要点 落叶灌木。株高 0.5~1.5m。茎丛生性。花繁密,3~25 朵成花束状;花单瓣或重瓣,白色、红色、粉红色均有。花期春末或秋季。

壮花月季 *Rosa* Grandifloras Gtoup 蔷薇科 Rosaceae 蔷薇属

原产及栽培地: 欧洲培育。中国黑龙江、吉林等地栽培。**习性:** 喜光;喜温暖气候;喜富含有机质、排水良好而微酸性的土壤;适应性强。**繁殖:** 扦插。

特征要点 落叶灌木。株高 1m 以上。植株长势极强,基础芽多。花梗修长,单朵或成束开放;花径大,开花勤。花蕾、叶片、叶刺都类似杂交香水月季。

地被月季 *Rosa* Ground Cover Group 蔷薇科 Rosaceae 蔷薇属

原产及栽培地: 原产欧洲。中国广东、黑龙江、辽宁、上海、四川、台湾、新疆、云南、浙江等地栽培。**习性:** 喜光;喜温暖气候;喜富含有机质、排水良好而微酸性的土壤;适应性强。**繁殖:** 扦插。

特征要点 落叶灌木。株高不超过 20cm。根系发达而深。茎匍匐扩张,分枝多,枝条触地生根。枝叶覆盖面大。花繁密,多花。开花群体性强,四季花期不断。

杂种香水月季 *Rosa* Hybrid Teas Group 蔷薇科 Rosaceae 蔷薇属

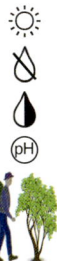

原产及栽培地: 原产欧洲。中国北京、辽宁、河北、河南、山东、山西、江苏、湖北、安徽、浙江等地栽培。**习性:** 与月季花相似，但生长势更强而较嗜肥，其中攀缘性品种抗寒性较弱。**繁殖:** 扦插。

特征要点 落叶灌木。株高 1~2m。茎叶均较粗壮。花大，色彩丰富，芳香，生长季中开花不断。

微型月季 *Rosa* Miniature Group 蔷薇科 Rosaceae 蔷薇属

原产及栽培地: 欧洲培育。中国北京、上海、浙江、云南、台湾等地栽培。**习性:** 喜光; 喜温暖气候; 喜富含有机质、排水良好而微酸性的土壤; 适应性强。**繁殖:** 扦插。

特征要点 落叶灌木。株高 30~40cm。枝茎细密而坚韧。叶片长 1.5~2cm, 宽 1~1.5cm, 有的更小。花径一般 2~4cm 或更小; 花色丰富，有红色、白色、黄色、橙色、淡紫色、紫红色及中间色与复色。花芳香，花期长。

寒莓 *Rubus buergeri* Miq. 蔷薇科 Rosaceae 悬钩子属

原产及栽培地: 原产东亚。中国广东、广西、贵州、湖北、江西、四川、浙江等地栽培。**习性**: 喜光; 喜温暖湿润气候, 较耐寒; 喜疏松肥沃、排水良好的土壤。**繁殖**: 分株、扦插、播种。

特征要点 落叶灌木。葡匐枝长达 2m, 被绒毛状长柔毛。单叶互生, 卵形或近圆形, 直径 5~11cm, 背面密被绒毛, 边缘 5~7 浅裂; 托叶掌状或羽状深裂。花成短总状花序, 顶生或腋生; 花白色。聚合瘦果近球形, 紫黑色。花期 7~8 月, 果期 9~10 月。

山莓 *Rubus corchorifolius* L. f. 蔷薇科 Rosaceae 悬钩子属

原产及栽培地: 原产喜马拉雅地区。中国安徽、北京、福建、广东、广西、湖北、江苏、江西、上海、四川、云南、浙江等地栽培。**习性**: 喜光; 喜温暖湿润气候, 较耐寒; 喜疏松肥沃、排水良好的土壤。**繁殖**: 分株、扦插、播种。

特征要点 落叶灌木。株高 1~2m。枝有皮刺。叶卵形或卵状披针形, 不裂或 3 浅裂, 有不整齐重锯齿, 背面有灰色绒毛, 脉上散生钩状皮刺; 托叶条形。花单生或数朵聚生短枝上; 花白色, 直径约 3cm。聚合瘦果球形, 红色。花期 2~3 月, 果期 4~6 月。

蓬蘽 *Rubus hirsutus* Thunb. 蔷薇科 Rosaceae 悬钩子属

原产及栽培地: 原产欧亚大陆。中国江苏、江西、上海、台湾、云南、浙江等地栽培。**习性:** 喜光;喜温暖湿润气候,不耐寒;喜疏松肥沃、排水良好的土壤。**繁殖:** 分株、扦插、播种。

特征要点 落叶灌木。株高1~2m。枝红褐色,疏生皮刺。复叶互生;小叶3~5枚,卵形,边缘具不整齐尖锐重锯齿,并疏生皮刺;托叶披针形。花常单生于侧枝顶端;花大,直径3~4cm,白色。聚合瘦果近球形,直径1~2cm,红色。花期4月,果期5~6月。

太平莓 *Rubus pacificus* Hance 蔷薇科 Rosaceae 悬钩子属

原产及栽培地: 原产中国。江西、浙江等地栽培。**习性:** 喜光;喜温暖湿润气候,不耐寒;喜疏松肥沃、排水良好的土壤。**繁殖:** 分株、扦插、播种。

特征要点 矮小灌木。株高0.4~1m。枝细,疏生细小皮刺。单叶互生,革质,宽卵形或长卵形,背面密被灰色绒毛;托叶大,叶状。花3~6朵成顶生短总状或伞房状花序;花直径1.5~2cm,白色。果实球形,红色。花期6~7月,果期8~9月。

茅莓 *Rubus parvifolius* L. 蔷薇科 Rosaceae 悬钩子属

原产及栽培地： 原产亚洲。中国北京、福建、广东、广西、贵州、黑龙江、江苏、江西、辽宁、陕西、上海、台湾、云南、浙江等地栽培。**习性：** 喜光；喜温暖湿润气候，不耐寒；喜疏松肥沃、排水良好的土壤。**繁殖：** 分株、扦插、播种。

特征要点　落叶灌木。株高 1~2m。植株蔓生。小枝被柔毛。羽状复叶互生，小叶 3，菱状圆形或倒卵形，背面密被灰白色绒毛。伞房花序顶生或腋生；花粉红色或紫红色。聚合果卵球形，红色，无毛。花期 5~6 月，果期 7~8 月。

花叶杞柳 *Salix integra* 'Hakuro Nishiki' 杨柳科 Salicaceae 柳属

原产及栽培地： 最早培育于亚洲北部。中国安徽、北京、黑龙江、江苏、江西、辽宁、宁夏、上海、四川、台湾、浙江等地栽培。**习性：** 喜光；耐寒；喜疏松肥沃、排水良好的湿润土壤。**繁殖：** 扦插。

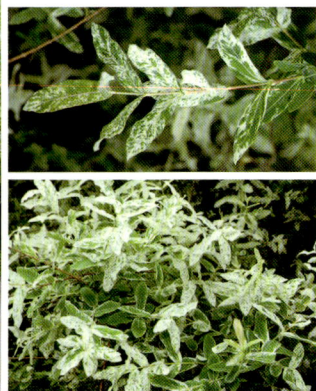

特征要点　落叶灌木。株高 1~3m。落叶灌木。小枝无毛，有光泽。叶椭圆状长圆形，新叶先端粉白色，基部黄绿色，密布白色斑点。花先叶开放，基部有小叶；腺体 1，腹生；雄蕊 2。蒴果长 2~3mm，有毛。花期 4 月，果期 4~5 月。

华北珍珠梅 *Sorbaria kirilowii* (Regel) Maxim. 蔷薇科 Rosaceae 珍珠梅属

原产及栽培地：原产中国、蒙古等地。中国北京、甘肃、黑龙江、江苏、江西、辽宁、上海、四川、台湾、新疆、云南、浙江等地栽培。**习性**：喜光，又耐阴；耐寒；不择土壤；性强健，生长迅速。**繁殖**：播种、扦插、分株。

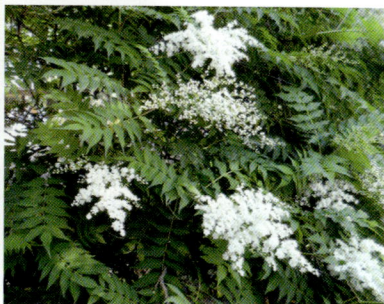

特征要点　落叶灌木。株高 1~2m。羽状复叶互生，小叶对生，披针形，边缘有尖锐重锯齿。大型密集圆锥花序顶生，被毛；花白色；雄蕊 20，与花瓣等长或稍短；花柱稍侧生。花期 6~8 月，果期 9~10 月。

珍珠梅 *Sorbaria sorbifolia* (L.) A. Braun 蔷薇科 Rosaceae 珍珠梅属

原产及栽培地：原产欧亚大陆；。中国北京等地栽培。**习性**：喜光，又耐阴；耐寒；对土壤要求不严，但喜肥厚湿润土壤；性强健，生长迅速。**繁殖**：分株、扦插。

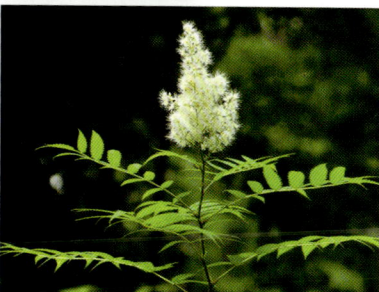

特征要点　落叶灌木。株高 1~2m。羽状复叶互生，小叶对生，披针形，边缘有尖锐重锯齿。大型密集圆锥花序顶生，被毛；花白色；雄蕊 40~50，长于花瓣；花柱顶生。菁荚果长圆形。花期 7~9 月，果期 9~10 月。

341

麻叶绣线菊 *Spiraea cantoniensis* Lour. 蔷薇科 Rosaceae 绣线菊属

原产及栽培地： 原产中国、日本。中国福建、广东、广西、贵州、海南、江苏、江西、陕西、上海、四川、台湾、云南、浙江等地栽培。**习性：** 喜光喜温暖气候，耐寒；喜湿润而排水良好的土壤，性强健。**繁殖：** 播种、扦插、分株。

特征要点 落叶灌木。株高 0.8~2m。枝细长，拱形。叶菱状长椭圆形或菱状披针形，具深裂锯齿，两面光滑，基部楔形。花序伞形总状，光滑；花白色。花期 5~6 月，果期 9~10 月。

中华绣线菊 *Spiraea chinensis* Maxim. 蔷薇科 Rosaceae 绣线菊属

原产及栽培地： 原产中国、日本、朝鲜。中国北京、广东、河北、黑龙江、湖北、江苏、江西、辽宁、内蒙古、山西、上海、浙江等地栽培。**习性：** 喜光；喜温暖气候，耐寒；喜湿润而排水良好的土壤。**繁殖：** 播种、扦插、分株。

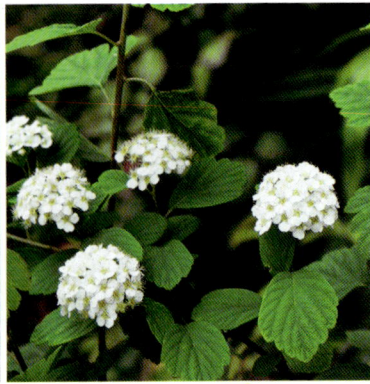

特征要点 落叶灌木。株高 1.5~3m。小枝呈拱形弯曲，红褐色。叶片菱状卵形或倒卵形，边缘有缺刻状粗锯齿，背面密被黄色绒毛。伞形花序具花 16~25 朵；花直径 3~4mm，白色。蓇葖果开张。花期 3~6 月，果期 6~10 月。

粉花绣线菊 *Spiraea japonica* L. f. 蔷薇科 Rosaceae 绣线菊属

原产及栽培地: 原产日本。中国安徽、北京、广东、黑龙江、江苏、江西、辽宁、上海、四川、新疆、浙江等地栽培。**习性:** 喜光,亦略耐阴;喜冷凉湿润气候,耐寒,耐旱;喜深厚肥沃土壤;性强健。**繁殖:** 播种、扦插、分株。

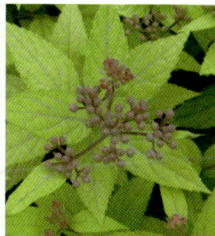

特征要点 落叶灌木。株高 0.5~1.5m。叶互生,卵形或卵状椭圆形,边缘具缺刻状重锯齿或单锯齿。复伞房花序顶生;花瓣 5,粉红色。蓇葖果半开张,无毛。花期 6~7 月,果期 8~9 月。

金山绣线菊 *Spiraea* × *bumalda* 'Gold Mound' 【*Spiraea japonica* 'Gold Mound'】 蔷薇科 Rosaceae 绣线菊属

原产及栽培地: 最早培育于日本。中国安徽、北京、广东、黑龙江、江苏、江西、辽宁、上海、四川、新疆、浙江等地栽培。**习性:** 喜光,亦略耐阴;喜冷凉湿润气候,耐寒,耐旱;喜深厚肥沃土壤;性强健。**繁殖:** 播种、扦插、分株。

特征要点 落叶灌木。植株较矮小,高 25~35cm。枝叶紧密,冠形球状整齐。新生小叶金黄色,夏叶浅绿色,秋叶金黄色。花浅粉红色,花序直径为 4~8cm。花期 6~8 月。

金焰绣线菊 *Spiraea* × *bumalda* 'Goldflame'【*Spiraea japonica* 'Goldflame'】蔷薇科 Rosaceae 绣线菊属

原产及栽培地: 最早培育于日本。中国安徽、北京、广东、黑龙江、江苏、江西、辽宁、上海、四川、新疆、浙江等地栽培。**习性**: 喜光，亦略耐阴；喜冷凉湿润气候，耐寒，耐旱；喜深厚肥沃土壤；性强健。**繁殖**: 播种、扦插、分株。

特征要点　落叶灌木。株高 60~110cm。新枝黄褐色，枝条呈折线状，不通直，柔软。冬芽小，有鳞片。单叶互生，边缘具尖锐重锯齿，羽状脉，叶长 0.8~3.0cm，宽 0.5~1.6cm，嫩叶紫红色，成熟叶金黄色。

李叶绣线菊（笑靥花）　*Spiraea prunifolia* Siebold & Zucc.
蔷薇科 Rosaceae 绣线菊属

原产及栽培地: 原产东亚。中国北京、福建、广东、河北、湖北、江苏、江西、山东、陕西、上海、台湾、云南、浙江等地栽培。**习性**: 喜光；喜温暖湿润气候，尚耐寒；喜湿润而排水良好的土壤；生长健壮。**繁殖**: 播种、扦插、分株。

特征要点　落叶灌木。株高 1~2m。枝细长而有角棱。叶小，椭圆形，先端尖，缘有小齿。花序伞形，无总梗，具 3~6 花，基部具少数叶状苞；花白色，重瓣，直径约 1cm；花梗细长。花期 4~5 月，果期 9~10 月。

绣线菊 *Spiraea salicifolia* L. 蔷薇科 Rosaceae 绣线菊属

原产及栽培地: 原产欧亚大陆,中国也有分布。中国黑龙江、吉林等地栽培。**习性:** 喜光,亦略耐阴;喜冷凉湿润气候,耐寒,耐旱;喜深厚肥沃土壤。**繁殖:** 播种、扦插、分株。

特征要点 落叶灌木。株高 0.5~1m。叶长圆状披针形或披针形,边缘密生锐锯齿,两面无毛。圆锥花序长圆形或金字塔形;花粉红色。蓇葖果直立。花期 8~9 月,果期 10~11 月。

珍珠绣线菊 *Spiraea thunbergii* Siebold ex Blume 蔷薇科 Rosaceae 绣线菊属

原产及栽培地: 原产中国、日本等地。中国广东、黑龙江、辽宁、上海、四川、台湾、新疆、云南、浙江等地栽培。**习性:** 喜光;喜温暖气候,耐寒;喜湿润而排水良好的土壤;性强健。**繁殖:** 播种、扦插、分株。

特征要点 落叶灌木。株高 1~2m。小枝幼时有柔毛。叶线状披针形,长 2~4cm,两面光滑无毛。花序伞形,无总梗,具 3~5 朵花,白色,直径约 8mm;花梗细长。花期 4~5 月,果期 9~10 月。

三裂绣线菊 *Spiraea trilobata* L. 蔷薇科 Rosaceae 绣线菊属

原产及栽培地: 原产亚洲北部。中国北京等地栽培。**习性:** 喜光, 稍耐阴; 喜冷凉湿润气候, 耐寒; 喜排水良好的土壤, 耐干旱; 性健壮。**繁殖:** 播种、扦插、分株。

特征要点 落叶灌木。株高 1~1.5m。叶近圆形, 常三裂, 具圆钝锯齿, 无毛。伞形花序; 花 15~30 朵, 白色, 蓇葖果开张。花期 5~6 月, 果期 9~10 月。

异株百里香 *Thymus pannonicus* All. 【*Thymus marschallianus* Willd.】
唇形科 Lamiaceae/Labiatae 百里香属

原产及栽培地: 原产欧洲、亚洲北部。中国北京等地栽培。**习性:** 性强健, 喜光、耐寒, 在夏季冷凉气候及排水良好的砂质土壤中生长良好, 适应性较强。**繁殖:** 分株、扦插。

特征要点 落叶半灌木。株高 5~30cm。茎的节间不缩短, 长均在 2cm 以上; 叶对生, 无毛或稀被微柔毛; 花序长可达 20cm 以上; 雌花及两性花异株。花果期 8 月。

百里香 *Thymus mongolicus* (Ronniger) Ronniger
唇形科 Lamiaceae/Labiatae 百里香属

原产及栽培地: 原产亚洲北部。中国北京、湖北、江苏、辽宁、陕西、台湾、浙江等地栽培。**习性**: 性强健,喜光、耐寒,在夏季冷凉气候及排水良好的砂质土壤中生长良好,适应性较强。**繁殖**: 分株、扦插。

特征要点　落叶半灌木。株高约 25cm。茎常平卧,茎叶有香味。叶对生, 2~4 对,叶片卵形, 全缘。花枝自茎节处抽出, 长 2~10cm, 头状花序顶生, 花萼筒状钟形或狭钟状, 花冠紫红色或粉红色, 二唇形, 芳香。小坚果近圆形或卵圆形。花期 5~9 月。

地椒 *Thymus quinquecostatus* Celak. 唇形科 Lamiaceae/Labiatae 百里香属

原产及栽培地: 原产亚洲北部。中国安徽、北京、福建、广东、广西、贵州、海南、湖北、江苏、江西、辽宁、陕西、上海、四川、台湾、新疆、云南、浙江等地栽培。**习性**: 性强健,喜光、耐寒, 在夏季冷凉气候及排水良好的砂质土壤中生长良好, 适应性较强。**繁殖**: 分株、扦插。

特征要点　落叶半灌木。株高 3~15cm。茎常平卧。叶对生, 叶片长圆状椭圆形或长圆状拔针形, 显著具 5 脉。花序头状或稍伸长成长圆状的头状花序; 花萼管状钟形; 花冠紫红色或粉红色, 二唇形, 芳香。花期 8 月。

欧洲荚蒾 *Viburnum opulus* L. 荚蒾科 / 忍冬科 Viburnaceae/Caprifoliaceae 荚蒾属

原产及栽培地: 原产欧洲。中国北京、河北、江苏、江西、辽宁、上海、四川、台湾、新疆等地栽培。**习性:** 喜光,耐阴;喜冷凉湿润气候,耐寒;对土壤要求不严;根系发达;性更强健。**繁殖:** 扦插、分株、播种。

特征要点 落叶灌木。株高 1~3m。叶对生, 圆卵形, 常 3 裂。复伞形式聚伞花序, 大多周围有大型白色不孕花; 花冠白色, 辐状; 雄蕊花药黄白色。核果近圆形, 红色。花期 5~6 月, 果期 9~10 月。

单叶蔓荆 *Vitex rotundifolia* L. f.
唇形科 / 马鞭草科 Lamiaceae/Verbenaceae 牡荆属

原产及栽培地: 原产亚洲南部及大洋洲。中国北京、福建、四川等地栽培。**习性:** 喜光;喜温暖湿润的海岸气候;喜疏松排水良好的砂质壤土。**繁殖:** 分株、扦插、播种。

特征要点 落叶灌木。株高 0.5~1m。茎匍匐, 节处常生不定根。单叶对生, 叶片倒卵形或近圆形, 全缘。其他特征同蔓荆。花期 7~8 月, 果期 8~10 月。

蔓荆 *Vitex trifolia* L. 唇形科 / 马鞭草科 Lamiaceae/Verbenaceae 牡荆属

原产及栽培地: 原产亚洲南部及大洋洲。中国安徽、北京、福建、贵州、广东、广西、湖北、四川、台湾、云南、浙江等地栽培。**习性**: 喜光; 喜温暖湿润的海岸气候; 喜疏松排水良好的砂质壤土。**繁殖**: 分株、扦插、播种。

特征要点 落叶灌木。株高 1.5~5m。小枝四棱形。三出复叶对生, 具柄; 小叶片卵圆形, 全缘, 背面密被灰白色绒毛。圆锥花序顶生, 长 3~15cm; 花萼钟形; 花冠淡紫色或蓝紫色, 顶端 5 裂, 二唇形。核果近圆形。花期 7 月, 果期 9~11 月。

海仙花 *Weigela coraeensis* Thunb. 忍冬科 Caprifoliaceae 锦带花属

原产及栽培地: 原产日本、朝鲜。中国北京、湖北、江苏、江西、辽宁、上海、四川、新疆、云南、浙江等地栽培。**习性**: 喜光, 稍耐阴; 耐寒性不如锦带花, 北京仍能露地越冬; 喜湿润肥沃土壤。**繁殖**: 扦插、播种。

特征要点 落叶灌木。株高 1~2m。叶对生, 宽大, 宽矩圆形或卵圆形。花单生或成聚伞花序; 花萼裂至底部, 萼齿 5, 条形; 花冠筒状, 紫红色或玫瑰红色。蒴果圆柱形, 熟时开裂; 种子多少有翅。花期 4~5 月, 果期 9~10 月。

349

锦带花 *Weigela florida* (Bunge) A. DC. 忍冬科 Caprifoliaceae 锦带花属

原产及栽培地: 原产中国。中国北京、福建、江苏、宁夏、上海、台湾、新疆、云南、浙江等地栽培。**习性**: 喜光; 喜冷凉湿润气候, 耐寒; 耐瘠薄土壤, 喜深厚湿润而腐殖质丰富的壤土, 怕水涝。**繁殖**: 扦插、播种。

特征要点　落叶灌木。株高 1~3m。叶对生, 狭长, 矩圆形, 边缘具锯齿。花单生或成聚伞花序; 花萼裂至一半, 萼齿 5, 披针形; 花冠筒状, 紫红色或玫瑰红色。蒴果圆柱形, 熟时开裂; 种子无翅。花期 4~6 月, 果期 9~10 月。

红王子锦带花 *Weigela* 'Red Prince' 忍冬科 Caprifoliaceae 锦带花属

原产及栽培地: 人工培育起源。中国北京、福建、江苏、宁夏、上海、台湾、新疆、云南、浙江等地栽培。**习性**: 喜光; 喜冷凉湿润气候, 耐寒; 耐瘠薄土壤, 喜深厚湿润而腐殖质丰富的壤土, 怕水涝。**繁殖**: 扦插、播种。

特征要点　落叶灌木。株高 1~2m。嫩枝淡红色, 老枝灰褐色。花密集, 花冠胭脂红色。花期春夏季, 长达一个月以上。其他特征同锦带花。

花叶锦带花 *Weigela* Variegata Group 忍冬科 Caprifoliaceae 锦带花属

原产及栽培地: 人工培育起源。北京、福建、江苏、宁夏、上海、台湾、新疆、云南、浙江等地栽培。**习性:** 喜光;喜冷凉湿润气候,耐寒;耐瘠薄土壤,喜深厚湿润而腐殖质丰富的壤土,怕水涝。**繁殖:** 扦插、播种。

特征要点 落叶灌木。株高 1~3m。叶具白色斑块,对生,狭长,矩圆形,边缘具锯齿。花单生或成聚伞花序;花萼裂至一半,萼齿 5,披针形;花冠筒状,紫红色或玫瑰红色。蒴果圆柱形,熟时开裂;种子无翅。花期 4~6 月,果期 9~10 月。

（二）常绿灌木类地被植物

大花六道木 *Abelia × grandiflora* (Rovelli ex André) Rehder
忍冬科 Caprifoliaceae 糯米条属 / 六道木属

原产及栽培地: 杂交起源。中国各地均有栽培。**习性:** 喜温暖湿润的气候;适应性强,对土壤要求不严。**繁殖:** 扦插。

特征要点 半常绿灌木。株高 0.5~1.5m。枝纤细,多分枝。叶对生,卵圆形,全缘。花多数簇生枝条顶端;花芳香,具 3 对小苞片;萼筒圆柱形,萼裂片 2~5 枚,果期宿存,增大,长 5~6mm,果期变红色;花冠白色或红色,漏斗状,裂片 5。花果期夏秋季。

351

朱砂根 *Ardisia crenata* Sims 报春花科 / 紫金牛科 Primulaceae/Myrsinaceae 紫金牛属

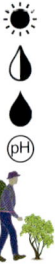

原产及栽培地: 原产亚洲。中国北京、福建、广东、广西、贵州、海南、湖北、江苏、江西、上海、四川、台湾、云南、浙江等地栽培。**习性**: 喜阴; 喜温暖潮湿气候, 忌干旱; 喜肥沃疏松、富含腐殖质的砂质酸性壤土。**繁殖**: 播种。

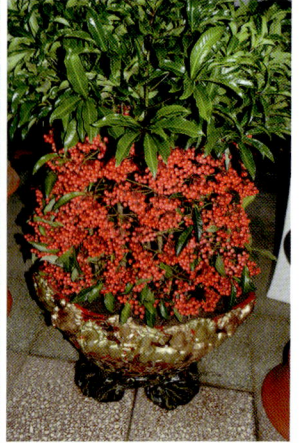

特征要点 常绿灌木。株高 0.5~2m。茎无毛。叶披针形, 纸质, 具皱波状圆齿, 侧脉 10~20 余对。花序伞形或聚伞状; 总花梗细长; 花小, 淡紫白色; 花萼 5 裂, 花冠 5 裂; 雄蕊 5 枚; 子房上位, 1 室。核果球形, 熟时红色。花期春季, 果期秋冬季。

紫金牛 *Ardisia japonica* (Thunb.) Blume
报春花科 / 紫金牛科 Primulaceae/Myrsinaceae 紫金牛属

原产及栽培地: 原产亚洲南部。中国北京、福建、广东、广西、贵州、海南、湖北、江苏、江西、上海、四川、台湾、云南、浙江等地栽培。**习性**: 喜阴; 喜温暖潮湿气候; 喜湿润、富含腐殖质的酸性壤土。**繁殖**: 播种、扦插。

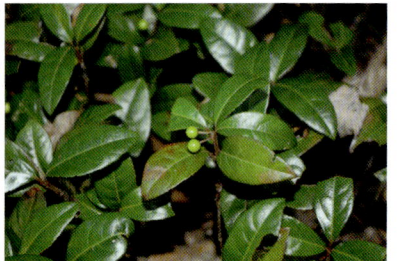

特征要点 常绿灌木。株高 0.2~1m。根状茎暗红色。茎具短腺毛。叶常成对或 3~4 枚集生茎顶, 椭圆形, 具尖锯齿。短总状花序近伞形, 通常 2~6 朵, 腋生或顶生; 萼片 5; 花冠青白色, 先端 5 裂。核果球形。花期春季, 果期秋冬季。

虎舌红 *Ardisia mamillata* Hance
报春花科 / 紫金牛科 Primulaceae/Myrsinaceae 紫金牛属

原产及栽培地: 原产亚洲南部。中国北京、福建、广东、广西、湖北、江西、上海、四川、云南、浙江等地栽培。**习性**: 喜阴; 喜温暖潮湿气候; 喜湿润、富含腐殖质的酸性壤土。**繁殖**: 分株、扦插。

特征要点　常绿矮小灌木。株高不超过 15cm, 幼时密被锈色卷曲长柔毛。具葡萄茎。叶互生或簇生茎顶, 叶片倒卵形或长圆状倒披针形, 边缘具圆齿, 两面常为暗紫红色。伞形花序; 花粉红色。浆果球形, 鲜红色。花期 6~7 月, 果期 11 月至翌年 1 月。

花叶青木 (洒金桃叶珊瑚) *Aucuba japonica* 'Variegata'
丝缨花科 / 山茱萸科 Garryaceae/Cornaceae 桃叶珊瑚属

原产及栽培地: 最早培育于日本。中国福建、上海、江苏、浙江等地栽培。**习性**: 喜阴; 喜温暖潮湿气候; 喜湿润、富含腐殖质的酸性壤土。**繁殖**: 扦插。

特征要点　常绿灌木。株高 0.5~1.5m。叶对生, 革质, 长椭圆形, 边缘上段具 2~4 对疏锯齿, 叶面有大小不等的黄色或淡黄色斑点。圆锥花序顶生; 花瓣近卵形, 暗紫色。果卵圆形, 暗紫色或黑色。花期 3~4 月, 果期翌年 4 月。

豪猪刺 *Berberis julianae* C. K. Schneid. 小檗科 Berberidaceae 小檗属

原产及栽培地：原产中国。北京、广西、贵州、湖北、江西、上海、四川、台湾、云南、浙江等地栽培。**习性**：耐阴；喜温暖湿润气候，耐寒，北京可常绿越冬；要求深厚肥沃的壤土。**繁殖**：扦插、播种。

特征要点 常绿灌木。株高1~3m。茎刺粗壮，三分叉。叶革质，椭圆形或披针形，宽1~3cm，背面淡绿色，不被白粉，每边具10~20刺齿。花10~25朵簇生；花黄色。浆果长圆形，蓝黑色，被白粉，花柱宿存。花期3月，果期5~11月。

匙叶黄杨 *Buxus harlandii* Hance 黄杨科 Buxaceae 黄杨属

原产及栽培地：原产中国。福建、广东、广西、贵州、湖北、江西、陕西、四川、云南、浙江等地栽培。**习性**：喜光，亦耐阴；喜温暖湿润气候，不耐寒；喜湿润而腐殖质丰富的土壤。**繁殖**：扦插、播种。

特征要点 常绿灌木。株高1~2m。分枝多而密集。叶对生，革质，较狭长，匙形或窄倒卵状匙形，长1~3.5cm，先端圆钝，微凹或具小尖头，基部窄楔形，侧脉致密。花序头状，腋生或顶生。蒴果卵球形，花柱宿存。花果期春夏季。

皱叶黄杨 *Buxus rugulosa* Hatus. 黄杨科 Buxaceae 黄杨属

原产及栽培地: 原产中国。福建、广东、湖北、江西、上海、云南、浙江等地栽培。**习性:** 喜光,亦耐阴;喜温暖湿润气候,不耐寒;喜湿润而腐殖质丰富的土壤。**繁殖:** 扦插、播种。

特征要点　常绿灌木。株高1~2m。小枝四棱形。叶对生,革质,长圆形或狭长圆形,长1.5~2.5cm,宽6~12mm,叶面光亮,干时无侧脉,仅见皱纹。花序腋生兼顶生,头状;花小,黄绿色。蒴果卵球形。花期3~5月,果期6~9月。

锦熟黄杨 *Buxus sempervirens* L. 黄杨科 Buxaceae 黄杨属

原产及栽培地: 原产中国。上海、浙江等地栽培。**习性:** 较耐阴;喜温暖湿润气候,较耐寒;喜深厚肥沃及排水良好的土壤,耐干旱。**繁殖:** 播种、扦插。

特征要点　常绿灌木。株高1~2m。小枝四棱形,具柔毛。叶椭圆形或卵状长椭圆形,先端钝或微凹,全缘,表面有光泽,背面绿白色。花簇生叶腋,淡绿色,花药黄色。蒴果三脚鼎状,熟时黄褐色。花期3月,果期5~6月。

黄杨 *Buxus sinica* (Rehder & E. H. Wilson) M. Cheng 黄杨科 Buxaceae 黄杨属

原产及栽培地：原产中国。安徽、北京、福建、广东、广西、贵州、海南、湖北、江苏、江西、辽宁、陕西、上海、四川、台湾、新疆、云南、浙江等地栽培。**习性**：喜半阴；喜温暖湿润气候，耐寒；喜肥沃的中性及微酸性土壤；对多种有毒气体抗性强。**繁殖**：播种、扦插。

特征要点　常绿灌木。株高 1~2m。小枝纤细，四棱形。叶对生，小而革质，光亮。花序腋生，头状，花密集；雄花生花序下方，4 数；雌花 1 朵顶生，花柱 3。蒴果近球形，熟时开裂，宿存花柱三角状。花期 3 月，果期 5~6 月。

川鄂连蕊茶 *Camellia rosthorniana* Hand. -Mazz. 山茶科 Theaceae 山茶属

原产及栽培地：原产中国。湖北、四川等地栽培。**习性**：喜半阴；喜温暖湿润气候，不耐寒；喜肥沃的中性及微酸性土壤。**繁殖**：扦插、播种。

特征要点　常绿灌木。株高 1~3m。嫩枝纤细，密生短柔毛。叶互生，薄革质，椭圆形或卵状长圆形，先端长渐尖，边缘密生细小尖锯齿。花腋生及顶生；苞片 3~4 片，卵圆形；花萼杯状；花冠白色，花瓣 5~7 片，基部与雄蕊相结合。蒴果圆球形。花期 4 月。

茶梅 *Camellia sasanqua* Thunb. 山茶科 Theaceae 山茶属

原产及栽培地: 原产中国。安徽、北京、福建、贵州、广东、广西、湖北、四川、台湾、云南、浙江等地栽培。**习性**: 喜光，稍耐阴；喜温暖气候，不耐寒；喜富含腐殖质而排水良好的酸性土壤，稍抗旱。**繁殖**: 播种、扦插、嫁接等。

特征要点 常绿灌木。株高 0.5~1.5m。嫩枝有粗毛。叶椭圆形至长卵形，叶缘有齿。花白色，直径 3.5~7cm，略有芳香，无柄；子房密被白色毛。蒴果直径 2.5cm，略有毛，无宿存花萼，内有种子 3 粒。花期春季。

臭牡丹 *Clerodendrum bungei* Steud.
唇形科 / 马鞭草科 Lamiaceae / Verbenaceae 大青属

原产及栽培地: 原产亚洲南部。中国北京、福建、广东、广西、贵州、湖北、江苏、江西、上海、四川、台湾、云南、浙江等地栽培。**习性**: 喜半阴；喜温暖湿润气候，不耐寒；喜肥沃的中性及微酸性土壤。**繁殖**: 分株、播种、扦插。

特征要点 半常绿灌木。株高 1~2m，植株有臭味。叶具柄，对生，宽卵形或卵形，长 8~20cm，宽 5~15cm，边缘具锯齿。伞房状聚伞花序顶生，密集；花冠淡红色或紫红色；雄蕊及花柱均突出花冠外。核果近球形，熟时蓝黑色。花果期 5~11 月。

草麻黄 *Ephedra sinica* Stapf 麻黄科 Ephedraceae 麻黄属

原产及栽培地: 原产亚洲北部。中国甘肃、黑龙江、湖北、江苏、内蒙古、新疆等地栽培。**习性**: 喜光; 耐寒, 耐旱, 适应性强, 适宜生长于干旱山坡、平原、干燥荒地及草原。**繁殖**: 播种、分株。

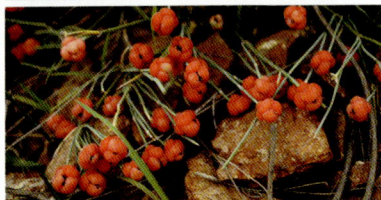

特征要点　常绿灌木。株高 0.2~0.6m。草本状灌木。小枝纤细, 绿色。叶膜质, 2 裂。雄球花多成复穗状。雌球花单生, 成熟时肉质红色, 卵圆形; 种子通常 2 粒, 黑红色。花期 4~5 月, 果期 7~8 月。

冬青卫矛 *Euonymus japonicus* Thunb. 卫矛科 Celastraceae 卫矛属

原产及栽培地: 原产日本。中国安徽、北京、福建、广东、广西、贵州、海南、河南、湖北、湖南、江苏、江西、陕西、上海、四川、云南、浙江等地栽培。**习性**: 喜光, 耐阴; 喜温暖湿润的海洋性气候; 耐干旱瘠薄, 较耐寒; 抗毒气及烟尘。**繁殖**: 扦插、分株、播种。

特征要点　常绿灌木。株高 0.5~2m。小枝稍四棱形。叶革质而有光泽, 椭圆形或倒卵形, 缘有细钝齿, 无毛。花绿白色, 4 数, 5~12 朵成密集聚伞花序。蒴果近球形, 淡粉红色, 熟时 4 瓣裂; 假种皮橘红色。花期 5~6 月, 果期 9~10 月。

梳黄菊 *Euryops pectinatus* (L.) Cass. 菊科 Asteraceae/Compositae 黄蓉菊属

原产及栽培地： 原产新西兰。中国北京、福建、台湾、云南、浙江、上海、贵州、广西、广东、四川、江西等地栽培。**习性：** 喜光，亦耐阴；喜温暖湿润气候，不耐寒；喜湿润而腐殖质丰富的土壤。**繁殖：** 扦插。

特征要点　常绿亚灌木。株高约50cm。叶互生，羽状深裂，裂片细窄；叶色灰绿，略显银白。头状花序单生枝顶，直径约5cm，具细长梗；缘花舌状，1轮，金黄色，舌片平展，长于盘花直径，顶端略平或稍凹；盘花管状，多数，金黄色。花期春季至秋季。

八角金盘 *Fatsia japonica* (Thunb.) Decne. & Planch.
五加科 Araliaceae 八角金盘属

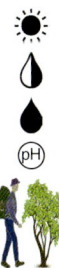

原产及栽培地： 原产日本。中国北京、福建、广东、广西、贵州、湖北、江苏、江西、陕西、四川、台湾、云南、浙江等地栽培。**习性：** 喜阴；喜温暖湿润气候，不耐寒；喜深厚湿润的酸性土壤，不耐干旱。**繁殖：** 扦插。

特征要点　常绿灌木。株高1~2m。茎粗壮。叶互生，掌状7~9裂，直径20~40cm，基部心形或截形，裂片卵状长椭圆形，缘有齿；表面有光泽。花小，白色。果实直径约8mm。花果期夏秋季。

栀子 *Gardenia jasminoides* J. Ellis 茜草科 Rubiaceae 栀子属

原产及栽培地：原产中国。中国北京、福建、广东、广西、贵州、海南、湖北、江苏、江西、陕西、上海、四川、台湾、云南、浙江等地栽培。**习性**：喜光，耐阴；喜温暖湿润气候，耐热；喜肥沃、排水良好的轻黏酸性壤土。**繁殖**：扦插、播种。

特征要点　常绿灌木。株高 0.5~2m。叶对生，革质，椭圆形，全缘；托叶膜质。花芳香，单生枝顶；萼管有纵棱，萼裂片披针形，果期增大，宿存；花冠白色或乳黄色，高脚碟状。果卵圆形，黄色或橙红色，具棱和宿萼裂片。花期 3~7 月，果期 5 月至翌年 2 月。

白蟾 *Gardenia jasminoides* 'Fortuneana'【*Gardenia jasminoides* var. *fortuneana* (Lindl.) H. Hara】 茜草科 Rubiaceae 栀子属

原产及栽培地：最早培育于中国。中国北京、福建、广东、湖北、江西、陕西、上海、四川、云南、浙江等地栽培。**习性**：喜光，耐阴；喜温暖湿润气候，耐热；喜肥沃、排水良好的轻黏酸性壤土。**繁殖**：扦插、播种。

特征要点　常绿灌木。株高 1~2m。茎灰色，小枝绿色。单叶对生或 3 叶轮生，叶片革质，全缘，倒卵形或矩圆状倒卵形。花单生于枝顶或叶腋，花大，重瓣，白色，具浓香。花期 3~7 月，果期 5 月至翌年 2 月。

狭叶栀子 *Gardenia stenophylla* Merr. 茜草科 Rubiaceae 栀子属

原产及栽培地：原产中国、越南。中国福建、广东、广西、江西、四川等地栽培。**习性**：喜光，耐阴；喜温暖湿润气候，耐热；喜肥沃、排水良好的轻黏酸性壤土。**繁殖**：扦插、播种。

特征要点 常绿灌木。株高 0.5~2m。小枝纤弱。叶对生，薄革质，狭披针形或线状披针形；托叶膜质。花单生叶腋或枝顶，芳香，直径 4~5cm；萼裂片狭披针形，果时增长；花冠白色，高脚碟状。果长圆形。花期 4~8 月，果期 5 月至翌年 1 月。

小金雀花（染料木）*Genista spachiana* Webb
豆科 / 蝶形花科 Fabaceae/Leguminosae/Papilionaceae 染料木属

原产及栽培地：原产欧洲。中国北京、江苏、江西、上海、台湾、浙江等地栽培。**习性**：喜光；喜温暖干燥气候；土壤以沙石土为宜。**繁殖**：扦插、播种。

特征要点 常绿灌木。株高 0.5~2m。茎纤细，具棱，无刺，多分枝。单叶互生，椭圆形或线形；托叶钻形。花密集排列于枝端成总状花序；花梗长 1~3mm；萼钟形，萼齿三角形；花冠黄色，旗瓣阔卵形。荚果线形。花期 6~8 月。

浆果金丝桃 *Hypericum androsaemum* L.

金丝桃科 / 藤黄科 Hypericaceae/Guttiferae 金丝桃属

原产及栽培地：原产高加索地区。中国上海、四川、台湾、新疆、云南、浙江等地栽培。**习性**：喜光，略耐阴；喜温暖湿热气候，稍耐寒；喜排水良好、湿润肥沃的砂质壤土，忌积水。**繁殖**：扦插、播种。

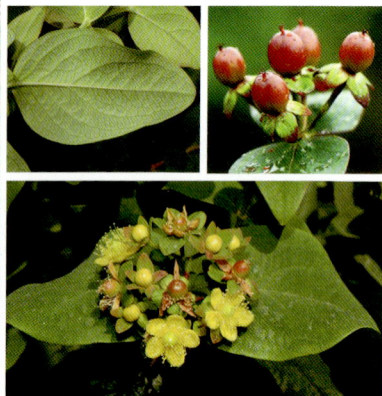

特征要点　常绿灌木。株高 0.5~1.5m。茎纤细，四棱，多分枝。单叶对生，无柄，卵圆形，全缘，具弧形脉。花数朵顶生，排成伞房状聚伞花序；花黄色；花瓣 5，长圆形；雄蕊多数；子房近圆球形。果实浆果状，熟时红色。花果期夏秋季。

金丝梅 *Hypericum patulum* Thunb.

金丝桃科 / 藤黄科 Hypericaceae/Guttiferae 金丝桃属

原产及栽培地：原产中国。北京、福建、广东、广西、贵州、湖北、江苏、江西、上海、四川、云南、浙江等地栽培。**习性**：喜光，略耐阴；喜温暖湿热气候，稍耐寒；喜排水良好、湿润肥沃的砂质壤土，忌积水。**繁殖**：分株、播种、扦插。

特征要点　常绿灌木。株高 0.5~1.5m。小枝拱曲，有两棱。叶卵状长椭圆形或广披针形，基部渐狭或圆形，有极短叶柄。花金黄色，直径 2.5~4cm；雄蕊 5 束，较花瓣短；花柱 5，离生。蒴果卵形，有宿存萼。花期 6~7 月，果期 8~10 月。

龟甲冬青 *Ilex crenata* 'Convexa' 冬青科 Aquifoliaceae 冬青属

原产及栽培地： 最早培育于亚洲北部。中国北京、福建、广东、湖北、江西、上海、台湾、云南、浙江等地栽培。**习性：** 喜光；喜温暖湿润气候；喜湿润肥沃的壤土。**繁殖：** 播种、扦插。

特征要点 常绿灌木。株高 0.5~1.5m。多分枝。叶小而密集，叶面凸起，厚革质，椭圆形或长倒卵形，缘有浅钝齿，背面有腺点。花小，白色；雄花 3~7 朵成聚伞花序生于当年生枝叶腋，雌花单生。果球形，熟时黑色。花期 5~6 月，果期 8~10 月。

茉莉花 *Jasminum sambac* (L.) Aiton 木樨科 Oleaceae 素馨属

原产及栽培地： 原产印度。中国安徽、北京、福建、广东、广西、贵州、海南、湖北、江苏、江西、陕西、四川、台湾、云南、浙江等地栽培。**习性：** 喜光，稍耐阴；喜温暖气候，不耐寒；不耐旱、不耐涝，喜肥沃疏松的砂壤及壤土。**繁殖：** 扦插、压条、分株。

特征要点 常绿灌木。株高 0.5~1.5m。叶对生，圆形或倒卵形，全缘。聚伞花序顶生，常有花 3 朵；花极芳香；花萼裂片线形；花冠白色，常重瓣；雄蕊 2；子房 2 室。浆果球形，熟时紫黑色。花期 5~8 月，果期 7~9 月。

匍地龙柏 *Juniperus chinensis* 'Kaizuca Procumbens'
柏科 Cupressaceae 刺柏属

原产及栽培地: 最早培育于中国。昆明等地栽培。**习性**: 喜光; 耐旱, 能在干燥的沙地上生长良好, 喜石灰质的肥沃土壤, 忌低洼湿地。**繁殖**: 扦插。

特征要点 常绿灌木。株高 0.5~1.5m。主干匍匐地面, 斜向上长, 枝干灰褐色。枝纤细, 多分枝。鳞叶交互密集排列, 深绿色。雌雄异株, 花小。球果卵球形, 灰白色, 成熟深褐色。授粉期春季, 挂果期几乎全年。

铺地柏 *Juniperus procumbens* (Siebold ex Endl.) Miq. 柏科 Cupressaceae 刺柏属

原产及栽培地: 原产日本。中国北京、福建、广东、广西、黑龙江、湖北、江苏、江西、辽宁、上海、四川、台湾、新疆、云南、浙江等地栽培。**习性**: 喜光; 耐旱, 能在干燥的沙地上生长良好, 喜石灰质的肥沃土壤, 忌低洼湿地。**繁殖**: 扦插。

特征要点 常绿灌木。株高 0.5~1m。主干匍匐地面, 小枝短而上举。刺形叶三叶交叉轮生, 条状披针形, 粉绿色, 白粉气孔带显著; 无鳞形叶。球果近球形, 被白粉, 成熟时黑色, 有 2~3 粒种子。授粉期春季, 挂果期几乎全年。

叉子圆柏（砂地柏）　*Juniperus sabina* L.【*Sabina vulgaris* Ant.】
柏科 Cupressaceae 刺柏属

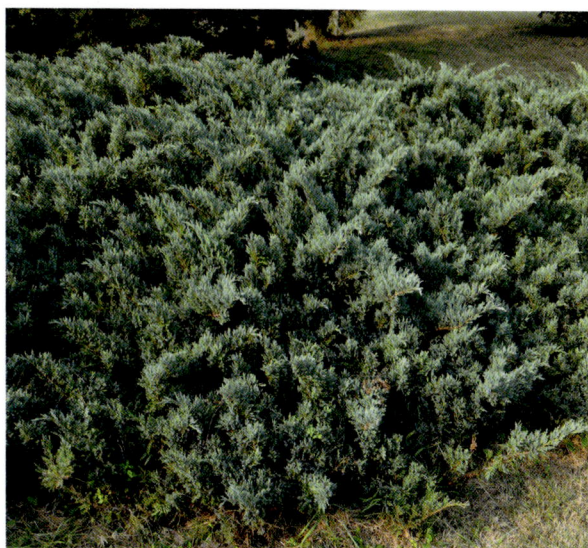

原产及栽培地: 原产欧亚大陆。中国北京、甘肃、广东、辽宁、内蒙古、宁夏、陕西、上海、新疆、云南等地栽培。**习性:** 喜光; 喜凉爽干燥的气候, 耐寒, 耐旱; 耐瘠薄, 适宜生于沙地, 不耐涝。**繁殖:** 播种、扦插、压条。

特征要点　常绿灌木。株高 0.5~1m。主干匍匐地面, 小枝短而上举。鳞叶交互对生, 斜方形; 刺叶少量或无, 常生于幼树上。球果熟时褐色、紫蓝色或黑色, 多少有白粉; 种子 1~5。授粉期春季, 挂果期几乎全年。

金森日本女贞　*Ligustrum japonicum* 'Howardii'　木樨科 Oleaceae 女贞属

原产及栽培地: 最早培育于日本、朝鲜。中国北京、福建、广东、贵州、湖北、江苏、江西、上海、四川、台湾、云南、浙江等地栽培。**习性:** 喜光; 稍耐阴, 喜温暖, 稍耐寒; 喜湿润, 喜微酸性或微碱性的湿润土壤。**繁殖:** 播种、扦插。

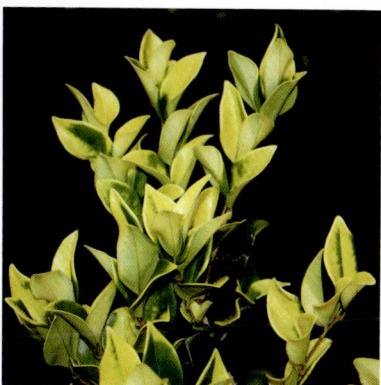

特征要点　常绿灌木。株高 0.5~2m。小枝幼时具短粗毛, 皮孔明显。叶革质, 平展, 卵形或卵状椭圆形, 中脉及叶缘常带红色。花序顶生; 花白色, 花冠裂片略短于花冠筒。核果椭圆形, 黑色。花期夏季, 果期秋季。

亮叶忍冬 *Lonicera ligustrina* var. *yunnanensis* Franch.
忍冬科 Caprifoliaceae 忍冬属

原产及栽培地: 原产中国、尼泊尔和印度。中国福建、广东、湖北、江西、上海、四川、浙江等地栽培。**习性:** 喜光;喜温暖湿润气候;喜深厚肥沃、排水良好的土壤。**繁殖:** 扦插、播种。

特征要点 常绿灌木。株高 1~3m。枝叶密集,小枝细长,横展生长。叶对生,细小,卵形或卵状椭圆形,宽 1cm 以下,革质,全缘,正面亮绿色,背面淡绿色。花腋生,并列着生两朵花;花冠管状,淡黄色。浆果蓝紫色。花期 4~6 月,果期 9~10 月。

红花檵木 *Loropetalum chinense* var. *rubrum* Yieh
金缕梅科 Hamamelidaceae 檵木属

原产及栽培地: 原产亚洲南部。中国北京、福建、广东、广西、湖北、江苏、江西、上海、四川、台湾、云南、浙江等地栽培。**习性:** 耐半阴;喜温暖气候;喜酸性土壤;适应性较强。**繁殖:** 播种、嫁接。

特征要点 常绿灌木。株高 0.8~3m。小枝被星毛。叶互生,革质,卵形,常为紫红色,全缘。花 3~8 朵簇生,两性,4 数;萼筒杯状;花瓣带状,紫红色;子房完全下位,胚珠 1 个。蒴果卵圆形,萼筒长为蒴果的 2/3。花期 3~5 月。

阔叶十大功劳 *Mahonia bealei* (Fortune) Carrière
小檗科 Berberidaceae 十大功劳属

原产及栽培地: 原产中国、日本。中国安徽、北京、福建、广东、广西、贵州、海南、河南、湖北、湖南、江苏、江西、陕西、上海、四川、云南、浙江等地栽培。**习性:** 耐阴;喜温暖气候,耐寒性不强;喜肥沃湿润、排水良好的土壤。**繁殖:** 播种、枝插、根插、分株。

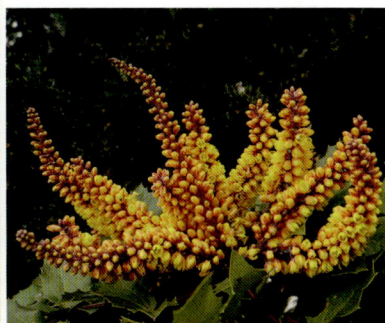

特征要点 常绿灌木。株高 1~3m。小枝粗壮,被白粉。奇数羽状复叶互生,小叶背面被白霜,厚革质,边缘具粗锯齿。总状花序直立,3~9 个簇生;花黄色,3 数。浆果卵形,深蓝色,被白粉。花期 9 月至翌年 1 月,果期翌年 3~5 月。

十大功劳 *Mahonia fortunei* (Lindl.) Fedde 小檗科 Berberidaceae 十大功劳属

原产及栽培地: 原产亚洲南部。中国北京、福建、广东、广西、贵州、海南、湖北、江苏、江西、陕西、四川、台湾、云南、浙江等地栽培。**习性:** 耐阴;喜温暖气候,耐寒;喜肥沃湿润、排水良好的土壤。**繁殖:** 播种、枝插、根插、分株。

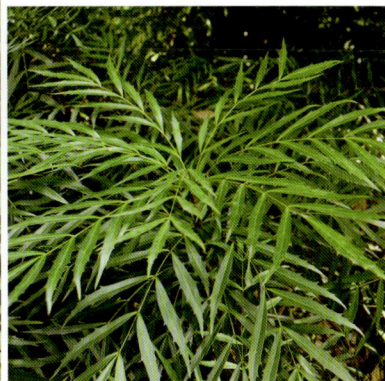

特征要点 常绿灌木。株高 1~2m。羽状复叶,小叶 5~9 枚,狭披针形,长 8~12cm,革质,缘有刺齿。总状花序 4~8 条簇生;花黄色。浆果近球形,蓝黑色,被白粉。花期 7~9 月,果期 9~11 月。

南天竹 *Nandina domestica* Thunb. 小檗科 Berberidaceae 南天竹属

原产及栽培地：原产亚洲南部。中国北京、福建、广东、广西、贵州、海南、湖北、江苏、江西、陕西、上海、四川、台湾、云南、浙江等地栽培。**习性：**喜半阴，全光下叶色常发红；喜温暖气候，较耐寒；喜肥沃湿润而排水良好的土壤。**繁殖：**播种、扦插、分株。

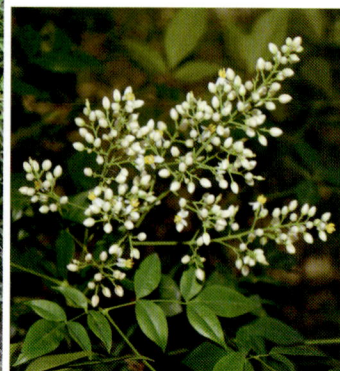

特征要点　常绿灌木。株高 1~2m。二至三回羽状复叶互生，小叶椭圆状披针形，全缘，两面无毛。花小而白色，成顶生圆锥花序。浆果球形，鲜红色。花期 3~6 月，果期 5~11 月。

顶花板凳果 *Pachysandra terminalis* Siebold & Zucc. 黄杨科 Buxaceae 板凳果属

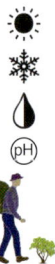

原产及栽培地：原产中国、日本、朝鲜。中国北京、福建、广东、湖北、江西、陕西、上海、四川、云南、浙江等地栽培。**习性：**耐寒性强，冬季大雪覆盖仍枝叶翠绿；北京引种在避风阴处能安全过夏和越冬。**繁殖：**分株、扦插。

特征要点　常绿亚灌木。株高 0.1~0.4m，光滑无毛。茎匍匐生长。叶互生或簇生枝顶，厚革质，菱状倒卵形，边缘具粗齿或缺裂，基脉三出。花序顶生，白色，单性，上雄下雌，无花瓣。核果状浆果，熟时紫黑色，倒三脚鼎状。花期春季。

红叶石楠 *Photinia × fraseri* Dress 蔷薇科 Rosaceae 石楠属

原产及栽培地: 最早培育于日本。中国福建、广东、江苏、四川、台湾、云南、浙江等地栽培。**习性**: 喜光; 喜温暖湿润气候; 喜排水良好的肥沃酸性壤土。**繁殖**: 扦插。

特征要点 常绿灌木。株高 1~2m。株形紧凑, 分枝细密。叶互生, 叶片椭圆形, 近革质, 边缘具锯齿, 新叶常为亮红色。伞房花序生于枝顶; 花密集, 白色。果实成熟时红色。花期 4~5 月。

蓝花丹 *Plumbago auriculata* Lam. 白花丹科 Plumbaginaceae 白花丹属

原产及栽培地: 原产南非。中国北京、福建、广东、海南、江苏、台湾、云南、浙江等地栽培。**习性**: 喜光, 亦耐阴; 喜温暖湿润气候, 不耐寒; 喜湿润而腐殖质丰富的土壤。**繁殖**: 扦插、分株。

特征要点 常绿半灌木。株高 0.5~1m。枝柔弱, 上端蔓状或极开散。叶互生, 薄, 菱状卵形或狭长卵形, 具短柄, 柄基部常有小耳。穗状花序含 18~30 枚花; 萼筒着生具柄的腺; 花冠淡蓝色或蓝白色, 高脚碟状。可常年开花, 盛花期 6~9 月和 12~4 月。

369

全缘火棘 *Pyracantha atalantioides* (Hance) Stapf　蔷薇科 Rosaceae 火棘属

原产及栽培地: 原产中国。中国北京、贵州、湖北、上海、台湾等地栽培。**习性:** 喜半阴;喜温暖湿润气候;喜富含腐殖质、疏松湿润的酸性土壤。**繁殖:** 扦插、播种。

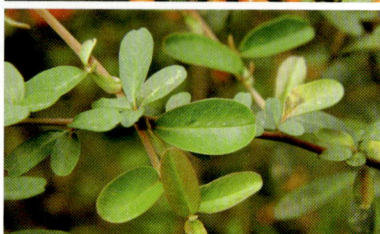

特征要点　常绿灌木。株高 1~3m。常有枝刺。叶互生或簇生,椭圆形或长圆形,叶边通常全缘。复伞房花序,直径 3~4cm;花白色。梨果扁球形,直径 4~6mm,亮红色。花期 4~5 月,果期 9~11 月。

小丑薄叶火棘 *Pyracantha rogersiana* 'Harlequin'　蔷薇科 Rosaceae 火棘属

原产及栽培地: 最早培育于中国。昆明等地栽培。**习性:** 喜半阴;喜温暖湿润气候;喜富含腐殖质、疏松湿润的酸性土壤。**繁殖:** 扦插。

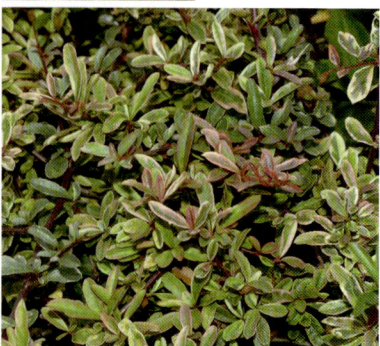

特征要点　常绿灌木。株高 1~2m。分枝细密,常有枝刺。单叶互生或簇生,叶倒卵形或倒卵状长圆形,叶片有白色或粉红色花纹。伞房花序;花白色。梨果小,成熟时红色。花期 3~5 月,果期 8~11 月。

370

锦绣杜鹃 *Rhododendron × pulchrum* Sweet 杜鹃花科 Ericaceae 杜鹃花属

原产及栽培地: 杂交起源。中国各地均有栽培。**习性**: 喜半阴; 喜凉爽湿润气候; 忌酷热干燥; 喜富含腐殖质、疏松湿润的酸性土壤。**繁殖**: 播种、扦插。

特征要点 常绿灌木。株高 1~3m。叶薄革质, 春发叶椭圆状长圆形, 长 6~7cm; 夏发叶较小, 长 2~3cm。伞形花序顶生, 花 1~3 朵, 花萼大, 花冠阔漏斗形, 玫瑰紫色, 雄蕊 10 枚。蒴果长圆状卵形。花期 4~5 月, 果期 9~10 月。

皋月杜鹃 *Rhododendron indicum* (L.) Sweet 杜鹃花科 Ericaceae 杜鹃花属

原产及栽培地: 原产亚洲南部。中国安徽、北京、福建、广东、台湾、云南、浙江等地栽培。**习性**: 喜半阴; 喜凉爽湿润气候; 忌酷热干燥; 喜富含腐殖质、疏松湿润的酸性土壤。**繁殖**: 播种、扦插、压条、靠接等。

特征要点 半常绿灌木。株高 1~2m。分枝多, 小枝坚硬。叶集生枝端, 近革质, 狭披针形或倒披针形, 背面苍白色。花 1~3 朵生于枝顶; 花冠鲜红色, 有时玫瑰红色, 阔漏斗形, 直径 3.7cm, 裂片 5, 广椭圆形。蒴果长圆状卵球形。花期 5~6 月。

照山白 *Rhododendron micranthum* Turcz. 杜鹃花科 Ericaceae 杜鹃花属

原产及栽培地：原产中国、朝鲜。中国北京、黑龙江、湖北、辽宁、内蒙古、陕西、上海、四川、云南等地栽培。**习性**：喜光；喜冷凉湿润气候；耐寒，耐旱，怕热；喜深厚肥沃而排水良好的酸性土壤。**繁殖**：播种、扦插、压条、靠接等。

特征要点　常绿灌木。株高 1~2m。叶近革质，倒披针形或披针形，基部狭楔形，背面被棕色鳞片。总状花序顶生，有花 10~28 朵，花密集；花小，乳白色。蒴果长圆形，被疏鳞片。花期 6~7 月，果期 9~10 月。

桃金娘 *Rhodomyrtus tomentosa* (Aiton) Hassk. 桃金娘科 Myrtaceae 桃金娘属

原产及栽培地：原产喜马拉雅地区。中国北京、福建、广东、广西、海南、湖北、江西、上海、台湾、云南、浙江等地栽培。**习性**：喜光；喜温暖和高温湿润气候；适应性强，耐干旱和瘠薄，土质须为酸性土。**繁殖**：播种。

特征要点　常绿灌木。株高 1~3m。叶革质，椭圆形或倒卵形，长 3~8cm，顶端圆，背面被灰白色茸毛，离基三出脉。花单生，有长梗，萼片 5 枚，宿存，雄蕊多数，红色。浆果卵状壶形，紫黑色。花期 3~5 月，果期 7~9 月。

迷迭香 *Salvia rosmarinus* Spenn. 唇形科 Lamiaceae/Labiatae 鼠尾草属 / 迷迭香属

原产及栽培地: 原产欧洲。中国北京、福建、广东、湖北、上海、四川、台湾、云南、浙江等地栽培。**习性**: 喜光；喜温暖气候，耐旱；土壤以富含砂质、排水良好为佳。**繁殖**: 扦插、分株。

特征要点 常绿灌木。株高 0.5~2m。幼枝四棱形。叶在枝上丛生，线形，长 1~2.5cm，宽 1~2mm，全缘，背卷，革质。花少数聚集在短枝的顶端组成总状花序；花萼卵状钟形，二唇形；花冠蓝紫色，冠檐二唇形。花期 11 月。

六月雪 *Serissa japonica* (Thunb.) Thunb. 茜草科 Rubiaceae 白马骨属

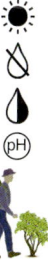

原产及栽培地: 原产日本。中国北京、湖北、上海、福建、广东、广西、四川等地栽培。**习性**: 喜阴；喜温暖气候，不耐寒；对土壤要求不严，中性、微酸性土均能适应，喜肥。**繁殖**: 扦插。

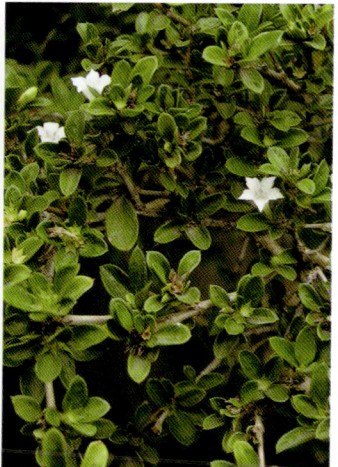

特征要点 常绿灌木。株高1m以下。分枝繁多，嫩枝有微毛。单叶对生或族生于短枝上，长椭圆形，长 7~15mm。花单生或数朵簇生；花冠白色或淡粉紫色。核果小，球形。花期 5~7 月。

金边六月雪 *Serissa japonica* 'Aureo-marginata'　茜草科 Rubiaceae 白马骨属

原产及栽培地：最早培育于日本。中国北京、湖北、上海、福建、广东、广西、四川等地栽培。**习性**：喜阴；喜温暖气候，不耐寒；对土壤要求不严，中性、微酸性土均能适应，喜肥。**繁殖**：扦插。

特征要点　叶边缘金黄色。其余特征同六月雪。

轮叶蒲桃 *Syzygium grijsii* (Hance) Merr. & L. M. Perry
桃金娘科 Myrtaceae 蒲桃属

原产及栽培地：原产中国。福建、广东、湖北、江西、上海、四川、浙江等地栽培。**习性**：喜光，亦耐阴；喜热带暖热气候，不耐寒；喜深厚肥沃土壤。**繁殖**：扦插、播种。

特征要点　常绿灌木。株高 0.5~1.5m。嫩枝纤细，四棱形。叶片草质，细小，常 3 叶轮生，卵圆形或狭披针形。聚伞花序顶生，少花；花白色；萼齿极短；花瓣 4，分离，近圆形；雄蕊多数。果实球形，直径 4~5mm，熟时黑色。花期 5~6 月。

方枝蒲桃 *Syzygium tephrodes* (Hance) Merr. & L. M. Perry
桃金娘科 Myrtaceae 蒲桃属

原产及栽培地：原产中国。广东、上海、云南等地栽培。**习性**：喜光，亦耐阴，喜热带暖热气候，不耐寒；喜深厚肥沃土壤。**繁殖**：扦插、播种。

特征要点 常绿灌木或小乔木。株高可达 6m。小枝有 4 棱。叶对生，革质，细小，卵状披针形。圆锥花序顶生，长 3~4cm；花白色，有香气；萼齿 4，近圆形；花瓣连合，圆形；雄蕊多数。果实卵圆形，长 3~4mm，灰白色。花期 5~6 月。

矮紫杉 *Taxus cuspidata* 'Nana' 【*Taxus cuspidata* var. *nana* Rehder】
红豆杉科 Taxaceae 红豆杉属

原产及栽培地：最早培育于中国。北京、河北、山东、辽宁、陕西等地栽培。**习性**：耐阴；喜温湿气候；亦耐寒；喜疏松湿润排水良好的砂质壤土；生长慢，寿命长。**繁殖**：扦插。

特征要点 常绿灌木。株高 1~2m，株型半球状。叶螺旋状着生，呈不规则两列，条形，基部窄，有短柄，先端凸尖，正面绿色有光泽，背面有两条灰绿色气孔线。种子基部具鲜红色肉质杯状假种皮。花期 5~6 月，种子 9~10 月成熟。

银石蚕 *Teucrium fruticans* L. 唇形科 Lamiaceae/Labiatae 香科科属

原产及栽培地：原产欧洲。中国北京、江西、上海、浙江等地栽培。**习性**：喜光，稍耐阴；较耐寒，上海露地能安全越冬，生长快，耐修剪。**繁殖**：扦插、播种。

特征要点 常绿小灌木。株高 0.5~1.8m，全株被白色绒毛。枝纤细，四棱形，分枝多。叶对生，卵圆形，长 1~2cm，宽 1cm。花腋生或组成顶生总状花序；花冠二唇形，蓝紫色，下唇大，三裂，中裂片长而大。花期春季。

地中海荚蒾 *Viburnum tinus* L. 荚蒾科 / 忍冬科 Viburnaceae/Caprifoliaceae 荚蒾属

原产及栽培地：原产欧洲。中国安徽、北京、江西、上海、四川、台湾、浙江等地栽培。**习性**：喜光，也耐阴；耐寒，在上海地区可安全越冬；对土壤要求不严，较耐旱，忌涝。**繁殖**：扦插、播种。

特征要点 常绿灌木。株高 1~3m。叶对生，椭圆形，深绿色，叶面具褶皱。聚伞花序顶生，直径达 10cm；花小而密，花蕾粉红色，盛开后白色。核果卵形，深蓝黑色，直径 0.6cm。花期 11 月至翌年 4 月。

柔软丝兰（丝兰） *Yucca filamentosa* L.
天门冬科 / 百合科 / 龙舌兰科 Asparagaceae/Liliaceae/Agavaceae 丝兰属

原产及栽培地：原产美国。中国北京、福建、广东、江苏、山东、陕西、上海、四川、台湾、云南、浙江等地栽培。**习性**：喜光，耐阴；喜温暖湿润气候，较耐寒；耐瘠薄、耐旱、耐湿，喜排水好的砂质壤土。**繁殖**：扦插、分株。

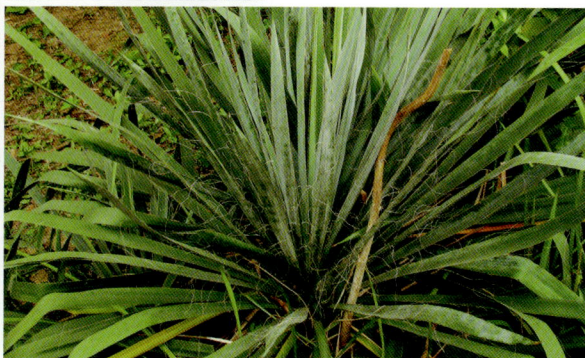

特征要点　常绿灌木。株高 1~2m。叶丛生，较硬直，线状披针形，先端尖成针刺状，基部渐狭，边缘有卷曲白丝。圆锥花序宽大直立，花白色，下垂。花期夏秋季。

凤尾丝兰 *Yucca gloriosa* L.
天门冬科 / 百合科 / 龙舌兰科 Asparagaceae/Liliaceae/Agavaceae 丝兰属

原产及栽培地：原产美国。中国北京、福建、广东、贵州、湖北、江苏、江西、上海、台湾、云南、浙江等地栽培。**习性**：喜光，耐阴；喜温暖湿润气候，较耐寒；耐瘠薄、耐旱、耐湿，喜排水良好的砂质壤土。**繁殖**：扦插、分株。

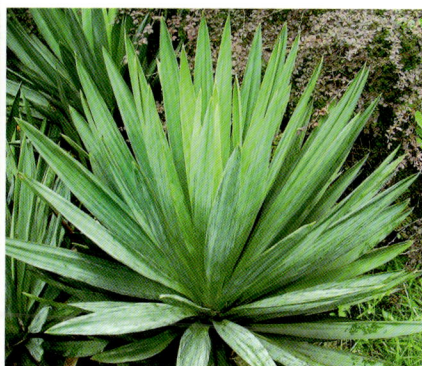

特征要点　常绿灌木。株高 1~2m。有时分枝。叶螺旋排列茎端，质坚硬，有白粉，剑形，顶端硬尖，边缘光滑。圆锥花序高 1m 多，花大而下垂，乳白色。常不结果。花期夏秋季。

竹类地被植物

观音竹 *Bambusa multiplex* var. *riviereorum* Maire
禾本科 Poaceae/Gramineae 簕竹属

原产及栽培地：原产中国。中国福建、广东、云南等地栽培。**习性**：喜光；喜温暖湿润气候，不耐寒；喜排水良好、湿润的土壤。**繁殖**：分株。

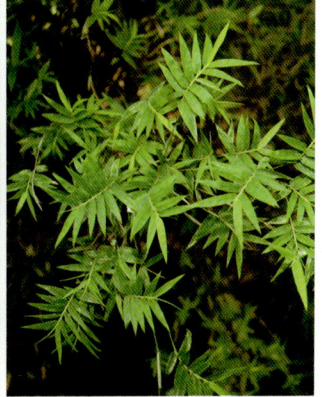

特征要点 丛生竹。秆高 1~3m，密丛生，实心。小枝柔软而下垂，具叶 13~23 枚，叶片披针形，在小枝排成二列，形似羽状复叶。笋期春夏季。

寒竹 *Chimonobambusa marmorea* (Mitford) Makino
禾本科 Poaceae/Gramineae 寒竹属

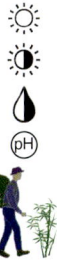

原产及栽培地：原产中国、日本。中国福建、广东、江苏、四川、台湾、云南、浙江等地栽培。**习性**：喜光；喜温暖湿润气候，不耐寒；喜排水良好、湿润的土壤。**繁殖**：分株。

特征要点 灌木状竹类。秆高 1~1.5m，基部数节环生刺状气生根，直径 0.5~1cm；秆环略突起。箨鞘薄纸质，宿存。末级小枝具 2 或 3 叶；鞘口繸毛白色；叶片薄纸质或纸质，线状披针形，长 10~14cm，宽 7~9mm。笋期秋冬季。

阔叶箬竹 *Indocalamus latifolius* (Keng) McClure 禾本科 Poaceae/Gramineae 箬竹属

原产及栽培地: 原产中国。安徽、北京、福建、广东、湖北、湖南、江苏、江西、山东、陕西、上海、四川、云南、浙江等地栽培。**习性:** 喜光,耐阴;性强健,较耐寒,北京可越冬;对土壤要求不严,以适湿而排水良好为宜。**繁殖:** 分株。

特征要点 散生竹。秆高 0.4~1m。植株蔓延成片。秆纤细,绿色,无侧生分枝。叶生于秆顶端,二列,叶片长圆状披针形,长 10~45cm,宽 2~9cm。笋期春夏季。

菲白竹 *Pleioblastus fortunei* (Van Houtte) Nakai 禾本科 Poaceae/Gramineae 苦竹属

原产及栽培地: 原产中国、日本。中国北京、福建、广东、湖北、江苏、上海、四川、台湾、云南、浙江等地栽培。**习性:** 喜光,耐阴性较强;喜温暖湿润气候,不耐寒;喜排水良好的深厚肥沃土壤。**繁殖:** 分株。

特征要点 低矮竹类。秆高 0.6~1.5m。秆每节常具 2 至数分枝。叶片狭披针形,绿色底上有黄白色纵条纹,有明显的小横脉;叶鞘淡绿色。笋期春夏季。

菲黄竹 *Pleioblastus viridistriatus* (Regel) Makino
禾本科 Poaceae/Gramineae 苦竹属

原产及栽培地：原产中国。中国北京、福建、广东、江苏、上海、云南、浙江等地栽培。**习性**：喜光，耐阴性较强；喜温暖湿润气候，不耐寒；喜排水良好的深厚肥沃土壤。**繁殖**：分株。

特征要点　低矮竹类。秆高 0.6~1.2m。秆纤细，直径 2~3mm。叶片狭披针形，纯黄色，具绿色条纹，老后叶片变为绿色。笋期春夏季。

无毛翠竹 *Pleioblastus distichus* (Mitford) Nakai【*Sasa pygmaea* var. *disticha* (Mitf.) C. S. Chao et G. G. Tang】禾本科 Poaceae/Gramineae 苦竹属 / 赤竹属

原产及栽培地：原产中国。福建、广东、广西、贵州、湖北、江西、上海、四川、云南、浙江等地栽培。**习性**：喜光，耐阴性较强；喜温暖湿润气候，不耐寒；喜排水良好的深厚肥沃土壤。**繁殖**：分株。

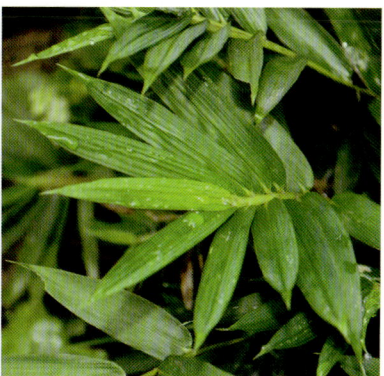

特征要点　低矮竹类。秆高 20~40cm，直径 1~2mm，节处密被毛。叶密生，二列；叶鞘有细毛；叶片线状披针形，长 4~7cm，宽 7~10mm，叶基近圆形，先端尖，正面疏生短毛，背面常在一侧具细毛。笋期春夏季。

鹅毛竹 *Shibataea chinensis* Nakai 禾本科 Poaceae/Gramineae 鹅毛竹属

原产及栽培地: 原产中国、日本。中国北京、福建、广东、湖北、江苏、江西、陕西、上海、云南、浙江等地栽培。**习性**: 喜光,耐阴性较强;喜温暖湿润气候,不耐寒;喜排水良好的深厚肥沃土壤。**繁殖**: 分株。

特征要点　散生竹。秆高 1m, 直径 2~3mm, 竿环甚隆起。小枝仅具 1 叶, 偶有 2 叶; 叶鞘无毛; 叶舌膜质, 长 4~6mm 或更长, 披针形或三角形; 叶片纸质, 幼时质薄, 鲜绿色, 卵状披针形, 基部较宽且两侧不对称。笋期 5~6 月。

藤本地被植物

（一）藤本观叶类地被植物

木通 *Akebia quinata* (Houtt.) Decne. 木通科 Lardizabalaceae 木通属

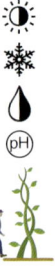

原产及栽培地：原产东亚。中国北京、广东、广西、贵州、湖北、江苏、江西、山东、上海、四川、台湾、云南、浙江等地栽培。**习性**：稍耐阴；喜温暖气候，稍耐寒；喜湿润而排水良好的土壤。**繁殖**：播种、压条、分株。

特征要点　落叶木质藤本。茎长 1~3m。掌状复叶，小叶 5 枚，倒卵形或椭圆形，全缘。总状花序；花淡紫色，芳香，雌花大于雄花。果熟时紫色，长椭圆形，长 6~8cm；种子多数。花期 4~5 月，果期 9~10 月。

三叶木通 *Akebia trifoliata* (Thunb.) Koidz. 木通科 Lardizabalaceae 木通属

原产及栽培地：原产中国、日本。中国北京、甘肃、广东、广西、贵州、河北、河南、湖北、江苏、江西、山东、山西、陕西、上海、四川、台湾、云南、浙江等地栽培。**习性**：稍耐阴；喜温暖气候，较耐寒，北京能正常越冬；喜湿润而排水良好的土壤。**繁殖**：播种、压条、分株。

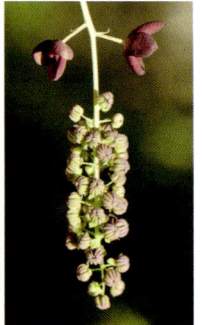

特征要点　落叶木质藤本。茎长 1~3m。小叶 3 枚，卵形，缘有波状齿。花较小，雌花褐红色，雄花紫色。果熟时浓紫色。花期 4~5 月，果期 9~10 月。

乌头叶蛇葡萄 *Ampelopsis aconitifolia* Bunge 葡萄科 Vitaceae 蛇葡萄属

原产及栽培地: 原产中国、蒙古等地。中国北京、广西、湖北、辽宁、内蒙古、新疆、浙江等地栽培。**习性**: 喜光; 喜干燥冷凉气候, 耐寒; 喜深厚、排水良好而适湿的砂质壤土, 耐干旱, 怕涝。**繁殖**: 扦插、播种等。

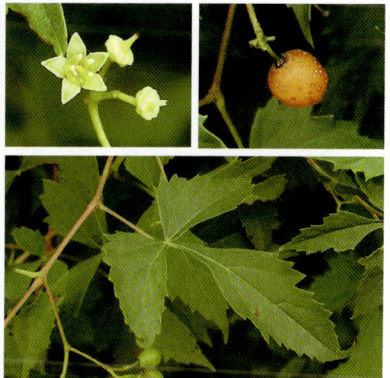

特征要点　落叶木质藤本。茎长 1~2m。卷须分叉。掌状复叶具长柄, 小叶常为 5, 披针形或菱状披针形, 长 4~9cm, 具少数粗齿。聚伞花序与叶对生, 无毛; 花黄绿色。浆果近球形, 熟时橙红色。花期 5~6 月, 果期 8~9 月。

掌裂草葡萄 *Ampelopsis aconitifolia* var. *palmiloba* (Carrière) Rehder
葡萄科 Vitaceae 蛇葡萄属

原产及栽培地: 原产中国、蒙古等地。中国北京、广西、湖北、辽宁、内蒙古、新疆、浙江等地栽培。**习性**: 喜光; 喜干燥冷凉气候, 耐寒; 喜深厚、排水良好而适湿的砂质壤土, 耐干旱, 怕涝。**繁殖**: 扦插、播种等。

特征要点　落叶木质藤本。茎长 1~2m。卷须分叉。掌状复叶具长柄, 小叶 3~5, 披针形或菱状披针形, 长 4~9cm, 具少数粗齿。聚伞花序与叶对生, 无毛; 花黄绿色。浆果近球形, 熟时橙红色。花期 5~6 月, 果期 8~9 月。

葎叶蛇葡萄 *Ampelopsis humulifolia* Bunge 葡萄科 Vitaceae 蛇葡萄属

原产及栽培地：原产中国、蒙古。中国北京、黑龙江、辽宁、内蒙古等地栽培。**习性**：喜光；喜温暖湿润气候，耐寒；喜深厚、排水良好而适湿的砂质壤土，耐干旱，怕涝。**繁殖**：扦插、播种。

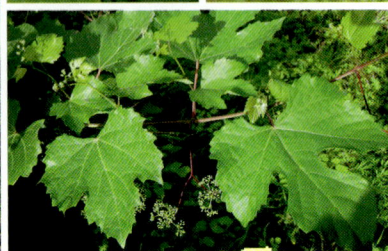

特征要点 落叶木质藤本。茎长 1~4m。髓白色。卷须分叉。叶具柄，宽卵圆形，3~5 中裂或近于深裂，边缘具粗锯齿。聚伞花序与叶对生，疏散；花淡黄色，5 数。浆果淡黄色或淡蓝色；种子 1~2 粒。花期 5~6 月，果期 7~8 月。

绿萝 *Epipremnum aureum* (Linden & André) G. S. Bunting
天南星科 Araceae 麒麟叶属

原产及栽培地：原产马来半岛。中国北京、福建、广东、广西、贵州、海南、湖北、上海、四川、台湾、云南、浙江等地栽培。**习性**：喜温暖、荫蔽、湿润；要求土壤疏松、肥沃、排水良好。**繁殖**：扦插。

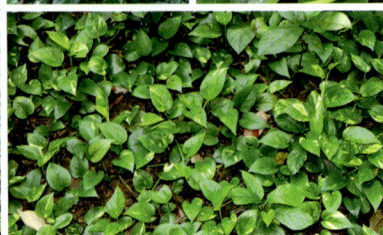

特征要点 常绿大藤本。茎长达 10m 以上，具气根，可附着在其他物体上。茎节间具小沟。叶卵形，全缘或少数具不规则深裂，光亮，淡绿色，有淡黄色斑块，长达 60cm，垂挂。花期 4~5 月。

386

扶芳藤 *Euonymus fortunei* (Turcz.) Hand.-Mazz. 卫矛科 Celastraceae 卫矛属

原产及栽培地: 原产中国。北京、湖北、江西、上海、云南、浙江等地栽培。**习性**: 耐阴; 喜温暖, 稍耐寒; 对土壤要求不严, 耐干旱、瘠薄。**繁殖**: 扦插、分株、播种。

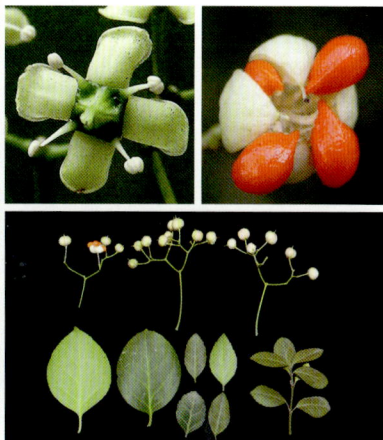

特征要点 常绿藤状灌木。株高 1~5m。小枝绿色。叶对生, 薄革质, 边缘具浅齿。聚伞花序腋生, 3~4 次分枝; 花白绿色, 4 数。蒴果近球状, 熟时开裂, 假种皮鲜红色。花期 6~7 月, 果期 10~11 月。

速铺扶芳藤 *Euonymus fortunei* 'Dart's Blanket' 卫矛科 Celastraceae 卫矛属

原产及栽培地: 栽培起源, 北京等地栽培。**习性**: 耐阴; 喜温暖, 稍耐寒; 对土壤要求不严, 耐干旱、瘠薄。**繁殖**: 扦插、分株。

特征要点 茎纤细, 匍匐生长, 分枝多而密。叶小, 长 1~3cm, 宽 0.5~1.5cm, 深绿色。常不开花结果。

银边扶芳藤 *Euonymus fortunei* 'Emerald Gaiety' 卫矛科 Celastraceae 卫矛属

原产及栽培地: 栽培起源，北京等地栽培。**习性:** 耐阴；喜温暖，稍耐寒；对土壤要求不严，耐干旱、瘠薄。**繁殖:** 扦插、分株。

特征要点 叶边缘银白色。其余特征同扶芳藤。

金边扶芳藤 *Euonymus fortunei* 'Emerald Gold' 卫矛科 Celastraceae 卫矛属

原产及栽培地: 栽培起源，北京、上海、台湾、浙江等地栽培。**习性:** 耐阴；喜温暖，稍耐寒；对土壤要求不严，耐干旱、瘠薄。**繁殖:** 扦插、分株。

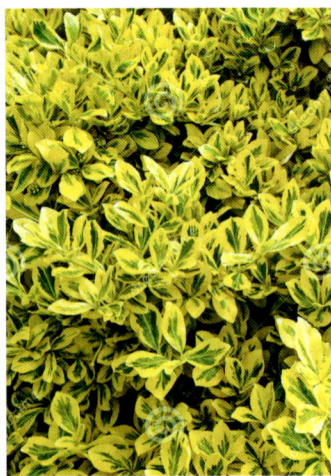

特征要点 叶边缘金黄色。其余特征同扶芳藤。

金心扶芳藤 *Euonymus fortunei* 'Sunspot' 卫矛科 Celastraceae 卫矛属

原产及栽培地: 栽培起源, 北京、河南、山东、江苏、上海、台湾等地栽培。**习性**: 耐阴; 喜温暖, 稍耐寒; 对土壤要求不严, 耐干旱、瘠薄。**繁殖**: 扦插、分株。

特征要点 叶中部具金黄色斑块。其余特征同扶芳藤。

花叶扶芳藤 *Euonymus fortunei* 'Variegata' 卫矛科 Celastraceae 卫矛属

原产及栽培地: 栽培起源, 中国南方各地栽培。**习性**: 耐阴; 喜温暖, 稍耐寒; 对土壤要求不严, 耐干旱、瘠薄。**繁殖**: 扦插、分株。

特征要点 叶面具白色不规则斑块。其余特征同扶芳藤。

薜荔 *Ficus pumila* L. 桑科 Moraceae 榕属

原产及栽培地：原产中国。中国北京、福建、广东、广西、贵州、湖北、江苏、江西、上海、四川、台湾、云南、浙江等地栽培。**习性**：喜光，耐阴；喜温暖湿润气候，耐旱，不耐寒；在酸性、中性土上都能生长。**繁殖**：播种、扦插、压条。

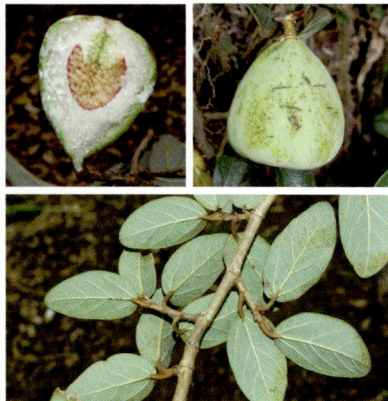

特征要点 落叶木质藤本。茎长 1~3m。有白色乳汁。小枝有褐色绒毛。叶互生，椭圆形，全缘，基部具有三主脉，革质，背面网脉隆起。榕果梨形或倒卵形，直径 3~5cm。花果期 5~8 月。

斑叶薜荔 *Ficus pumila* 'Variegata' 桑科 Moraceae 榕属

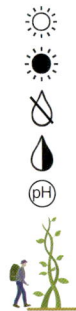

原产及栽培地：栽培起源，北京、上海、台湾、浙江等地栽培。**习性**：喜光，耐阴；喜温暖湿润气候，耐旱，不耐寒；在酸性、中性土上都能生长。**繁殖**：扦插、压条。

特征要点 叶面具黄白色及粉红色斑块或斑点。其余特征同薜荔。

地果 *Ficus tikoua* Bureau 桑科 Moraceae 榕属

原产及栽培地: 原产亚洲南部。中国福建、广东、广西、贵州、湖北、江西、上海、四川、云南、浙江等地栽培。**习性:** 喜光,耐阴;喜温暖湿润气候,耐旱,不耐寒;在酸性、中性土上都能生长。**繁殖:** 分株、扦插。

特征要点 常绿木质藤本。株高 10~40cm。茎贴地匍匐而生,具不定根。叶互生,坚纸质,倒卵状椭圆形,边缘具波状疏浅圆锯齿,表面被短刺毛。榕果成对或簇生于匍匐茎上,常埋于土中,卵球形,直径 1~2cm,熟时深红色。花期 5~6 月,果期 7 月。

洋常春藤 *Hedera helix* L. 五加科 Araliaceae 常春藤属

原产及栽培地: 原产欧洲。中国北京、福建、广东、广西、湖北、江苏、江西、陕西、上海、四川、台湾、云南、浙江等地栽培。**习性:** 喜阴;喜温暖湿热气候;耐寒,适应性强;对土壤和水分要求不严。**繁殖:** 分株、扦插、压条。

特征要点 常绿木质藤本。茎长 1~5m,嫩枝具褐色星毛。营养枝上叶 3~5 裂,深绿色有光泽;花果枝上叶菱形或卵状菱形,全缘;叶脉色浅,多为黄白色。花序伞状球形,具细长总梗,花黄白色,各部均有灰白色星毛。果黑色,球形。花果期秋冬季。

金边常春藤 *Hedera helix* 'Aureo-variegata'　五加科 Araliaceae 常春藤属

原产及栽培地：栽培起源，中国南方各地栽培。**习性**：喜阴；喜温暖湿热气候；耐寒，适应性强；对土壤和水分要求不严。**繁殖**：分株、扦插、压条。

特征要点　叶边缘金黄色。其余特征同洋常春藤。

彩叶洋常春藤 *Hedera helix* 'Discolor'　五加科 Araliaceae 常春藤属

原产及栽培地：栽培起源，北京、上海、台湾、浙江等地栽培。**习性**：喜阴；喜温暖湿热气候；耐寒，适应性强；对土壤和水分要求不严。**繁殖**：分株、扦插、压条。

特征要点　叶小，具乳白色并带红晕。其余特征同洋常春藤。

金心洋常春藤 *Hedera helix* 'Goldheart'　五加科 Araliaceae 常春藤属

原产及栽培地：栽培起源于欧洲。中国北京、福建、广东、广西、湖北、江苏、江西、陕西、上海、四川、台湾、云南、浙江等地栽培。**习性**：喜阴；喜温暖湿热气候；耐寒，适应性强；对土壤和水分要求不严。**繁殖**：分株、扦插、压条。

特征要点　叶3裂，中心黄色。其余特征同洋常春藤。

银边洋常春藤 *Hedera helix* 'Silver Queen'　五加科 Araliaceae 常春藤属

原产及栽培地：栽培起源于欧洲。中国北京、福建、广东、广西、湖北、江苏、江西、陕西、上海、四川、台湾、云南、浙江等地栽培。**习性**：喜阴；喜温暖湿热气候；耐寒，适应性强；对土壤和水分要求不严。**繁殖**：分株、扦插、压条。

特征要点　叶边缘白色。其余特征同洋常春藤。

花叶常春藤 *Hedera helix* 'Tricolor' 五加科 Araliaceae 常春藤属

原产及栽培地: 栽培起源于欧洲。中国台湾等地栽培。**习性:** 喜阴; 喜温暖湿热气候; 耐寒, 适应性强; 对土壤和水分要求不严。**繁殖:** 分株、扦插、压条。

特征要点 叶色灰绿, 边缘白色, 秋后变深玫瑰红色, 春暖又恢复原色, 生长较慢。其余特征同洋常春藤。

常春藤 *Hedera nepalensis* var. *sinensis* (Tobler) Rehder
五加科 Araliaceae 常春藤属

原产及栽培地: 原产亚洲南部。中国福建、广东、广西、贵州、湖北、江西、陕西、上海、四川、云南、浙江等地栽培。**习性:** 喜阴; 喜温暖湿热气候; 稍耐寒; 对土壤和水分要求不严, 但以中性或酸性土壤为好。**繁殖:** 分株、扦插、压条。

特征要点 常绿攀缘灌木。茎长 3~20m, 有气生根, 一年生枝疏生锈色鳞片。叶互生, 革质, 营养枝上叶三角状卵形, 全缘或 3 裂, 花枝上叶椭圆状披针形。伞形花序排成圆锥花序; 花黄白色。果实球形, 红色或黄色。花期 9~11 月, 果期翌年 3~5 月。

异叶地锦（三叉虎） *Parthenocissus dalzielii* Gagnep. 葡萄科 Vitaceae 地锦属

原产及栽培地：原产中国、日本。中国安徽、广东、广西、江西、云南、浙江等地栽培。**习性**：喜阴，亦耐直晒；耐寒，对土壤及气候适应能力很强。**繁殖**：播种、扦插、压条等。

特征要点 落叶木质藤本。茎长可达数米。小枝圆柱形。卷须总状 5~8 分枝。两型叶，短枝上叶为 3 小叶，具长柄，小叶边具细齿；长枝上叶为单叶，较小，卵圆形，无柄。多歧聚伞花序生于短枝顶；花小，黄绿色。浆果近球形，熟时紫黑色。花期 5~7 月，果期 7~11 月。

花叶地锦 *Parthenocissus henryana* (Hemsl.) Graebn. ex Diels & Gilg
葡萄科 Vitaceae 地锦属

原产及栽培地：原产中国。北京、广东、湖北、陕西、上海、四川、台湾等地栽培。**习性**：喜阴，亦耐直晒；耐寒，对土壤及气候适应能力很强。**繁殖**：播种、扦插、压条等。

特征要点 落叶木质藤本。茎长可达数米。小枝显著四棱形。卷须总状 4~7 分枝。叶具柄，掌状 5 小叶，嫩叶正面绿色，具白色脉纹，背面紫红色。花期 5~7 月，果期 8~10 月。

绿叶地锦 *Parthenocissus laetevirens* Rehder 葡萄科 Vitaceae 地锦属

原产及栽培地: 原产中国。北京、湖北、江西、上海、云南、浙江等地栽培。**习性**: 喜阴, 亦耐直晒; 耐寒, 对土壤及气候适应能力很强。**繁殖**: 播种、扦插、压条等。

特征要点 落叶木质藤本。茎长可达数米。小枝圆柱形。卷须总状 5~10 分枝。叶为掌状 5 小叶, 小叶倒卵形, 边缘上半部有 5~12 个锯齿, 正面深绿色, 背面浅绿色。多歧聚伞花序圆锥状, 假顶生。浆果球形。花期 7~8 月, 果期 9~11 月。

五叶地锦（美国地锦） *Parthenocissus quinquefolia* (L.) Planch.
葡萄科 Vitaceae 地锦属

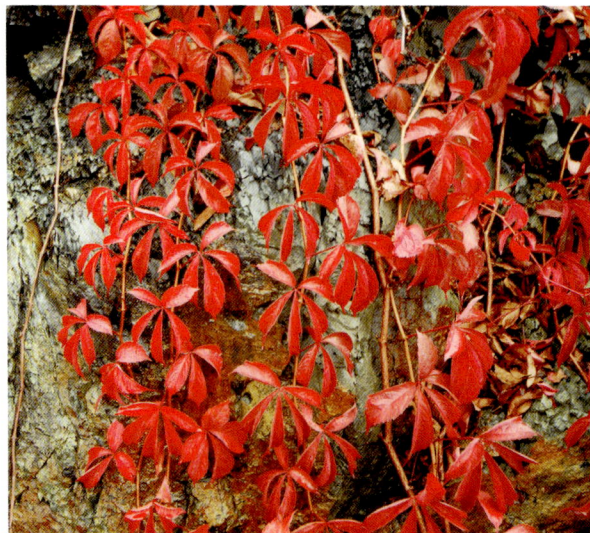

原产及栽培地: 原产北美。中国北京、福建、甘肃、黑龙江、江苏、辽宁、上海、四川、台湾、新疆等地栽培。**习性**: 耐阴, 喜温暖气候, 耐寒; 生长势旺盛, 但攀缘力较差, 在北方常被大风刮下。**繁殖**: 播种、扦插、压条等。

特征要点 落叶木质藤本。茎长可达数米。掌状复叶互生, 小叶 5, 边缘具粗锯齿; 卷须分枝, 顶端常扩大成吸盘。圆锥状多歧聚伞花序假顶生; 花小, 黄绿色, 5 数。浆果球形, 熟时蓝色。花期 6~7 月, 果期 8~10 月。

地锦（爬山虎）*Parthenocissus tricuspidata* (Siebold & Zucc.) Planch.
葡萄科 Vitaceae 地锦属

原产及栽培地：原产中国、日本、朝鲜。中国北京、福建、甘肃、广东、广西、贵州、海南、河北、黑龙江、湖北、江西、辽宁、山东、山西、陕西、上海、四川、台湾、新疆、云南、浙江等地栽培。**习性**：喜阴，亦耐直晒；耐寒，对土壤及气候适应能力很强；生长快；对氯气抗性强。**繁殖**：播种、扦插、压条等。

特征要点 落叶木质藤本。茎长可达 10m 以上。单叶互生（偶 3 小叶），倒卵圆形，3 浅裂，边缘具粗锯齿；卷须分枝，顶端扩大成吸盘。多歧聚伞花序；花小，黄绿色，5 数。浆果球形，熟时蓝色。花期 5~8 月，果期 9~10 月。

崖爬藤 *Tetrastigma obtectum* (Wall. ex M. A. Lawson) Planch. ex Franch.
葡萄科 Vitaceae 崖爬藤属

原产及栽培地：原产喜马拉雅地区。中国广东、广西、贵州、湖北、江西、四川、云南、浙江等地栽培。**习性**：耐阴；喜温暖湿润气候；对土壤要求不严。**繁殖**：扦插、分株、播种。

特征要点 草质藤本。茎长 1~3m。小枝纤细，圆柱形。卷须 4~7 呈伞状集生。叶为掌状具有 5 小叶，小叶菱形，边缘具齿，正面绿色或具花纹。多数花集生成单伞形花序；花小，4 数，黄白色。浆果球形。花期 4~6 月，果期 8~11 月。

络石 *Trachelospermum jasminoides* (Lindl.) Lem. 夹竹桃科 Apocynaceae 络石属

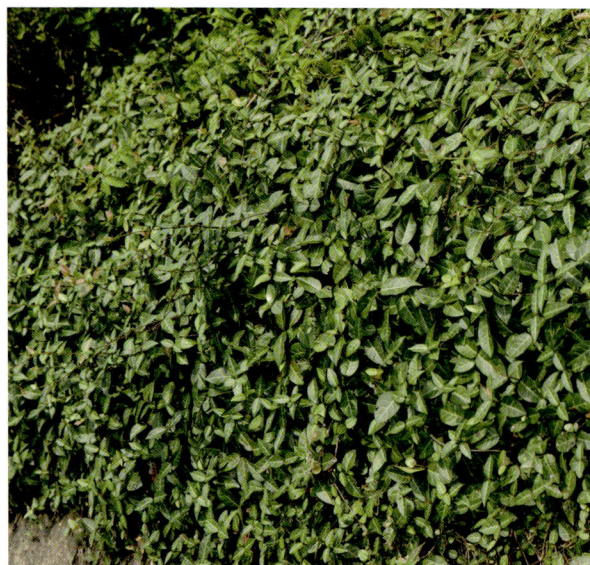

原产及栽培地: 原产中国。福建、广东、湖北、江苏、江西、四川、台湾、云南、浙江等地栽培。**习性**: 喜光, 耐阴; 喜温暖湿润气候, 耐寒性不强; 对土壤要求不严, 且抗干旱; 也抗海潮风。**繁殖**: 分株、扦插。

特征要点 常绿木质藤本。茎长可达 10m。茎常有气根。叶椭圆形或卵状披针形, 全缘, 背面有柔毛。聚伞花序; 花萼 5 深裂, 花后反卷; 花冠白色, 对生, 芳香, 花冠筒中部以上扩大, 喉部有毛, 5 裂片开展并右旋, 形如风车。菁葖果。花期 3~7 月, 果期 7~12 月。

石血 *Trachelospermum jasminoides* var. *heterophyllum* Tsiang
夹竹桃科 Apocynaceae 络石属

原产及栽培地: 原产中国。中国北京、甘肃、河南、辽宁、内蒙古、宁夏、青海、山西、陕西、西藏、云南等地栽培。**习性**: 喜光, 耐阴; 喜温暖湿润气候, 耐寒性不强; 对土壤要求不严, 且抗干旱; 也抗海潮风。**繁殖**: 分株、扦插。

特征要点 叶通常披针形, 呈异形; 茎和枝条生气根, 以气根攀缘树上或石壁上。其余特征同络石。

三色亚洲络石（花叶络石）*Trachelospermum asiaticum* 'Tricolor'
夹竹桃科 Apocynaceae 络石属

原产及栽培地：栽培起源，中国安徽、北京、江苏、浙江、江西、福建、广东、广西、云南、台湾等地栽培。**习性**：喜光，耐阴；喜温暖湿润气候，耐寒性不强；对土壤要求不严，且抗干旱；也抗海潮风。**繁殖**：分株、扦插。

特征要点 叶长 2~6cm，宽 1cm，老叶近绿色或淡绿色，第一对新叶粉红色，少数有 2~3 对粉红叶，第二至第三对新叶纯白色，在纯白叶与老绿叶间有数对斑状花叶。其余特征同络石。

（二）藤本观花类地被植物

马兜铃 *Aristolochia debilis* Siebold & Zucc. 马兜铃科 Aristolochiaceae 马兜铃属

原产及栽培地：原产中国、日本。中国北京、福建、广西、贵州、海南、湖北、江西、上海、四川、云南、浙江等地栽培。**习性**：多生于干燥荒坡半阴处的灌丛及草坡中；对环境要求不严。**繁殖**：播种。

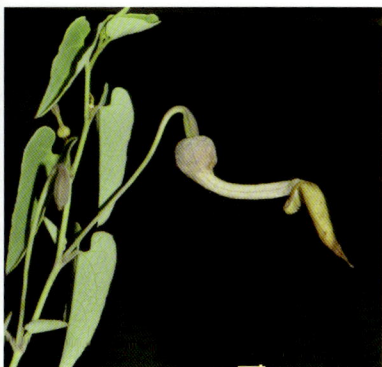

特征要点 草质藤本。茎长 1~2m。单叶互生，广卵形，全缘，稍波状内卷。单花腋生，呈"S"形弯曲，筒口喇叭状；外面淡黄绿色，里面具紫色斑及条纹。蒴果长圆球形，具纵棱，熟时开裂成兜状。花期 7~8 月，果期 9~10 月。

光叶子花 *Bougainvillea glabra* Choisy 紫茉莉科 Nyctaginaceae 叶子花属

原产及栽培地：原产美洲热带地区。中国北京、福建、广东、广西、贵州、海南、江西、四川、台湾、云南、浙江等地栽培。**习性：**喜光；喜温暖气候，不耐寒；不择土壤，干湿均可；生长健壮、迅速。**繁殖：**扦插。

特征要点 木质藤本。茎长可达 10m 以上。枝有利刺。单叶互生，卵形，全缘，无毛。花常 3 朵簇生，各具 1 枚叶状大苞片，紫红色，椭圆形；花被管淡绿色，5 裂。花期冬春季。

叶子花 *Bougainvillea spectabilis* Willd. 紫茉莉科 Nyctaginaceae 叶子花属

原产及栽培地：原产美洲热带地区。中国北京、福建、广东、广西、湖北、江苏、江西、陕西、上海、四川、台湾、云南、浙江等地栽培。**习性：**喜光；喜温暖气候，不耐寒；不择土壤，干湿均可；生长健壮迅速。**繁殖：**扦插。

特征要点 与光叶子花近似，但枝、叶密生柔毛；苞片鲜红色。花期冬春季。

云实 *Biancaea decapetala* (Roth) O. Deg.【*Caesalpinia decapetala* (Roth) Alston】豆科 / 云实科 Fabaceae/Leguminosae/Caesalpiniaceae 云实属

原产及栽培地: 原产亚洲。中国北京、福建、广东、广西、贵州、湖北、江苏、江西、上海、四川、台湾、云南、浙江等地栽培。**习性:** 喜光,耐半阴;喜温暖湿润气候;喜肥沃、排水良好的微酸性壤土;性强健,抗污染。**繁殖:** 播种。

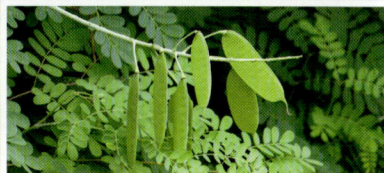

特征要点 木质藤本。茎长 2~6m。小枝被柔毛和钩刺。二回羽状复叶互生。总状花序顶生,直立;萼片 5;花瓣 5,黄色;雄蕊 10,离生。荚果长圆状舌形。花果期 4~10 月。

香花鸡血藤(香花崖豆藤)*Callerya dielsiana* (Harms ex Diels) L. K. Phan ex Z. Wei & Pedley【*Millettia dielsiana* Harms ex Diels】豆科 / 蝶形花科 Fabaceae/Leguminosae/Papilionaceae 鸡血藤属 / 崖豆藤属

原产及栽培地: 原产中国。广西、上海、云南、浙江等地栽培。**习性:** 喜光;喜温暖气候,不耐寒;喜排水良好的砂质酸性土壤。**繁殖:** 播种。

特征要点 攀缘灌木。茎长 2~5m。茎皮灰褐色。羽状复叶互生;小叶 2 对,纸质,披针形或狭长圆形,侧脉 6~9 对。圆锥花序顶生,宽大,长达 40cm;花单生,花冠紫红色,蝶形。荚果线形或长圆形,扁平,密被灰色绒毛。花期 5~9 月,果期 6~11 月。

网络鸡血藤（网络崖豆藤）*Callerya reticulata* (Benth.) Schot 【*Millettia reticulata* Benth.】豆科 / 蝶形花科 Fabaceae/Leguminosae/Papilionaceae 鸡血藤属 / 崖豆藤属

原产及栽培地: 原产亚洲南部。中国北京、福建、广东、广西、湖北、江西、上海、四川、台湾、云南、浙江等地栽培。**习性:** 喜光；喜温暖气候，不耐寒；喜排水良好的砂质酸性土壤。**繁殖:** 播种。

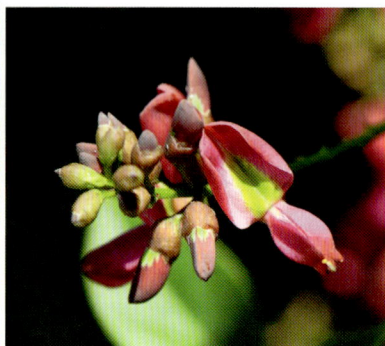

特征要点 木质藤本。茎长 2~4m。小枝圆形。羽状复叶互生；小叶 3~4 对，硬纸质，卵状长椭圆形或长圆形。圆锥花序顶生或着生枝梢叶腋，长 10~20cm；花密集，花冠红紫色，旗瓣卵状长圆形。荚果线形，狭长，长约15cm，扁平。花期5~11 月。

凌霄 *Campsis grandiflora* (Thunb.) K. Schum. 紫葳科 Bignoniaceae 凌霄属

原产及栽培地: 原产亚洲南部。中国安徽、北京、福建、广东、广西、贵州、湖北、江苏、江西、辽宁、陕西、四川、台湾、新疆、云南、浙江等地栽培。**习性:** 喜温暖湿润气候，喜光，略耐阴，喜排水良好的壤土，较耐寒，有一定抗盐碱能力。**繁殖:** 播种、扦插、分株。

特征要点 落叶木质藤本。茎长可达 20m，具气生根。奇数羽状复叶对生，小叶 7~9 枚，无毛，卵形或卵状披针形，边缘具粗齿。顶生聚伞圆锥花序；花萼 5 裂至 1/2 处，裂片大，披针形；花冠钟状漏斗形，直径 6~8cm，橙红色。蒴果长如豆荚。花期5~8 月。

杂种凌霄（美国凌霄） *Campsis × tagliabuana* (Vis.) Rehder
紫葳科 Bignoniaceae 凌霄属

原产及栽培地: 原产美国。中国北京、福建、广东、广西、湖北、江苏、江西、辽宁、陕西、上海、云南、浙江等地栽培。**习性:** 喜光，略耐阴；耐寒，华北地区可栽培；喜排水良好的壤土，有一定抗盐碱能力。**繁殖:** 播种、扦插、分株。

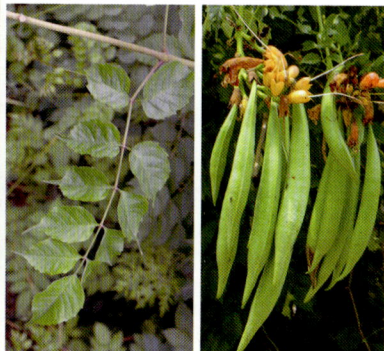

特征要点 落叶木质藤本。茎长可达 10m。小叶 9~11 枚，比凌霄稍小，叶背具毛。花序紧密，花朵紧凑；花萼 5 裂至 1/3 处，裂片短，卵状三角形；花冠亦较凌霄稍小，花筒长于花冠，内为橙红色或深红色。花期 7~9 月。

威灵仙 *Clematis chinensis* Retz. 毛茛科 Ranunculaceae 铁线莲属

原产及栽培地: 原产亚洲南部。中国福建、广东、广西、贵州、湖北、江苏、江西、四川、云南、浙江等地栽培。**习性:** 喜温暖湿润气候，喜光，耐阴，喜排水良好的壤土。**繁殖:** 扦插、分株、播种。

特征要点 落叶木质藤本。一回羽状复叶对生；小叶 3~7，小叶片纸质，卵形或卵状披针形，全缘，两面近无毛。圆锥状聚伞花序多花，腋生或顶生；花直径 1~2cm；萼片 4，开展，白色。瘦果扁，有柔毛。花期 6~9 月，果期 8~11 月。

转子莲 *Clematis patens* C. Morren & Decne. 毛茛科 Ranunculaceae 铁线莲属

原产及栽培地：原产东亚。中国北京、黑龙江、辽宁、台湾、云南等地栽培。**习性**：喜温暖湿润气候，喜光，耐阴，喜排水良好的壤土。**繁殖**：扦插、分株、播种。

特征要点 落叶木质藤本。茎纤细，缠绕攀缘。羽状复叶对生，小叶片3枚。花大，单生枝顶，直径8~14cm，白色或淡黄色；花柱被金黄色长柔毛。瘦果卵形，有金黄色长柔毛。花期5~6月，果期6~7月。

金红久忍冬 *Lonicera × heckrottii* Rehder 忍冬科 Caprifoliaceae 忍冬属

原产及栽培地：杂交起源。中国北京、山东、上海、浙江偶有栽培。**习性**：喜光；耐寒，喜排水良好的砂质壤土。**繁殖**：扦插。

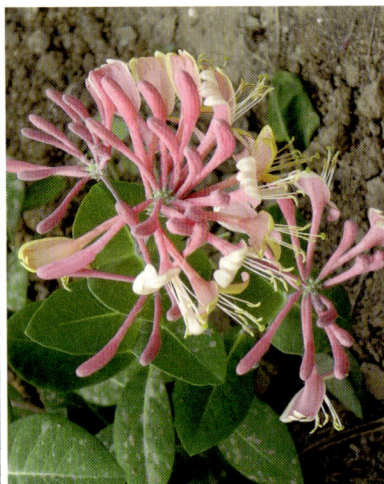

特征要点 落叶木质藤木。茎长可达2~5m。叶对生，叶片卵状椭圆形。花序顶生；基部苞片合生；花两轮，具有香味；花冠二唇形，外面深红色，内面橙黄色。花期4~6月。

忍冬 *Lonicera japonica* Thunb.　忍冬科 Caprifoliaceae 忍冬属

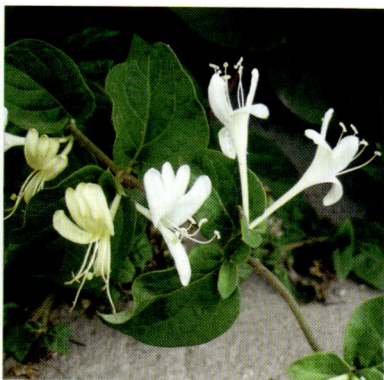

原产及栽培地：原产中国、日本。中国北京、黑龙江、湖北、吉林、江苏、辽宁、内蒙古、山西、新疆、云南、浙江等地栽培。**习性**：喜光，耐阴；耐寒；耐旱及水湿；对土壤要求不严，酸碱土壤均能生长。**繁殖**：扦插、分株、播种。

特征要点　半常绿木质藤本。茎长 2~4m。叶对生，全缘。双花单生叶腋；苞片大，叶状；花冠长 3~4cm，先白色后转黄色，芳香，唇形，下唇反转，约等长于花冠筒。浆果球形，黑色。花期 5~7 月，果期 7~10 月。

红白忍冬 *Lonicera japonica* var. *chinensis* (P. Watson) Baker
忍冬科 Caprifoliaceae 忍冬属

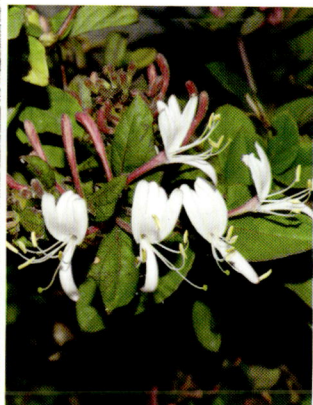

原产及栽培地：原产中国。北京、安徽、浙江、云南、山东等地栽培。**习性**：喜光，不耐寒，适宜排水良好、湿润肥沃疏松土壤。**繁殖**：扦插、分株。

特征要点　幼枝紫黑色。幼叶带紫红色。小苞片比萼筒狭。花冠外面紫红色，内面白色，上唇裂片较长，裂隙深超过唇瓣的 1/2。其余特征同忍冬。

贯月忍冬 *Lonicera sempervirens* L. 忍冬科 Caprifoliaceae 忍冬属

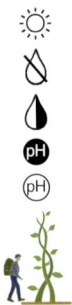

原产及栽培地：原产美国。中国北京、福建、广东、河北、辽宁、台湾、新疆、云南等地栽培。**习性**：喜光，不耐寒，适宜排水良好、湿润肥沃疏松土壤。**繁殖**：扦插、播种。

特征要点 常绿藤本。茎长 1~3m。叶对生，卵形或椭圆形，先端圆钝，表面深绿色，背面灰白色。花 6 朵一轮，数轮排成穗状花序；花冠长筒形，长约 4cm，橘红色或深红色；雄蕊 5。浆果球形。花期晚春至秋季。

盘叶忍冬 *Lonicera tragophylla* Hemsl. 忍冬科 Caprifoliaceae 忍冬属

原产及栽培地：原产中国。中国北京、湖北、辽宁、陕西、上海、四川、云南、浙江等地栽培。**习性**：喜光，耐阴；喜温暖湿润气候，耐寒；喜深厚肥沃、富含腐殖质的壤土。**繁殖**：扦插、播种。

特征要点 落叶藤本。茎长 1~4m。叶对生，长椭圆形，表面光滑，花序下的一对叶片基部合生。花在小枝端轮生，头状，1~2 轮，有花 9~18 朵；花冠黄色或橙黄色，裂片唇形。浆果红色。花期 6~7 月，果期 9~10 月。

常春油麻藤 *Mucuna sempervirens* Hemsl.
豆科 / 蝶形花科 Fabaceae/Leguminosae/Papilionaceae 油麻藤属 / 黧豆属

原产及栽培地：原产亚洲南部。中国福建、广东、湖北、江苏、江西、四川、台湾、云南、浙江等地栽培。**习性**：喜光，耐阴；喜温暖湿润的热带亚热带气候，耐寒；喜深厚肥沃、富含腐殖质的壤土。**繁殖**：播种、扦插、分株。

特征要点 常绿藤本。茎长可达 10m 以上。羽状复叶互生，具 3 小叶；小叶长 7~12cm，革质，两面平滑。总状花序多生于老茎蔓上，长可达 30cm；花大，密集；花冠深紫色，蝶形，花长可达 6cm。花期 4~5 月，果期 9~10 月。

木藤蓼（山荞麦）*Fallopia aubertii* (L. Henry) Holub 【*Polygonum aubertii* L.Henry】蓼科 Polygonaceae 藤蓼属 / 何首乌属 / 蓼属

原产及栽培地：原产中国。北京、甘肃、河南、辽宁、内蒙古、宁夏、青海、山西、陕西、西藏、云南等地栽培。**习性**：喜光；耐寒；耐干旱瘠薄，在砂质土壤生长良好。**繁殖**：扦插、分株、播种。

特征要点 缠绕藤本。老茎木质化。当年生茎缠绕，长 1~4m。叶簇生，稀互生，长卵形或卵形，基部近心形；托叶鞘膜质。花序圆锥状；花小而多，密集，淡绿色或白色。瘦果卵形，具 3 棱。花期 7~8 月，果期 8~9 月。

藤本月季 *Rosa* Climbing Hybrids Group 蔷薇科 Rosaceae 蔷薇属

原产及栽培地：欧洲培育。中国北京、上海、杭州等地栽培。**习性**：喜光；耐寒；对土壤要求不严，在黏重土中也可正常生长；性强健。**繁殖**：扦插。

特征要点 落叶藤性灌木。茎长可达数米，以茎上的钩刺或蔓靠他物攀缘。单数羽状复叶互生，小叶 5~9 片，小而薄。花生于分枝顶端，花量、花色、花型因品种不同而异，类型繁多。

野蔷薇 *Rosa multiflora* Thunb. 蔷薇科 Rosaceae 蔷薇属

原产及栽培地：原产中国。北京、福建、广东、广西、贵州、黑龙江、湖北、江苏、辽宁、陕西、上海、四川、台湾、云南、浙江等地栽培。**习性**：喜光；耐寒；对土壤要求不严，在黏重土中也可正常生长；性强健。**繁殖**：扦插。

特征要点 攀缘灌木。茎长 2~4m。小枝具皮刺。羽状复叶互生；小叶 5~9，卵形，边缘有尖锐单锯齿；托叶篦齿状。花多朵排成圆锥状花序；花直径 1.5~2cm，单瓣，白色。果近球形，直径 6~8mm，熟时褐色，萼片脱落。花期 4~5 月，果期 9~10 月。

白玉堂 *Rosa multiflora* 'Alboplena'【*Rosa multiflora* var. *alboplena* Yü & Ku】蔷薇科 Rosaceae 蔷薇属

原产及栽培地：最早培育于中国。北京、上海等地栽培。**习性**：喜光；耐寒；对土壤要求不严，在黏重土中也可正常生长；性强健。**繁殖**：扦插。

特征要点 花白色，重瓣。其余特征同野蔷薇。

七姊妹 *Rosa multiflora* 'Carnea'【*Rosa multiflora* var. *carnea* Thory】蔷薇科 Rosaceae 蔷薇属

原产及栽培地：最早培育于中国。北京、福建、海南、黑龙江、江苏、江西、陕西、新疆、云南、浙江等地栽培。**习性**：喜光；耐寒；对土壤要求不严，在黏重土中也可正常生长；性强健。**繁殖**：扦插。

特征要点 花粉红色，重瓣。其余特征同野蔷薇。

粉团蔷薇 *Rosa multiflora* 'Carnea'【*Rosa multiflora* var. *cathayensis* Rehder & E. H. Wilson】蔷薇科 Rosaceae 蔷薇属

原产及栽培地：最早培育于中国。中国北京、福建、广西、湖北、江西、陕西、上海、浙江等地栽培。**习性：**喜光；耐寒；对土壤要求不严，在黏重土中也可正常生长；性强健。**繁殖：**扦插。

特征要点 花粉红色，单瓣。其余特征同野蔷薇。

（三）藤本观果类地被植物

苦皮藤 *Celastrus angulatus* Maxim. 卫矛科 Celastraceae 南蛇藤属

原产及栽培地：原产中国。北京、广东、广西、贵州、湖北、江西、陕西、上海、四川、云南、浙江等地栽培。**习性：**耐阴；耐寒，喜温暖湿润气候；喜排水良好的肥沃砂壤土。**繁殖：**扦插、播种。

特征要点 落叶木质藤本。茎长 2~10m。皮孔密生。叶互生，大，近革质，长方状阔椭圆形或圆形，边缘具锯齿。聚伞圆锥花序顶生，略呈塔锥形；花小，5 数，黄绿色，具肉质花盘。蒴果近球形，熟时橙黄色；种子具红色假种皮。花期 5~6 月，果期 9~10 月。

南蛇藤 *Celastrus orbiculatus* Thunb. 卫矛科 Celastraceae 南蛇藤属

原产及栽培地: 原产亚洲北部。中国北京、福建、广西、黑龙江、湖北、江苏、江西、辽宁、陕西、上海、四川、台湾、新疆、云南、浙江等地栽培。**习性**: 喜光, 耐半阴; 适应性强, 喜湿润气候, 耐寒冷; 喜肥沃而排水良好的土壤。**繁殖**: 播种、扦插、压条。

特征要点 落叶木质藤本。茎长 2~10m。皮孔显著。叶具柄, 形状多变, 具锯齿。聚伞花序腋生或顶生; 花杂性, 5 数, 柱头 3 深裂。蒴果近球状, 熟时黄色, 3 瓣裂, 假种皮橙红色。花期 4~5 月, 果期 9~11 月。

东南南蛇藤 *Celastrus punctatus* Thunb. 卫矛科 Celastraceae 南蛇藤属

原产及栽培地: 原产中国、日本。中国北京、福建、河北、台湾等地栽培。**习性**: 不耐寒, 喜温暖湿润的亚热带气候; 喜肥沃而排水良好的土壤。**繁殖**: 扦插、播种。

特征要点 常绿木质藤本。茎长 2~4m。小枝纤细开展, 光滑无毛, 芽鳞尖锐刺状。叶互生, 椭圆形或长椭圆形, 边缘具细锯齿。花序通常腋生, 具少数花; 花小, 单性, 黄绿色。蒴果球状, 果瓣近圆形; 种子棕色。花期 3~5 月, 果期 6~10 月。

黑老虎 *Kadsura coccinea* (Lem.) A. C. Smith

五味子科 / 木兰科 Schisandraceae/Magnoliaceae 南五味子属

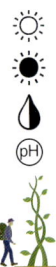

原产及栽培地：原产亚洲南部。中国福建、广东、广西、贵州、湖北、江西、四川、台湾、云南、浙江等地栽培。**习性**：耐阴；喜温暖湿润气候，不耐寒；喜适当湿润而排水良好的土壤。**繁殖**：扦插、播种。

特征要点 常绿木质藤本。茎长 1~4m。全株无毛。叶互生，革质，长圆形或卵状披针形，全缘，暗绿色，网脉不明显。花单生于叶腋，雌雄异株；花红色，花被片肉质。聚合果近球形，红色或暗紫色，直径 6~10cm 或更长。花期 4~7 月，果期 7~11 月。

日本南五味子 *Kadsura japonica* (L.) Dunal

五味子科 / 木兰科 Schisandraceae/Magnoliaceae 南五味子属

原产及栽培地：原产东亚。中国江苏、上海、台湾、云南、浙江等地栽培。**习性**：耐阴；喜温暖湿润气候，不耐寒；喜适当湿润而排水良好的土壤。**繁殖**：扦插、播种。

特征要点 常绿木质藤本。茎长 1~3m。全株无毛。叶互生，坚纸质，倒卵状椭圆形或长圆状椭圆形，全缘或具疏锯齿。花单生叶腋，雌雄异株；花淡黄色，有腺点。聚合果近球形，直径 2~3cm。花期 3~8 月，果期 7~11 月。

南五味子 *Kadsura longipedunculata* Finet & Gagnep.
五味子科 / 木兰科 Schisandraceae/Magnoliaceae 南五味子属

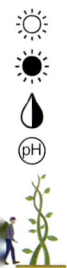

原产及栽培地：原产中国。福建、广东、广西、湖北、江苏、江西、上海、四川、云南、浙江等地栽培。**习性**：耐阴，喜温暖湿润气候，不耐寒；喜适当湿润而排水良好的土壤。**繁殖**：扦插、播种。

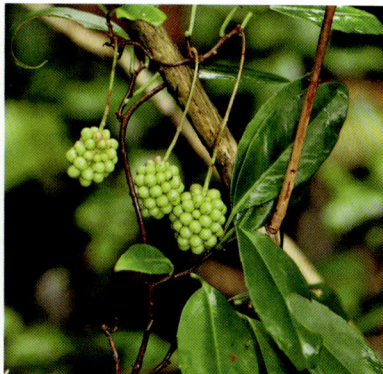

特征要点　常绿木质藤本。茎长 1~4m。全体无毛。互生，薄革质，椭圆形，长 5~10cm，叶缘有疏浅齿。雌雄异株，花淡黄色，芳香，花被片 8~17 枚，花梗细长。聚合浆果球状，直径 1.5~3.5cm。花期 6~9 月，果期 9~12 月。

五味子 *Schisandra chinensis* (Turcz.) Baill.
五味子科 / 木兰科 Schisandraceae/Magnoliaceae 五味子属

原产及栽培地：原产亚洲北部。北京、广东、广西、贵州、黑龙江、湖北、吉林、江苏、江西、辽宁、上海、四川、台湾、云南、浙江等地栽培。**习性**：喜光，耐半阴；喜冷凉湿润气候，耐寒性强；喜适当湿润而排水良好的土壤。**繁殖**：播种、压条、扦插。

特征要点　落叶木质藤本。茎长 1~3m。小枝红褐色。叶互生，膜质，边缘具疏浅锯齿。花单生叶腋，具长梗，单性；花被片 6~9，粉白色。聚合果下垂；小浆果红色；种子肾形，有光泽。花期 5~7 月，果期 7~10 月。

山葡萄 *Vitis amurensis* Rupr. 葡萄科 Vitaceae 葡萄属

原产及栽培地: 原产亚洲北部。中国北京、黑龙江、湖北、吉林、江苏、辽宁、内蒙古、山西、新疆、云南、浙江等地栽培。**习性**: 喜光,耐阴;耐寒,喜冷凉湿润气候;喜深厚肥沃、排水良好的壤土。**繁殖**: 扦插、播种、嫁接。

特征要点 落叶木质藤本。茎长达 15m。幼枝初具细毛,后无毛;叶宽卵形,正面无毛,背面叶脉腋有短毛,叶柄被疏毛。圆锥花序与叶对生,花序轴具白色丝状毛;花小,雌雄异株。果球形,黑色。花期 5~6 月,果期 8~10 月。

华东葡萄 *Vitis pseudoreticulata* W. T. Wang 葡萄科 Vitaceae 葡萄属

原产及栽培地: 原产中国、朝鲜。中国北京、江西、浙江等地栽培。**习性**: 喜光,不耐寒,适宜排水良好、湿润肥沃疏松土壤。**繁殖**: 扦插、播种、嫁接。

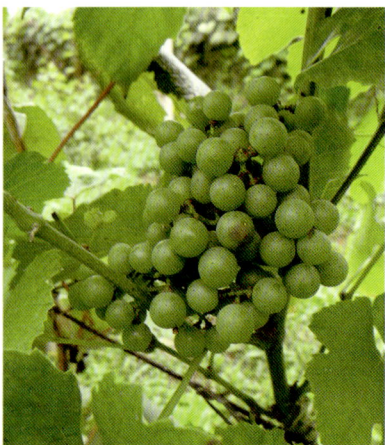

特征要点 落叶木质藤本。茎长达 10m。小枝圆柱形,有显著纵棱纹,嫩枝疏被蛛丝状绒毛。卷须 2 叉分枝。叶卵圆形,具锯齿,正面绿色,背面沿侧脉被白色短柔毛,网脉在背面明显。圆锥花序疏散,与叶对生。浆果熟时紫黑色。花期 4~6 月,果期 6~10 月。

索　引

中文名索引

418

学名索引